JN268453

新版 建築基礎工学

山肩邦男
永井興史郎
冨永晃司
伊藤淳志
著

朝倉書店

まえがき

　本書は，山肩邦男先生が1981年に著わされ，1990年に改訂された『建築基礎工学』の新版である．この『建築基礎工学』は，先生の現場を重視した研究姿勢に基づいて書かれており，大学における教科書，技術者の参考書として広く活用されてきた．その間の経緯は後掲の各「まえがき」を参照していただきたい．

　山肩先生は，1995年兵庫県南部地震による「阪神・淡路大震災」の際に，我々とともに調査を行われ，以下のように書かれている．「兵庫県南部地震によって建築物が甚大な被害を受けた中で，海岸埋め立て地帯（人工島を含む）では，杭基礎が破壊したがために建物が傾斜するという被害が数多く発生した．建築基礎工学にとって実に衝撃的な被害の様相であった．（中略）このような杭基礎の被害は，国際的に見ても報告された前例がない．（中略）杭基礎に関する今後の問題点としては，杭基礎に作用する地震時外力の再検討，極限状態を対象とした二次設計法の確立，杭頭接合法の改良，液状化防止策の積極的採用および護岸の耐震性能の強化などが挙げられる．そして，これらに向けての研究や技術開発が既にスタートしていると見てよい．兵庫県南部地震が与えた建築基礎工学上の教訓は，非常に貴重なものであった．」（大阪国際サイエンスクラブ会報，1998年新年号より引用）

　その後，建築基準法が改正され，地震力を考慮した基礎の設計も一部前進した．山肩先生は『建築基礎工学』の改訂に強い意欲を示しておられたが，残念ながら1999年に急逝された．我々は，このような経緯のなか，先生の遺志を継ぐべく改訂に着手した．前著においてまとめられた成果を無駄なく受け継ぎ，その後の研究の進展，設計法の変化などをどのように取り入れるかに腐心した．また，さらに学びやすい，役立つ教科書・参考書となることを目指し，下記のような構成の変更と加筆・修正を行った．

　まず，前半の6章までを土質力学を中心とした地盤の挙動を理解するための章とし，後半を設計・応用篇として整備した．そのため，「地盤調査」（旧2章）を7章とし，「排水法」，「液状化の判定法」（いずれも旧4章の一部）は，それぞれ11章，8章に移した．1997年に改正された建築基準法では，（まれに遭遇する）中規模の地震に対する基礎の設計が明示された．そこで，8章は新たな建築学会指針

(2001年版)，建築基準法において導入された「性能設計」,「限界状態設計法」の概要を加えて，設計法を中心に説明し，直接基礎と関連する事項(旧8章の一部)は，地震時の水平力をも加えて9章「直接基礎の設計」に移した．10章「杭基礎の設計」においては，兵庫県南部地震の被害において特に問題となることの多かった杭基礎の水平抵抗に対する設計法の説明を強化した．学会指針の改訂，建築基準法の改正に伴う修正も加えている．11章は，山留め設計施工指針の改訂版(2002年版)も参照し，旧11，12章の一部を削除してまとめた．また，旧付録1．「建物の剛性を考慮した不同沈下計算法」も削除した．これは，旧12章に詳述され，今回簡略化した山留め解析の，いわゆる「弾塑性法」とともに，山肩先生の大きな業績ではあるが，すでに普及し，現場では計算機プログラムによることが多い．したがって，詳細は引用文献を参照していただくこととして，考え方を説明する程度とした．

上記以外に，地盤工学会の諸規準，JISの規定についても最新のものを参照し，全体をSI単位による表記とした．それに従って，1章にSI単位の説明を加え，旧付録2，3を削除した．「土質工学略史」(旧1章の一部)は，一通り地盤工学を勉強したものでなければわからないことがらが多いので，付録とした．その他，主として4，5章では，これまで教科書として使うなかで気付いたことがらについて加筆・修正した．

山肩先生の夫人，みち子氏には，本新版の刊行に当たり，多大なる激励とご協力をいただいた．この場を借りて深く謝意を表します．

2003年1月

永井興史郎
冨永　晃司
伊藤　淳志

初版まえがき

　建築基礎工学は，建築構造物を安全に支持するための基礎の学問である．基礎の重要であることは建築技術者がひとしく認めているところであるが，この分野の研究者や専門家は意外に思われるほど数少ない．大学などにおける建築関係の教育部門においてすら，専門の専任教員によって開講されているところは非常にまれであって，嘆かわしくさえ思われる．

　このような事情にあるのは，建築基礎工学が建築構造物と地盤との間の境界工学であるところに起因すると考えられる．地盤は地質学的な生成過程を経て造成されたものであって，地域性に富み千変万化の様相を呈している．そして地盤を構成する土の性質は，上部構造の構造材料と比較してはるかに複雑である．このような天然地盤の特性と上部構造の力学的特性とをうまく適合させなければならないところに，建築基礎工学の難しさがあり，一般の建築技術者をして地盤はよくわからないと敬遠させがちなものがある．

　世上，土質力学に関しては数多くの解説書が出版されてきた．しかし建築基礎構造に関する解説書ははるかに数が少なくて，わが国における単著者による解説書としては，大崎順彦博士による名著「基礎構造」(昭和36年)以来，みあたらないようである．このような事情も，建築基礎工学をとりつきにくいものと考えているムードの一因であるかもしれない．

　筆者は，京都工芸繊維大学および関西大学を通じて，およそ20年間にわたって建築基礎工学を講義してきた．これらの講義内容をもととして，世の中のお役に立つような解説書や教科書を書きたいという希望は，久しく持っていた．しかし時間のゆとりがあまりにも少ないため，永い間念願を果すことができなかった．このたび，朝倉書店の永年にわたるねばり強いご要望に鞭うたれる思いで，一念発起して本書をまとめ上げた次第である．

　本書は，大学における教科書として，また一般建築技術者のための解説書として執筆したものである．本書の内容について，以下に概略紹介しておきたい．

すでにのべたように，土質力学と基礎工学とは不可分の関係にあって，土質力学の知識を前提としなければ基礎工学を理解することはできない．ゆえに本書では両者を一貫させ，有機的に結びつけて解説することとした．ただし基礎工学に本論としての重点をおき，土質力学については基礎工学の基礎知識として必要な限度に留めることとした．本文の中では，第2～7章が土質力学に，第8～12章が基礎工学に属する．建築基礎工学の分野では，日本建築学会発行の「建築基礎構造設計規準・同解説」（昭和49年）が設計計画の基本となっている．ゆえに本書における解説も，基本的には同規準の設計方針に準拠することとした．

執筆内容の構成には，苦心するところが多かった．建築基礎工学の範囲はかなり広くかつ分化しており，どの程度に内容を取捨選択し，どの範囲の説明にとどめるかが難しい．大学の教科書としては一週一回の通年講義で消化しうる程度，そして解説書としては技術者が通常必要とする基本的な知識の範囲を，一応の目安と考えた．したがって専門的にすぎると考えられる範囲は除外することとし，参考のために文献名をあげるにとどめた．全巻を通じて，初心者にも理解されやすいよう，丁寧にかつ具体的に解説するように努めた．しかし紙面の制限もあるので，できるだけ簡潔な表現とすることにも留意した．

建築基礎工学は，決して難しい学問ではない．まず第一に土と基礎に関する基本的な概念をしっかりと身につけること，そしてその知識を生かすべく現実の工事に積極的に取組むことが大切である．本書を熟読玩味することによって建築基礎工学に興味をもって頂き，専門家が一人でも多く世に出るいとぐちともなれば，幸いこれに過ぎるものはない．

本書の出版に関しては，朝倉書店には執筆遅延による多大のご迷惑をおかけし，さらに編集にあたっても少なからぬご尽力を頂いた．また原稿の清書は，筆者の弟子の一人である冨永澄子夫人の全面的なご協力によるものであった．ここに付記して，厚く御礼申上げる次第である．

昭和55年12月

山 肩 邦 男

改訂版まえがき

本書の旧版が昭和56年1月に出版されて以来，はや9年が経過しようとしている．10年ひと昔といわれるが，この間の建築基礎工学に関連した学界・官界・業界の動静にも，かなり多彩な変化があった．

建設景気は，石油ショック後の長かった低成長期を経過して，昭和61年頃からの好況期へと移ってきた．そして現在は，大都市周辺の臨海部を中心として，数多くの大規模な開発事業が進行中，あるいは計画中といった活況ぶりである．このような建設景気の推移にともなって，建築基礎業界でも合理化，活性化あるいは生産性の向上化などがはかられて，技術開発も漸進し各種の新しい工法が出現してきた．また同時に，広域化する開発地盤の地盤条件などによっては，施工上・支持力上の新しい問題点も数多く発生してきた．

一方，建築基礎工学関係の公的出版物も次々と発行された．学会等の主なものを拾ってみても，土質工学会関係では「土質調査法」の改訂（昭57），「地盤の平板載荷試験方法・同解説」（昭58）・「杭の水平載荷試験方法・同解説」（昭58）の発行，日本建築センターでは「地震力に対する建築物の基礎の設計指針」（昭59）の発行，また日本建築学会の関係では「建築基礎設計のための地盤調査計画指針」（昭60）・「山留め設計施工指針（改訂）」（昭63）・「小規模建築物基礎設計の手引き」（昭63）・「建築基礎構造設計指針」（昭63）の発行などが，相次いだ．なおこれらのほか，建築基準法に関連した建設省の告示や通達が随時整備され，数多くの認定が行われてきた．またPHC杭のJIS規格（昭57）も制定された．

以上を振り返ってみただけでも，この9年間における建築基礎工学関係の規準・指針・試験法などの推移，基礎工法の変遷の程度を伺うことができよう．そして，本書の旧版の内容にも，記述の古くなった部分や新しく解説の必要な部分が次第に目立つようになってきた．改訂を要望される方々の声もあって，ついに

今回の改訂を決意するに至った次第である．

　改訂を行った主要な点について，以下に概略説明しておく．まず，新しい調査法・試験方法・指針などについては，大事と思われるいくつかの事項は採用して紹介した．土質力学関係では砂地盤の液状化現象の判定法などが主であって，それ以外のほとんどが基礎構造関係である．ただし，採否は筆者の判断によった．従って，新しい指針などと相違する部分もあるが，これらについては筆者の見解に従ってある．基礎工法，とくに杭基礎工法は，時代にともなう変動が著しかった．改訂版では，現在実用化されている杭基礎工法の概要を紹介することに的をしぼり，過去のものとなった工法は省略した．また旧版では，説明を簡潔にと心掛けたあまり，初心者にはわかりにくい箇所が多々あったかと考えられる．これらの箇所については，より精しくより具体的に解説し直した．参考文献についても，より新しいものを参照して頂けるよう，見直しを行った．

　結果として，全編を通じてかなりの加筆や修正を加える結果となった．ただし，執筆にあたっての筆者の意図や留意点，内容の構成などは，旧版と変るところはない．すなわち，本書は大学における教科書として，また一般建築技術者のための解説書として執筆したものであること，基礎工学に本書としての重点をおき，土質力学については基礎工学の基礎知識として必要な限度に留めたこと，本文の中では第2〜7章が土質力学に，第8〜12章が基礎工学に属することなどである．

　本書を熟読することによって建築基礎工学に興味をもって頂き，専門家が一人でも多く世に出るいとぐちともなれば，幸いこれに過ぎるものはない．また本改訂版の内容について，諸賢のご意見やご叱正を頂ければ幸いである．

　本改訂版の出版に際しても，朝倉書店には執筆の遅延による多くのご迷惑をおかけし，少なからぬご尽力を頂いた．ここに付記して，厚く御礼申上げる次第である．

　　　平成2年3月

　　　　　　　　　　　　　　　　　　　　　　　　　　　　山　肩　邦　男

目　　　次

1. 序 ─────────────────────────────── 1
1.1　地盤と基礎の工学　1
1.2　地盤工学の特性　2
1.3　SI 単位系　3

2. 土の分類と物理的性質 ───────────────── 5
2.1　土粒子の種類と粒度分析　5
　2.1.1　土粒子の種類　5
　2.1.2　粒度分析　6
　2.1.3　三角座標による土の分類　7
2.2　土の組成と基本量　8
　2.2.1　土の組成　8
　2.2.2　基本量　9
　2.2.3　基本量の求め方と基本量間の関係　10
2.3　砂の相対密度　12
2.4　粘性土のコンシステンシー　13
　2.4.1　コンシステンシー限界　13
　2.4.2　コンシステンシー限界のもつ工学的意義　15

3. 地下水の水理学 ───────────────────── 17
3.1　有効圧と中立圧　17
3.2　土の透水性と透水係数の求め方　18
　3.2.1　土の透水性　18
　3.2.2　透水係数の求め方　19
　3.2.3　現場揚水試験　20
3.3　砂のボイリング・液状化現象および盤ぶくれ現象　22
　3.3.1　砂のボイリング　22
　3.3.2　砂地盤の液状化現象　24

3.3.3　被圧水による盤ぶくれ現象　26

4. 土の圧縮性および圧密 ——————————————————— 27
　4.1　土の圧縮性　27
　4.2　圧密理論　30
　　4.2.1　圧密現象とTerzaghiモデル　30
　　4.2.2　Terzaghiの圧密理論　31
　4.3　圧密試験　35

5. 土のせん断強さおよび土圧 ——————————————————— 38
　5.1　Coulombの式と土のせん断破壊条件　38
　　5.1.1　Coulombの式　38
　　5.1.2　土のせん断破壊条件　39
　5.2　土のせん断試験法　41
　　5.2.1　せん断試験法の種類　41
　　5.2.2　直接せん断試験　42
　　5.2.3　一軸圧縮試験　43
　　5.2.4　三軸圧縮試験　44
　5.3　砂および粘土のせん断強さ　45
　　5.3.1　砂のせん断強さ　45
　　5.3.2　粘土のせん断強さ　47
　5.4　土圧　48
　　5.4.1　擁壁に作用する土圧　48
　　5.4.2　Rankineの土圧　49
　　5.4.3　Coulombの土圧　52
　　5.4.4　地下壁に作用する土圧　54

6. 地表面荷重による地中有効応力 ——————————————————— 56
　6.1　鉛直地中応力の略算法　56
　6.2　鉛直地中応力の弾性理論に基づく計算法　57
　　6.2.1　Boussinesqの半無限弾性体の理論　57
　　6.2.2　有限線荷重による地中応力　59
　　6.2.3　有限面荷重による地中応力　60

6.3　応力球根　61
　　6.4　接地圧　64

7. 地盤調査 ──── 66
　7.1　地盤調査の目的と種類　66
　　7.1.1　事前調査　66
　　7.1.2　本調査　67
　7.2　調査間隔および調査深さ　68
　　7.2.1　調査間隔　68
　　7.2.2　調査深さ　68
　7.3　地質学上の区分　70
　7.4　ボーリングおよびサンプリング　70
　　7.4.1　ボーリング　71
　　7.4.2　サンプリング　71
　7.5　サウンディング　74
　　7.5.1　標準貫入試験　74
　　7.5.2　オランダ式二重管コーン貫入試験　76
　　7.5.3　スウェーデン式サウンディング　77
　7.6　ボーリング孔内水平載荷試験　78
　7.7　土質柱状図　80

8. 基礎の設計計画 ──── 84
　8.1　基礎の種類　84
　8.2　基礎の設計方針　86
　　8.2.1　限界状態設計法　86
　　8.2.2　基礎の設計事項　87
　8.3　基礎形式の選択条件　88
　8.4　液状化に対する検討　90
　8.5　地盤沈下　92
　8.6　地盤改良　93
　　8.6.1　地盤改良の目的と原理　93
　　8.6.2　地盤改良の方法と留意事項　95

9. 直接基礎の設計 ——————————————————— 97

9.1 設計の基本事項　97
9.2 鉛直支持力　99
　9.2.1 鉛直荷重による地盤のせん断破壊　99
　9.2.2 鉛直支持力の算定法　102
9.3 沈下量の算定　108
　9.3.1 基礎の沈下　108
　9.3.2 即時沈下量の計算法　109
　9.3.3 圧密沈下量の計算法　112
9.4 限界沈下量と不同沈下対策　115
　9.4.1 建物の不同沈下　115
　9.4.2 限界沈下量　116
　9.4.3 不同沈下対策　118
9.5 フーチングの設計　120
9.6 水平力に対する検討　123

10. 杭基礎の設計 ——————————————————— 124

10.1 杭の種類と施工法　124
　10.1.1 杭の種類　124
　10.1.2 打込み杭の施工法と特性　127
　10.1.3 埋込み杭の施工法と特性　128
　10.1.4 場所打ちコンクリート杭の施工法と特性　130
10.2 杭基礎設計の基本事項　135
　10.2.1 杭基礎設計の原則　135
　10.2.2 杭材料の許容応力度　137
　10.2.3 杭の最小中心間隔　139
10.3 杭の鉛直支持力　139
　10.3.1 杭の鉛直支持力の機構　139
　10.3.2 杭の許容鉛直支持力の決定法　146
　10.3.3 杭の鉛直載荷試験　147
　10.3.4 杭の鉛直支持力計算式　152
　10.3.5 群杭の鉛直支持力　158
　10.3.6 地盤沈下地帯における問題　163

10.4　杭の水平抵抗　170
　　　10.4.1　杭の水平抵抗の機構　170
　　　10.4.2　杭の水平抵抗に関する理論の概要　172
　　　10.4.3　杭の水平抵抗の計算式　174
　　　10.4.4　基準水平地盤反力係数の定め方　178
　　10.5　杭の引抜き抵抗　181
　　　10.5.1　杭の引抜き抵抗力の決定法　181
　　　10.5.2　単杭および群杭の引抜き抵抗力算定式　182

11. 擁壁と山留めの検討 ──────────────── 184
　　11.1　擁壁の種類と検討事項　184
　　11.2　擁壁の設計に当たっての注意事項　187
　　11.3　掘削の方法　188
　　11.4　山留め壁の目的と種類　189
　　11.5　山留め壁に作用する側圧の特性　192
　　11.6　山留め壁の設計用側圧と支保工の応力算定　195
　　11.7　山留め壁の検討に当たっての留意事項　199
　　11.8　排水法　201
　　　11.8.1　重力排水法　202
　　　11.8.2　強制排水法　203

演習問題の解答 ─────────────────────── 205
付録　地盤工学の略史 ───────────────────── 211
参考文献 ────────────────────────── 215
索　引 ─────────────────────────── 222

1. 序

　建築および土木関係の構造物の基礎は，地盤の上に築造される．地盤は土が層状に堆積して形成されたものであるから，基礎構造の力学的特性は，土の性質に負うところが大きい．

1.1 地盤と基礎の工学

　土(soil)とは，地殻の表層部を構成している鉱物粒子その他からなる比較的結合力の弱い集合物であって，結合力の強い岩石と対比した言葉である．土の無機質のものは，岩石が風化作用を受けて破砕崩壊して生じたものであって，原位置において土となったものを定積土(residual soil)，河川の流れ・海湖の波浪・風・火山の爆発・氷河などによって他所から運ばれてきたものを運積土(transported soil)という．

　土質力学(soil mechanics)とは，このような土の力学的・物理学的な性状を工学的な立場から研究しようとする分野の学問であって，力学や水理学などの諸原理が応用される．また基礎工学(foundation engineering)とは，建築および土木関係の構造物の基礎の設計と施工を目的とした工学であって，土質力学の知識をもととした応用の学問である．土質力学と基礎工学はこのように関連が深いため，国際会議などでは不可分の分野として取り扱われ，近年，地盤工学(geotechnical engineering)という用語が用いられるようになった．土質力学および基礎工学を統合した範囲を対象とするものであって，土の性状の工学的問題からそれらを応用した基礎構造物の設計・施工面の技術的問題までの範囲を含むものと考えられたい．

　本書は，建築構造物の基礎工学の講義を本来の目的とするものであるが，その基礎知識として必要な土質力学の分野から解説してある．いわば，基礎工学に主眼をおいた地盤工学の解説書である．土木構造物の基礎も，原理的には建築構造物の場合と同じとみてよい．ただし，橋梁，土堰堤，道路，港湾構造物，ダムな

どのように対象とする構造物が建築の場合とかなり異なり，岩盤も含めた広範な地盤を対象とする．建築の場合には第四紀以降のいわゆる洪積層，沖積層が対象である．とくに堆積時間が1万年以下の沖積層が問題となる．また，設計の指針や安全率のとり方が土木と建築では相違する点があることなどの事情がある．

1.2 地盤工学の特性

地盤工学のもつ特性を，鉄筋コンクリート構造学や鋼構造学など上部構造の工学と対比して考えると，以下のような点があげられよう．

a. 地盤は不均一でかつ複雑なこと　地盤の状況は，その地点が過去に受けた地質学的な生成過程（隆起・沈降・陥没・侵食・堆積・風化・その他）の相違によって千差万別であり，かつ層状をなしている．すなわち，地球上のあらゆる地点が異なった地盤状況にあると考えねばならない．したがって，ある場所での地盤調査や基礎工事の結果は，原則として他の場所にそのまま転用することはできず，それぞれの場所において地盤をよく調査し，その地盤条件に応じた基礎の設計や施工計画を行わなければならない．上部構造の工学では，外力条件の一部（地震力・風圧力・積雪荷重など）に地方別の評価が入ってくる以外，地域性はほとんどないといえる．

b. 土性が複雑であること　土は粒径の大きさによって，石・礫・砂・シルト・粘土に分類される．現実の地盤は，これらの土の混合の仕方による粒度組成のほか，化学的組成，含水量，生成過程などによって，力学的・物理学的性質が異なる．例えば，砂質土は粒状体としての特性が強いし，粘性土は含水量によって流動体～塑性体～固体と特性が変化する．土性は複雑かつ広範囲な変化を示すことがわかろう．上部構造における構造材料（コンクリート・鋼材など）は人工材料であって，力学的特性を人力によってかなりの程度まで規制できることと対比されたい．

c. 試料の採取法や土質試験法が難しいこと　まず地盤中にある自然状態の土の試料を，乱さないまま採取することが難しい．粘性土の場合は比較的可能とされているが，砂質土は通常の場合乱された試料しか採取できない．採取された試料は，実験室において土質試験に供されるが，力学試験の場合，上部構造材料に比べると強度が非常に小さいので，試験精度をあげるためには，技術的に十分な熟練を要する．

一方，地盤中における自然状態の土性を，原位置において探り，土の相対密度や硬さなどを相対的に知ることができる．しかし，深さ，土粒子の大きさ，間隙

水圧などが影響してくるので，十分な精度が得られない場合がある．

　d．基礎工事と直結する工学であること　a.で述べたように，個々の工事現場における地盤条件に基づいて，工学を適用する方法を考えねばならない．また採用する基礎工法および施工計画の内容を十分理解しておく必要がある．基礎工法は年とともに発展していく情勢にあるが，それにつれて施工面での新しいトラブルも生じ，地盤工学上の新しい研究テーマが生まれてくる．

　建築工事の中でも，基礎工事関係において大きな事故や障害を起こす場合が多い．現場担当者が人知れず苦労するところであって，建物を安全に支える大きな責務と施工上の現実的な要求にこたえていかねばならない工学である．

　e．工学としては歴史が浅い　建設工事に関連した地盤との関わりの歴史は古いが，土の特性を考慮に入れた工学としては歴史が浅い．Terzaghiの圧密理論の発表（1925年）をもって近代的な地盤工学の出発点とみる向きが多く，約75年余の歴史とみられる．また国際会議の発足（1936年）を始点とすれば，約65年余である．

　鉄骨構造学の歴史がおよそ200年余，鉄筋コンクリート構造学がおよそ110年余の歴史とみられるのに比べて，工学としてのスタートが遅かったといえる．その後の地盤工学の発展は目ざましいものがあるが，いまだに理論化できない不明確な分野も多く，研究テーマは数多く残されている．

1.3 SI 単位系

　わが国においては，1992年5月20日の計量法改正，翌年11月施行（1999年9月30日猶予期間終了）によって，「商取り引き」と「証明」においてSI単位（Le Système International d'Unitès, International System of Units）の使用が義務づけられた．SI単位は下記のように，基本単位系としてMKS単位系を採用し，基本単位から構成される組立て単位にも固有の名称を与えている．本書でとくに関係のある質量（kg）と力（重力単位：kgf，SI単位：N）の関係を中心に要点を示す．

基本単位　　長さ：m，　　質量：kg，　　時間：s　（MKS単位系を採用）

固有の名称をもつ組立て単位

> 力：$1\,\mathrm{N}\,(\mathrm{newton})=$ 質量 $1\,\mathrm{kg}\times$ 加速度 $1\,\mathrm{m/s^2}$
> 重力（重さ）：$1\,\mathrm{kgf}=$ 質量 $1\,\mathrm{kg}\times$ 加速度 $9.81\,\mathrm{m/s^2}=9.81\,\mathrm{N}$
> $\therefore\ 1\,\mathrm{N}=1000\,\mathrm{gf}/9.81=102\,\mathrm{gf}$，　$1\,\mathrm{kN}=102\,\mathrm{kgf}$，　$1\,\mathrm{MN}=102\,\mathrm{tf}$

(CGS 単位系の力：1 dyne＝1 g×1 cm/s²＝10^{-5}N)
圧力，応力：1 Pa(pascal)＝1 N/m²＝102 gf/m²
 (1 MPa＝1 N/mm²＝102 gf/mm²＝10.2 kgf/cm²)
da(deca)：10^1，h(hecto)：10^2，k(kilo)：10^3，
 M(mega)：10^6，G(giga)：10^9
d(deci)：10^{-1}，c(centi)：10^{-2}，m(milli)：10^{-3}，
 μ(micro)：10^{-6}，n(nano)：10^{-9}，p(pico)：10^{-12}

　日常の生活では質量を意識する必要も少なく，また地上ではよほど高低差がある地点で比較しないかぎり，重力の加速度に大きな差を生じない．したがって，静力学の範囲では重さと質量の区別をせず，kg, ton 等と表記していた[1]．とくに力と意識するときに kgf(kilogram force) 等が使われる程度である．ばね秤は質量を計るとされているので，単位の表記は kg である．そのばね秤につるした石を水につけると目盛りが小さくなるが，石の質量が小さくなった訳ではなく，ばねに作用する重さ（重力）が小さくなったからである．

　本書では，上記計量法の改正によって，技術的な文書で SI 単位の使用が方向づけられたこと，学会論文でも用いられていることから，力と応力に SI 単位表記による N と Pa を用いた．

　欧米の（とくに古典に現れる）単位の SI 単位への換算の例を下記に示す．
　　1 lb(pound)＝453.6 gf＝4.45 N,　　1 in.(inch)＝25.4 mm,
　　[psi]＝[pound/in²]＝[lb/in²],
　　1 psi＝4.45/(25.4)² N/mm²＝6.90×10^{-3} N/mm²＝6.90 kPa
　　1 lb/cuin.＝4.45/(25.4)³ N/mm³＝272 kN/m³

　なお，等号で結ばれた式の前後では，物理量も変わらないので，次元も必ず同じでなければならないことに注意する．逆にそれによって，演算の誤りを正すことができることも多い．また，水の単位体積重量は γ_w＝9.81 kN/m³ なので，1 Pa に相当する水柱高さ h＝1 Pa/γ_w 等は下記のようになる．
　　1 Pa：0.102 mm,　　1 kPa：102 mm,　　1 MPa：102 m

2. 土の分類と物理的性質

　自然地盤の土は，土粒子，水および空気からなっている（2.2.1項参照）．このうち土粒子は，過去に受けた風化作用の程度によって広い範囲の粒径に分布しており，その粒径の大きさに従って分類されている．物理的性質は，まずその分類に基づいて考察される．

2.1 土粒子の種類と粒度分析

2.1.1 土粒子の種類

　土粒子の分類法については，今までに数多く提案されてきたが，わが国では近年地盤工学会[1]によって，表2.1のように規定されるに至った．同表には，地盤工学で対象とする地盤材料として岩石質材料も示されている．なお粒子名を意味する場合は同表の呼び名に「粒子」という言葉をつけるものとし，土の構成分を意味する場合は呼び名に「分」という言葉をつけるものとする．

　礫および砂は，岩石が機械的な風化作用を受けて破砕し摩耗した粒子であって，石英，方解石，硫化物，長石などの鉱物からなっている．堆積状態は，図2.1(a)

表2.1　地盤材料の粒径区分とその呼び名[1]

		呼び名	粒径 (mm)
石分	石	巨石 (boulder)	300<
		粗石 (cobble)	75〜300
粗粒分	礫	粗礫 (coarse gravel)	19〜75
		中礫 (medium gravel)	4.75〜19
		細礫 (fine gravel)	2〜4.75
	砂	粗砂 (coarse sand)	0.85〜2
		中砂 (medium sand)	0.25〜0.85
		細砂 (fine sand)	0.075〜0.25
細粒分		シルト (silt)	0.005〜0.075
		粘土 (clay)	<0.005

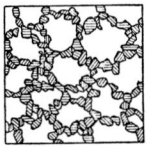

（a）粒状構造　　（b）蜂の巣状構造

図2.1　土の構造

のような粒状構造（granular structure）をなしており，各土粒子は互いに他の土粒子と接触しあって，その間に間隙を残している．

シルトおよび粘土は，岩石が風化作用を受けて一度分解したものが再結晶した第2次生成物である．かなり大きな間隙比（2.2.2項参照）をもっており，図2.1(b)のような蜂の巣状構造（honeycomb structure）をなすものと想定されてきた．結晶は H, O, Mg, Al, K, Fe などの元素からなり，基本的な結晶ブロックが幾重にもイオン結合しあって，鱗片状の鉱物粒子（カオリナイト・ハロイサイト・イライト・モンモリロナイトなど）を形成していることがわかってきた．それにつれて堆積構造に関する考え方も変わってきているが，概念的には蜂の巣状構造を想定しておいてよかろう．

2.1.2 粒度分析

自然状態の土は，上に述べた礫分・砂分・シルト分および粘土分がいろいろな割合で混合している．したがって土を粒度で分類するためには，その構成粒子の粒度分布を知らなければならない．粒度の分析法は，JIS A 1204 で規定されており，ふるい分析と沈降分析の2方法からなる．

a．ふるい分析（sieve analysis）　2 mm 目のふるいを通らない部分の土については，炉乾燥した後，網目が 75～2 mm に及ぶ8種類の試験用網ふるいによってふるい分ける．ただし，次の沈降分析をしない場合，2.0～0.075 mm 間の粒子については，水洗いをして炉乾燥した上でふるいにかける．

b．沈降分析（sedimentation analysis）　2 mm のふるいを通過する土については，沈降分析を行う．まず水を加え分散剤を用いて懸濁液状とする．この懸濁液をメスシリンダーに入れ，図2.2に示す比重計（比重浮ひょう）を浮かべて所定の時間ごとに目盛を読む．土粒子の沈降につれて懸濁液の比重が減少し，比重計の目盛は減る．土粒子の沈降速度と，静止水中を沈降する球（土粒子と等しい比重）の理論速度とを等しいとおいたときの球の直径を計算して，土粒子の粒径とする．

以上によって求めた粒度分析の結果は，図2.3のような片対数紙上の粒径加積曲線（grain size accumulation curve）によって表される．同曲線は，ある横軸目盛の大きさ以下の粒径の土粒子が全試料に対して示す重量の割合を示している．この曲線上で，重量比が 10% に当たる粒径 D_{10} を 10% 粒径等という．また 60% 粒径 D_{60} と D_{10} との比 $U_c=D_{60}/D_{10}$ を均等係数（coefficient of uniformity），30% の粒径 D_{30} をも考慮した $U_c'=D_{30}^2/(D_{10}\times D_{60})$ を曲率係数（coefficient of curvature）という．U_c は粒径加積曲線の傾度を表し，1に近いほど曲線は立ち上がって粒径が一様に近いことを示す．また U_c' は同曲線のなだらかさを表すものである．U_c と U_c' を組み合わせて次のように粒度分布を判定する．

$U_c \geq 10$，$1 < U_c' \leq \sqrt{U_c}$：粒径幅が広い（粒度分布が良い）

$U_c < 10$：均等粒度，分級されている（粒度分布が悪い）

図2.3に示した試料の数例について，D_{60}, D_{30}, D_{10}, U_c, U_c' の値を表2.2にあげておいた．

2.1.3 三角座標による土の分類

粒度分析の結果，試料中の砂分・シルト分・粘土分等の重量百分率が表2.2のように示されると，図2.4のような三角座標（triangular diagram）によって土質名が決められる．三角座標には，1940年代からアメリカ道路局規定のものおよびミシシッピー河管理委員会の規定したものがあって，建築基礎工学の分野では後者を採用してきた．三角形の3辺上に砂分，シルト分および粘土分の各重量百

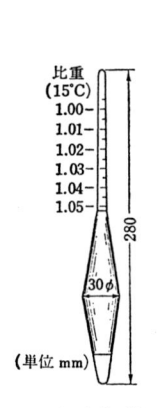

図2.2 比重計（比重浮ひょう）

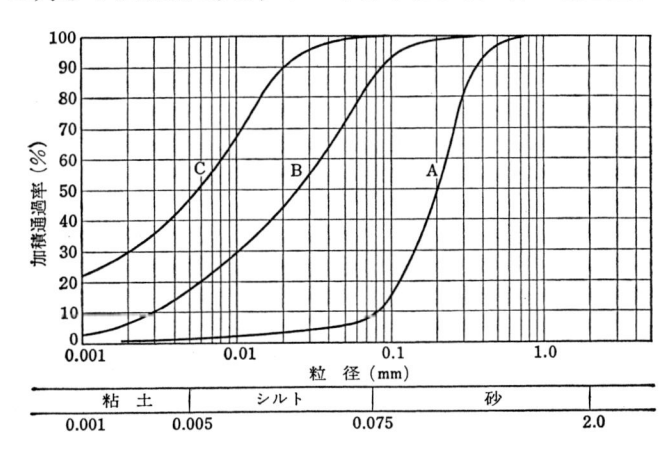

図2.3 粒径加積曲線

表2.2 粒度分析結果と土質名

試料	D_{60} (mm)	D_{30} (mm)	D_{10} (mm)	U_c	U_c'	粘土 (%)	シルト (%)	砂 (%)	土質名	地盤工学会の中分類[1]
A	0.235	0.145	0.084	2.8	1.07	1.8	7.4	90.8	砂	砂質土{S}
B	0.035	0.0102	0.0029	12.1	1.03	17.7	67.8	14.5	砂質シルト	細粒土 F_m[*]
C	0.0081	0.0021	0.0004	20.3	1.36	46.7	53.1	0.2	シルト質粘土	細粒土 F_m[*]

[*]：塑性図によって，さらに分類する．

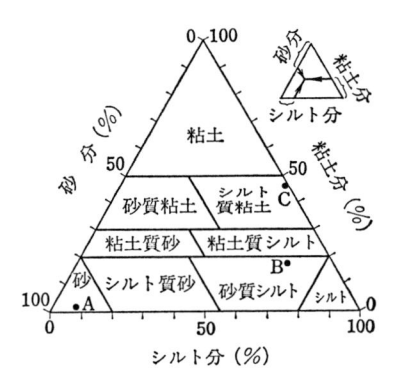

図 2.4 ミシシッピー河管理委員会規定による三角座標

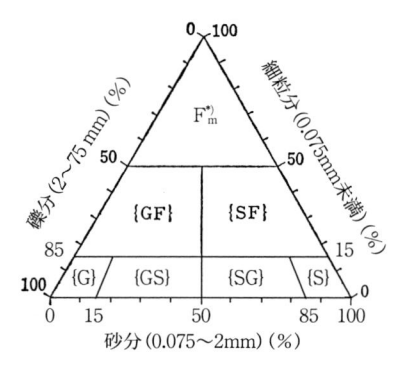

図 2.5 地盤工学会の土質分類法による中分類三角座標[1]
F_m：細粒土，{GF}：細粒分まじり礫，{SF}：細粒分まじり砂，{G}：礫質土，{S}：砂質土，{GS}：砂礫，{SG}：礫質砂．
*)：主に観察と塑性図で分類．

分率をとり，同図右上に付記した方向にたどってプロットし，その点の所属する部分の土質名を採用する．表2.2の土質名はこのようにして求められたものである．図2.4の三角座標では礫分が無視されている点などに問題がある．

その後少しずつ修正され，最新の2000年に改定された地盤工学会の分類法[1]では，図2.5のような中分類の三角座標が提示された．表2.2には，同分類法による土質名もあげておいた．さらに小分類も示されているが，細粒土の分類は塑性図表（後述図2.10）によるものとしており，手数のかかる沈降分析法を必要としないことが特徴の1つとなっている．主として土を地盤から取り出して使う材料としてみた分類法であるが，現在の分類は基本的にこれによっている．

地盤を自然のまま原位置で利用することの多い基礎工学では，従来から，土を砂質土（sandy soil）と粘性土（cohesive soil）に大きく2分して取り扱ってきた．砂質土とは砂としての特性が強い土（ϕ材料），粘性土は粘土的な特性が強い土（c材料）といった程度の意味である（5.1.1項参照）．本書では，従来からの慣用にならって，主として砂質土および粘性土の表現を用いることとするが，設計に用いる土質定数との対応については，より詳細な検討が必要な場合もある．

2.2 土の組成と基本量

2.2.1 土の組成

土は土粒子実質部分と，それらの間隙部分からなる．間隙部分は水または空気

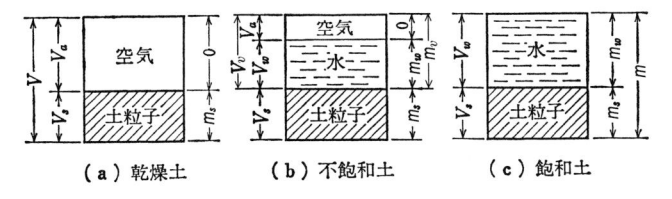

図 2.6 土の組成の模式図

で満たされているから,土の組成は土粒子,水および空気の 3 相からなるものである.自然状態では湿潤土として存在しているが,とくに間隙部分がすべて水で満たされている土を飽和土 (saturated soil) といい,地下水位以下の土は飽和土とみてよい.一方,間隙部分のすべてが水で満たされてはいない土を不飽和土 (unsaturated soil) という.地下水位以上にある土は,不飽和土の状態にあって,間隙中を占める水と空気の割合は状況によって異なる.

以上のような土の組成を模式的に示したのが,図 2.6 である.同図 (a)〜(c) のそれぞれ左側には体積の記号を,右側には質量の記号を記入した.V および m は全体の体積および質量であって,サフィックス s, w および a をつけたものは,それぞれ土粒子実質部分,間隙水および空気の体積または質量を表す.また間隙部分の体積および質量を V_v および m_v とすれば,$V_v = V_w + V_a$,$m_v = m_w$ の関係にある.

2.2.2 基本量

図 2.6 に基づき,土の状態を示す基本量として以下のものが定義されている.

(i) 湿潤土の単位体積重量 (wet unit weight) と湿潤密度 (wet density)

$$\gamma_t = \frac{mg_n}{V} = \rho g_n \quad (\text{kN/m}^3) \tag{2.1}$$

ここに $m = m_s + m_w$ であり,$\rho = m/V$ は湿潤密度 (みかけの密度) (t/m³) という.g_n は標準自由落下の加速度 ($= 9.81$ m/s² $= 9.81$ kN/t) を表す.γ_t は通常 15〜20 kN/m³ 程度である.

(ii) 土粒子の比重 (specific gravity)

$$G_s = \frac{m_s g_n}{V_s} \Big/ \gamma_w = \frac{\rho_s}{\rho_w} \quad (\text{無次元}) \tag{2.2}$$

$\gamma_w = \rho_w g_n$ は水の単位体積重量 (kN/m³),$\rho_s = m_s/V_s$ は土粒子の密度 (t/m³),ρ_w は水の密度であって通常 $\rho_w = 1$ t/m³ としてよい.普通の土では,$G_s = 2.55$〜2.75 の範囲にある.

(iii) 乾燥単位体積重量（dry mass gravity）と乾燥密度（dry density）

$$\gamma_d = \rho_d g_n = \frac{m_s g_n}{V_s + V_v} = \frac{m_s g_n / V_s}{1 + V_v / V_s} = \frac{G_s \gamma_w}{1 + e} \quad (\text{kN/m}^3) \qquad (2.3)$$

ここに $\rho_d = m_s/V$ は乾燥密度（t/m³）（2.2.3項参照）である．通常 $\gamma_w = 9.81$ kN/m³ とみてよい．e については（vi）を参照．

(iv) 水中単位体積重量（submerged unit weight）

地下水位以下にある飽和土（$V_v = V_w$）は，$(V_s + V_v)\rho_w g_n$ に等しい浮力を受け，$m_w = \rho_w V_v$ であること，水中では，$(m_s + m_w)g_n/(V_s + V_v)$ は飽和土の単位体積重量 γ_{sat} であることから，

$$\gamma' = \frac{m_s + m_w - (V_s + V_v)\rho_w}{V_s + V_v} g_n = \left(\frac{m_s + m_w}{V_s + V_v} - \rho_w\right) g_n = \gamma_{\text{sat}} - 9.81 \quad (\text{kN/m}^3) \qquad (2.4)$$

また，式 (2.3) と同様に表すと，

$$\gamma' = \frac{m_s - V_s \rho_w}{V_s + V_v} g_n = \frac{m_s / V_s - \rho_w}{1 + V_v / V_s} g_n = \frac{(G_s - 1)\gamma_w}{1 + e} \quad (\text{kN/m}^3) \qquad (2.5)$$

(ⅴ) 間隙率（porosity）

$$n = \frac{V_v}{V_s + V_v} \times 100 \quad (\%) \qquad (2.6)$$

(vi) 間隙比（void ratio）

$$e = \frac{V_v}{V_s} \quad (\text{無次元}) \qquad (2.7)$$

通常，砂では $e = 0.6 \sim 1.1$ 程度，粘土では $e = 1.5 \sim 3.0$ 程度である．

(vii) 体積比

$$f = \frac{V}{V_s} = 1 + e \quad (\text{無次元}) \qquad (2.8)$$

(viii) 含水比（water content）

$$w = \frac{m_w}{m_s} \times 100 \quad (\%) \qquad (2.9)$$

通常，砂質土では $w < 20\%$，粘性土では $w > 40 \sim 50\%$ である．

(ⅸ) 飽和度（degree of saturation）

$$S_r = \frac{V_w}{V_v} \times 100 \quad (\%) \qquad (2.10)$$

2.2.3　基本量の求め方と基本量間の関係

上に述べた基本量のうち，通常土粒子の比重 G_s，含水比 w および湿潤土の単

位体積重量 γ_t を土質試験によって計測し，他の基本量はこれらから計算によって求めることができる．

土粒子の密度試験は JIS A 1202 に規定されている．図 2.7 に示すような比重びんに温度 $t°$C の水を満たしたときの質量を m_a(g)，温度 $t°$C の水と土の試料を満たしたときの質量を m_b (g) とする（容器の質量を含まず）．また試料を 110°C で炉乾燥したときの質量を m_s (g) とすれば，次式によって G_s が求まる．

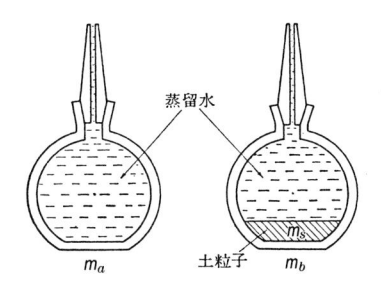

図 2.7 土粒子の密度試験

$$G_s = \frac{m_s}{\rho_w V_s} = \frac{m_s}{m_a - (m_b - m_s)} \quad \text{(無次元)} \tag{2.11}$$

含水比を求める試験は JIS A 1203 に規定されている．容器（質量 m_c）に試料を入れて炉乾燥にかける前後の質量 m_a，m_b（いずれも容器の質量 m_c を含む）を計測し，次式によって求める．

$$w = \frac{m_w}{m_s} \times 100 = \frac{m_a - m_b}{m_b - m_c} \times 100 \quad (\%) \tag{2.12}$$

土の間隙中の水は，吸着水と自由水に大別することができる．吸着水 (adsorbed water) とは，物理化学的作用によって土粒子の表面に強固に吸着している水をいう．細粒分の土では，負に帯電している土粒子に双極性をもった水分子が連鎖状に吸いつけられており，その吸着力は著しく強い．湿潤土を 100°C で炉乾燥すると，自由水は蒸発してしまう．しかし吸着水は，この程度ではほとんど減少せず，150～200°C に加熱しないと除去されない．吸着水は，粘性土のコンシステンシー（2.4 節）や透水性（3.2 節）に影響するところが大であって，土性との関わりが密である．

自立する湿潤土の単位体積重量 γ_t を求める試験法は，2000 年に JIS A 1225 に規定された．円柱または角柱に成形したものから m と V を直接計測する．乱した土や砂の試料の場合は，JIS A 1210, 1214 等を参考に，容器の一定したモールドに詰めて測定するほかない．G_s や w に比べて高い精度は期待できない．

〔問 2.1〕 以上の 3 つの基本量 γ_t，G_s，w が求まると，2.2.2 項を参照して他の基本量は次式によって計算できることを確かめよ．

$$\gamma_d = \frac{\gamma_t}{1 + w/100} \quad (\text{kN/m}^3) \tag{2.13}$$

$$e = \frac{G_s \gamma_w}{\gamma_d} - 1 \quad (\text{無次元}) \tag{2.14}$$

$$S_r = \frac{G_s w}{e} \quad (\%) \tag{2.15}$$

〔問 2.2〕 次式が成り立つことを確かめよ．

$$\gamma_t = \frac{m}{V} g_n = \frac{m_s + m_w}{V_s + V_v} g_n = \frac{G_s + eS_r/100}{1+e} \gamma_w \quad (\text{kN/m}^3) \tag{2.16}$$

〔問 2.3〕 上式において，$S_r=0\%$，$S_r=100\%$ とおくと，γ_d および飽和土の単位体積重量 γ_{sat} が得られ，γ_{sat} の定義（(iv) 参照）からも

$$\gamma_{\text{sat}} = \frac{G_s + e}{1+e} \gamma_w \quad (\text{kN/m}^3) \tag{2.17}$$

となることを確かめよ．

2.3 砂の相対密度

砂は，粒状構造における粒子の配列状態によって密度に差ができる．この原因としては，(i) 構成する粒子の大小の分布状態（粒径分布），(ii) 粒子の形状と表面の粗さ，(iii) 粒子の空間的な接触点のあり方などが考えられる．

砂は密に詰まっているほど，せん断力に対する抵抗が大きく安定した構造となる．ゆえに密な砂地盤は，大きな荷重を受けても沈下量は少なく，支持力が大きい．逆にゆるい砂地盤は，粒子構造がくずれやすいため密な砂と同等の荷重では沈下量が大であり，支持力が小さい．このように，砂の密度は強度沈下特性に関係するところが大きいので，次式によって相対密度 (relative density) D_r を定義している．

$$D_r = \frac{e_{\max} - e}{e_{\max} - e_{\min}} \quad (\text{無次元}) \tag{2.18}$$

ここに，e：自然状態の砂の間隙比
$e_{\max}$：最もゆるい状態の砂の間隙比（容器中に砂を静かに注ぎこんだ状態で測定）
$e_{\min}$：最も締まった状態の砂の間隙比（容器中に砂を十分締め固めた状態で測定）

上式において，D_r が 1 に近いほど密であり，0 に近いほどゆるい状態にあることがわかる．しかし，原位置にある砂の乱さない試料を採取することは一般に不可能であって，同式中の e は測定できない．そのため，実用的には原位置試験によって相対密度を推定する以外にはなく，通常標準貫入試験 (7.5.1 項参照) の N 値の大きさによって後述の表 7.3 のように表現されている．N 値の大きさと式 (2.18) の D_r との関係については，よくわかっていない．

2.4 粘性土のコンシステンシー

コンシステンシー（consistency）（緊硬度）とは，粘性土の変形の難易を表した言葉であって，粘性土の粒度分布，粘土鉱物の種類や結晶構造，含有する電解物質，含水量などによって変わる．一般には軟らかい，堅い，もろいなどの表現が用いられているが，最も直接的に関連づけられているのは一軸圧縮強度(5.2.3項参照)であって，後述の表7.3に示しておいた．

2.4.1 コンシステンシー限界

こね返された粘性土試料のコンシステンシーは，含水比が変化すると表2.3の左側のように特性が変わってくる．同表のうち塑性とは，ひび割れを生じたり体積変化をすることなしに，弾性限界をこえて変形しうる性質をいい，平易には粘土細工が可能な性質と理解すればよい．また半固体は，ひび割れを生じやすい非塑性的な状態で，数日間放置した粘土細工の半乾きの状態を想像すればよい．

このような各状態間の移り変りの限界の含水比を，同表の右側のように定義し，これらを総称してコンシステンシー限界（consistency limit）という．これらの限界は，Atterberg が1911年に初めて発表したものであって，彼の名前をとってアッターベルグ限界（Atterberg limit）ともいう．コンシステンシー限界のうち，地盤工学上重要なのは液性限界と塑性限界である．

表2.3 コンシステンシーの段階と限界

段階		土の状態	コンシステンシー限界	Atterberg の定義
大 ↑ 含水比 ↓ 小	液体	粒子は懸濁状態にある		
	半液体	粘性流動体	粘性流動状態の上限	この点以上では，土がほとんど液体のように流動する含水比
	塑性体	体質変化・弾性的反発・割れまたはくだけなどがなく，急激な変形に耐える	粘性流動状態の下限＝液性限界 w_L	この点において，皿中の土の2部分が，数回の強い打撃を与えることによって，ちょうど接触する含水比
	半固体	もろく，非塑性的こねると割れる	塑性段階の下限＝塑性限界 w_p	この点以下では，土をひも状にのばしたとき，くだけはじめる含水比
	固体	堅くて弾性的	体積変化の極限＝収縮限界 w_s	この点以下では，水分がさらに失われても，体積の減少を伴わない含水比

a. 液性限界試験（JIS A 1205）　図2.8のような寸法の黄銅製の皿に試料を入れ，みぞ切りで2mm幅のみぞをつける．調節板Hをねじ I によって調節し，ハンドルFでラムEを回転させた場合，皿が1cmもちあがって落ちるようにしてある．含水量をいろいろ変化させた試料をつくり，1秒間に2回の割合で皿を落下させたとき，各試料が1.5cmだけ合流するまでの回数 n を求める．$n>25$, $n<25$ での含水量の値を2個ずつ得て，図2.9の片対数紙上に含水比 w と n をプロットし，落下回数 $n=25$ に相当する含水比を内挿する．これを液性限界（liquid limit）w_L という．なおわが国の沖積粘土の液性限界は40〜100%の範囲のものが多いといわれている．

b. 塑性限界試験（JIS A 1205）　すりガラス板の上で，水を加えてこね返した試料を手のひらで転圧する．直径が約3mmの棒と同じひも状になったら折りたたんでこね返し，また転圧する．この動作を繰り返すうち，含水量は次第に減少していき，直径が約3mmで，ひもがきれぎれの状態になったときの試料の含水比を測定して塑性限界（plastic limit）w_P とする．わが国の沖積粘土の塑性限界は，20〜80%の範囲を占めるものが多いといわれている．

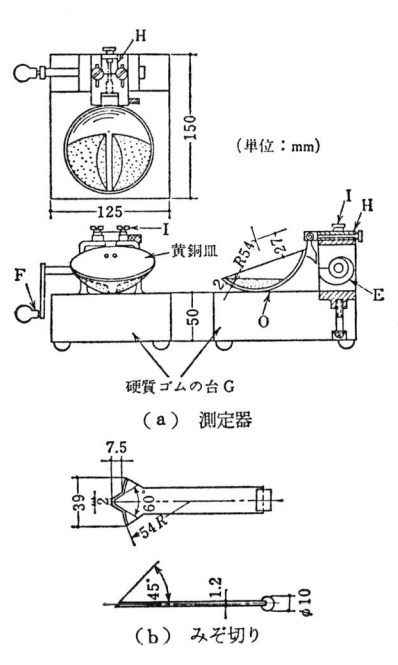

図2.8　液性限界測定器

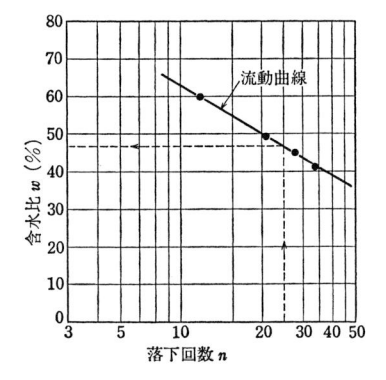

図2.9　液性限界の決定法

2.4.2 コンシステンシー限界のもつ工学的意義

液性限界 w_L と塑性限界 w_p を用いて，次のような量が定義されている．

塑性指数（plastic index）
$$I_p = w_L - w_p \quad (\%) \tag{2.19}$$

コンシステンシー指数（consistency index, relative consistency）
$$I_c = \frac{w_L - w}{I_p} = \frac{w_L - w}{w_L - w_p} \quad （無次元） \tag{2.20}$$

以下にコンシステンシー限界のもつ工学的な意義について説明しておく．

（i） 大局的には，粘土分が多いほど結合力が大きく，水を加えても流動しにくい．したがって w_L が増大する．また粘土分が増加するほど間隙比 e が大きくなるため，圧縮性が増大する．Skempton は，統計的な検討の結果，鋭敏比（5.3.2 項参照）の低い粘土に対して w_L と圧縮試験における圧縮指数 C_c（4.1 節参照）との間に，次式の関係のあることを示した．

$$C_c = 0.009(w_L - 10)$$
$$（無次元） \quad (2.21)$$

なおわが国の粘性土に関しては，次式のような提案がある．

関東ローム[2)]
$$C_c = 0.011(w_L - 10) \tag{2.22}$$

大阪沖積粘土[3)]
$$C_c = 0.01(w_L - 12) \tag{2.23}$$

（ii） I_p も粘土分の多い

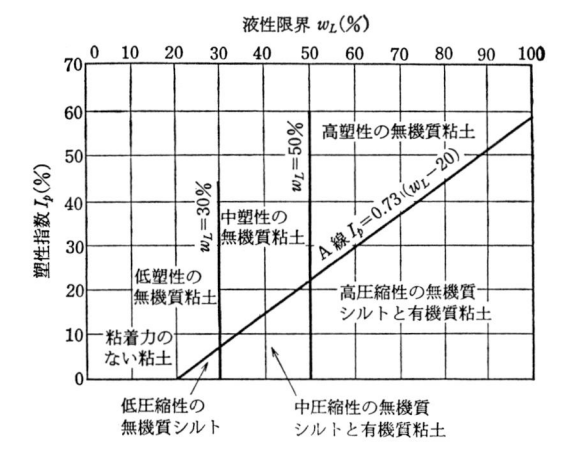

(a) A. Casagrande による

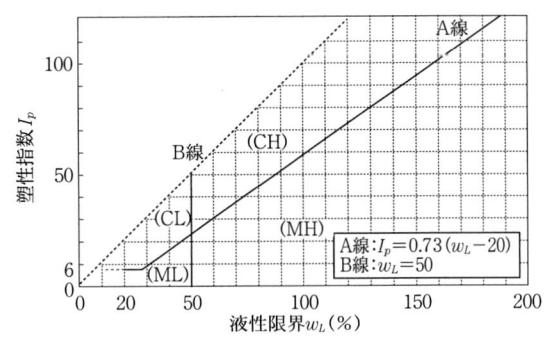

(b) 地盤工学会の分類法による[1)]

(CH)：粘土（高液性限界），(CL)：粘土（低液性限界），
(MH)：シルト（高液性限界），(ML)：シルト（低液性限界）．
(M はスウェーデン語によるシルトの略記号)

図 2.10 塑性図

ほど増大する．工学的には，I_p の大きいほど塑性および乾燥強さが増加し，透水性が減少する．

　（iii）　自然含水比 w は，一般には $w_p \leqq w \leqq w_L$ の関係にあるので，$0 \leqq I_c \leqq 1.0$ とみてよい．しかし土質によってはこの範囲をこえるものもある．$I_c \fallingdotseq 0$ の粘性土は，乱すと液状となって強度が著しく低下する可能性があり，また I_c が 1.0 に近い場合は，かなり安定した状態にあることがわかる．

　（iv）　w_L および I_p の量から粘性土を分類する方法を Casagrande が提案し，その分類図（図 2.10(a)）を塑性図（plasticity chart）と名づけた．地盤工学会の細粒土の分類法[1]（2.1.3 項参照）の塑性図（図 2.10 (b)）の原形をなすものである．

3. 地下水の水理学

本章では，自由水に関する諸問題について述べる．

自由水（free water）は，土粒子間において吸着水の外側に存在する水であって，地下水，雨水，毛管水などである．主として重力の影響によって動きうる水と考えればよい．ただし，粘性土中の自由水の動きに関する圧密現象については，土の圧縮性と関連があるので章を改めて第4章で述べる．

3.1 有効圧と中立圧

地盤中の応力状態を考える場合，次のような圧力（応力）が定義されている．

（ⅰ）有効圧（effective pressure）$\bar{p}$：土粒子の骨格構造を通って，粒子間の圧縮力やせん断力として伝達される圧力をいう．土は有効圧を受けることによって間隙が変化し，体積変化を生ずる．なお有効応力（度）σ' ということもある．

（ⅱ）中立圧（neutral pressure）u：飽和土の間隙の水によって伝達される圧力であって，間隙水圧（pore water pressure）ともいう．自由面をもった静止した状態では，静水圧（hydrostatic pressure）に等しい．

（ⅲ）全圧力（total pressure）p：有効圧と中立圧の和をいう．全応力 σ ともいう．

図3.1(a)において地下水位は安定しているものとし，鉛直方向の圧力（応力）

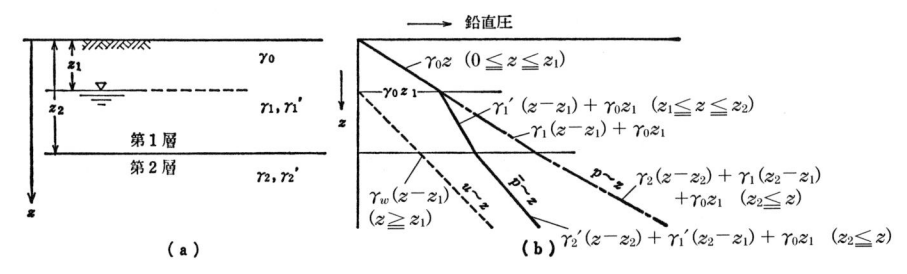

図3.1 鉛直圧の分布

を考える．地下水位以上の湿潤土の単位体積重量 γ_t を γ_0 とし，第1層の地下水位以下および第2層の水で飽和した土の単位体積重量 γ_{sat} をそれぞれ γ_1 および γ_2 また水中単位体積重量 γ' を γ_1' および γ_2' とすると，有効圧 $\bar{p}$，中立圧 u および全圧力 p の分布は同図(b)のようになる．なお，この場合の有効圧 $\bar{p}$ は，その点より上方の土の重量による鉛直圧であって，有効土かぶり圧または有効上載圧 (overburden pressure) という．

【演習問題 3.1】 (a) 図 3.1 において，$z_1=3$ m，$z_2=10$ m，$\gamma_0=1.8$ tf/m³，$\gamma_1=1.9$ tf/m³，$\gamma_2=1.7$ tf/m³ として，有効圧，中立圧，全圧力の分布を求めよ．また，SI 単位でも表示せよ．

(b) べた基礎 (8.1 節参照) で 15 tf/m² (147 kPa) の重さの建物の基礎深さは，上記地盤では何 m とすれば地盤応力への影響が最も少ないか．

3.2　土の透水性と透水係数の求め方

3.2.1　土の透水性

礫や砂は粒状構造をなしており，かつ透水性 (permeability) のよいことはよく知られている．粘土やシルトは蜂の巣状構造をなし，間隙比が礫や砂より大きいにもかかわらず透水性は非常に小さく，短時間では非透水性とみてよい．このように，土の透水性は構造のあり方や間隙比の大きさとは必ずしも関係なく，間隙自体の大きさによる．

図 3.2 において，U 字管内の長さ l の区間に一様な試料があるとする．a 点の水圧が b 点より $\Delta u=\Delta h\gamma_w$ (Pa) だけ大きいように保つと，水は a から b へ流線状をなして流れる．このような，ある 2 点間の静水圧の差を過剰水圧 (excess hydrostatic pressure) あるいは透水圧，その間の変化率を圧力勾配という．

ab 間の水の流れに沿って水圧は減るので，ここでは圧力勾配 i_p，水頭勾配 (動水勾配) (hydraulic gradient) i は次式のように定義する．

$$i_p=-\frac{\Delta u}{l}=-\frac{\Delta h\gamma_w}{l} \quad \text{(Pa/cm)} \quad (3.1)$$

$$i=\frac{\Delta h}{l} \quad \text{(無次元)} \quad (3.2)$$

このときの流量 Q (cm³/s) を計測し，土中の透水状態について，Darcy は次式が成立することを実験によって確かめた．

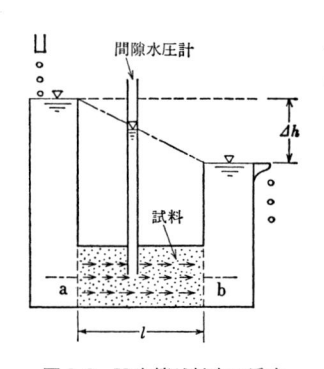

$$\text{流量} \quad Q=kiA \quad \text{(cm³/s)} \quad (3.3)$$

図 3.2　U 字管試料内の透水

$$\text{流速} \quad v=\frac{Q}{A}=ki \quad (\text{cm/s}) \tag{3.4}$$

ここに，k：透水係数（cm/s），A：試料の断面積（cm^2）

式(3.4)は，単位時間に単位断面を流れる水量すなわち流速 v の大きさが，水頭勾配 i に比例することを表すものであって，Darcy の法則と呼ばれる．ただし，A は試料の全断面積を考えているので，v は真の流速（間隙中を動いている水の速度）を表すものではない．

Darcy の法則は，ある限度以下の流速状態すなわち層流の状態では十分妥当であることが認められており，透水係数（coefficient of permeability）k が重要な意味をもつことがわかる．透水係数は粒径分布，間隙比，間隙の形状と配列などによって変化するものである．Allen Hazen は，ゆるく詰めた均等な砂（均等係数 U_c がおよそ 2 以下）について実験を行い，次式を提案した．

$$k=C_1 D_{10}{}^2 \quad (\text{cm/s}) \tag{3.5}$$

ここに，D_{10}：10% 粒径（cm），C_1＝定数値 $100 \sim 150$（1/cm・s）

3.2.2 透水係数の求め方

表3.1 に，透水係数の大きさと土の種類ならびに透水係数の求め方との対応を示した．同表にみられるように，透水係数を求める方法は，細粒分を含まない砂

表3.1 透水係数と排水性，土の種類などとの関係

透水係数 k(cm/s)	10^2	10	1	10^{-1}	10^{-2}	10^{-3}	10^{-4}	10^{-5}	10^{-6}	10^{-7}	10^{-8}	10^{-9}
排水性		良		好				わずか			実用上不透水	
土の種類	粘土を含まない礫			粘土を含まない砂および砂礫			微細砂・有機質および無機質シルト，砂・シルト・粘土の混合土，成層堆積粘土など			"不透水性"の土，例えば風化地帯の下の均等な粘土		
							植物と風化の結果できた"不透水性"の土					
透水係数の求め方 直接法		現場揚水試験										
		定水位透水試験										
					変水位透水試験							
間接法	粒度分布・間隙比などからの計算											
								圧密試験結果から計算				

（A. Casagrande および R. E. Fadum による）

についての式 (3.5) などのほか，採取した土の試料について透水試験あるいは圧密試験（4.3節参照）を行う方法，原位置において現場揚水試験（3.2.3項参照）を行う方法などがある．ここでは，透水試験の概要を述べておく．

透水試験（permeability test）には，変水位透水試験と定水位透水試験があり，いずれも JIS A 1218 に規定されている．変水位透水試験（falling-head permeability test）は主として粘性土用であって，図3.3のような機構の試験器による．試料の高さを L，断面積を A とし，スタンドパイプの内断面積を a とする．h が図3.2の $\varDelta h$ に相当するが，dt 時間内に水位が dh だけ低下したとすると，$dh/dt<0$ なのでこの間に流れた水量 Qdt は

$$Qdt = -dh \cdot a = k\frac{h}{L}A dt$$

$$\therefore \quad -\frac{dh}{h} = k\frac{A}{La}dt \quad (変数分離)$$

よって，時刻 t_1 から t_2 の間に，水位が h_1 から h_2 に変化したとすると，下記2式の値は等しいことから透水係数が求められる．

$$-\int_{h_1}^{h_2}\frac{dh}{h}=\log_e\frac{h_1}{h_2}, \quad \int_{t_1}^{t_2}k\frac{A}{La}dt=k\frac{A}{La}(t_2-t_1)$$

$$\therefore \quad k=\frac{La}{A(t_2-t_1)}\log_e\frac{h_1}{h_2}=\frac{2.30 La}{A(t_2-t_1)}\log_{10}\frac{h_1}{h_2} \tag{3.6}$$

一方，定水位透水試験（constant-head permeability test）は砂質土用の試験であって，原理的には図3.2と同じであり，式(3.3)から透水係数が求められる．

3.2.3 現場揚水試験

現実の地盤における透水係数を求める場合，採取試料の透水係数のみから推定すると誤差が大きく，判断を誤ることが多い．したがって，現場において井戸を掘り，揚水試験を行った結果から透水係数を求める方が実際的であって，精度も高い．

揚水井戸のあり方としては，地盤条件によって2つの場合が考えられる．図3.4(a) は，自由水面をもつ帯水層（透水層）の下部に不透水層がある場合である．一般的には，帯水層は粗粒土層，不透水層は細粒土層または岩盤層とみてよい．井戸によって揚水すると，地下水は重力流となって井戸に流れこむことから，重力井戸（gravity well）と呼ばれる．図3.4(b) は，帯水層が上下の不透水層の間にあり，井戸が上部不透水層および帯水層を貫通している場合であって，掘抜き井戸（artesian well）と呼ばれる．帯水層中の地下水が，図のように帯水層上端

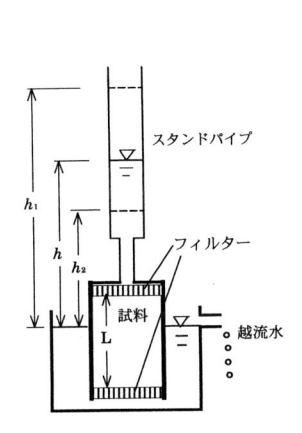

図3.3 変水位透水試験器

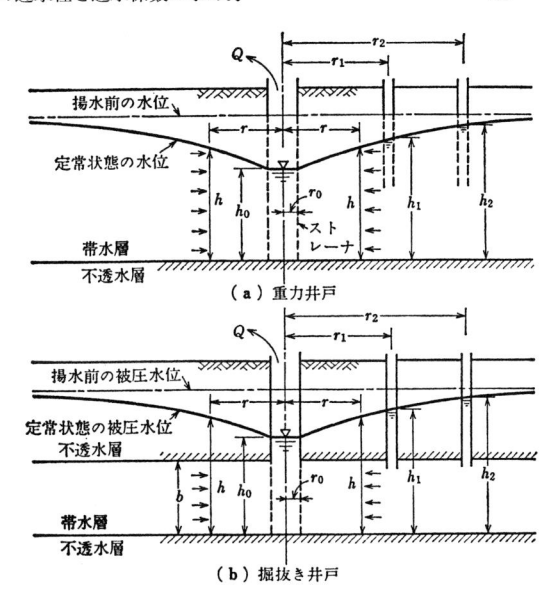

図3.4 現場揚水試験

面以上の水位を示す場合，被圧状態にあるといい，このような地下水を被圧水（artesian ground water）という．

このような揚水用の井戸からポンプによって水を汲み上げた場合の水位低下量や，ポンプを停止した場合の水位回復量などを測定し，透水係数その他を求める試験を現場揚水試験（pumping test in-situ）という．以下，現場揚水試験における透水係数の求め方を述べる．

図3.4(a)において，井戸の側壁全面にわたってストレーナー（水抜き孔）が切られているものとする．ポンプによって，単位時間当り $Q\,(\mathrm{cm^3/s})$ の流量で揚水すると，地下水位はしだいに低下していくが，ついには定常状態となって安定する．このときの井戸内の水頭を h_0 とする．井戸の中心から距離 r_i において観測井戸を数か所設けておくと，それぞれの地点における定常状態での水頭 h_i が求まる．

いま井戸の中心からの距離 r を半径とする円筒面での水頭を h とし，この円筒面を外部から内部へ向かって通過する水量を考えると，揚水量 Q に等しくなければならない．ここで，地下水位の勾配が著しく急ではないと考えて，円筒面を通過する水流は水平であると近似する．したがって，円筒面全体を通じて $i=dh/dr$ とおく．Darcyの法則から次式が成り立つ．

$$Q = ki \times (\text{円筒面の面積}) = k\frac{dh}{dr}2\pi rh \tag{3.7}$$

これを r_1 から r_2 まで積分すると（3.2.2 項参照），

$$Q\int_{r_1}^{r_2}\frac{dr}{r} = 2\pi k \int_{h_1}^{h_2} h\,dh$$

$$\therefore\ Q = \frac{\pi k(h_2{}^2 - h_1{}^2)}{\log_e(r_2/r_1)}\quad (\text{cm}^3/\text{s}) \tag{3.8}$$

ゆえに，重力井戸の場合，透水係数は次式から求まる．

$$k = \frac{Q}{\pi(h_2{}^2 - h_1{}^2)}\log_e\frac{r_2}{r_1} = \frac{2.30 Q}{\pi(h_2{}^2 - h_1{}^2)}\log_{10}\frac{r_2}{r_1}\quad (\text{cm/s}) \tag{3.9}$$

図 3.4(b) の掘抜き井戸の場合，重力井戸の場合と同様に考えるが，井戸の中心からの半径が r である円筒面の高さは b なので，通過する水量 Q は

$$Q = k\frac{dh}{dr}2\pi rb \tag{3.10}$$

と求められる．

〔問 3.1〕 重力井戸の場合にならって，掘抜き井戸による透水係数が下式のように得られることを確かめよ．

$$Q = 2\pi kb\frac{h_2 - h_1}{\log_e(r_2/r_1)}\quad (\text{cm}^3/\text{s}) \tag{3.11}$$

$$\therefore\ k = \frac{Q}{2\pi b(h_2 - h_1)}\log_e\frac{r_2}{r_1} = \frac{1.15 Q}{\pi b(h_2 - h_1)}\log_{10}\frac{r_2}{r_1}\quad (\text{cm/s}) \tag{3.12}$$

3.3 砂のボイリング・液状化現象および盤ぶくれ現象

構造物の基礎工事や基礎の支持力などに関連して，地下水が生起させるいくつかの重要な現象がある．本節では，これらのうち代表的なものについて解説する．

3.3.1 砂のボイリング

図 3.5 のような連通管において，左側の容器をもちあげ，右の容器の水面との間に $h(\text{cm})$ の水位差が生じたとする．砂層下面には過剰水圧 $\Delta u = h\gamma_w$ が発生し，水は砂層中を透過して上昇する．水頭勾配は $i = h/H$ であり，したがって

$$\Delta u = h\gamma_w = iH\gamma_w \tag{3.13}$$

一方砂層は，過剰水圧に等しい透水圧 $\Delta \bar{p} = \Delta u$ を受ける．したがって砂層下面における有効圧 $\bar{p}$ は，次式のようになる．

$$\bar{p} = H\gamma' - iH\gamma_w \tag{3.14}$$

上式において $\bar{p} = 0$ となる場合の水頭勾配を臨界水頭勾配（critical hydraulic

gradient) といい，i_c で表す．

$$i_c = \frac{\gamma'}{\gamma_w} = \frac{G_s-1}{1+e} \quad (3.15)$$

いま $G_s=2.7$，砂の間隙比 $e=0.6\sim1.1$ とすると，$i_c=0.81\sim1.06$ となり，ほぼ次の値を採用してよいことがわかる．

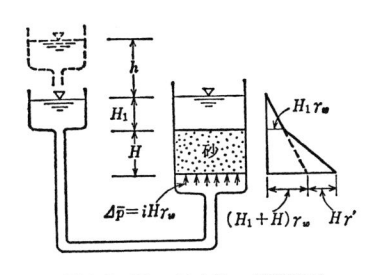

$$i_c \fallingdotseq 1.0 \quad (3.16)$$

図 3.5 砂のボイリング説明図

この状態に達すると，砂の有効圧は 0 となり，砂は激しくかく拌されて湧き出す．この現象をボイリング (boiling) またはクイックサンド (quicksand) という．また液状化現象 (liquefaction) という場合もある．

このようなボイリング現象は，現実には掘削工事において安易に重力排水を行った場合，ゆるい砂層が地震動によるせん断によって間隙の減少を生じ，過剰間隙水圧を発生した場合などに生起する．ここでは前者について説明し，後者は 3.3.2 項で述べることとする．

砂地盤中の土留め掘削工事において釜場揚水 (11.8.1.a 項参照) を行う場合，矢板 (山留め壁) の内面からおよそ $D/2$ (D：矢板の掘削底面からの根入れ長さ) の範囲の掘削面にボイリングを生ずることがある．このように矢板の根入れ部前面の地盤がボイリングすると，矢板を支えていた横抵抗がなくなるため矢板下部から崩壊が起こり，大事故につながる危険性がある．したがって，事前にボイリングが起こるかどうかの検討を行うことが大切であり，必要に応じて矢板背面の水位を低下させるための排水を行うなどの対策を考えねばならない．ボイリング発生の兆候が現れた場合の緊急対策としては，矢板より $D/2$ の範囲の有効圧を増すため，根切り底に押え荷重 (砂，土のうなど) を投入するのも 1 つの方法である．

矢板内の掘削底面底盤などに局部的なボイリング現象が起こるとそこに泉ができ，この部分への浸透水によって土粒子が流されるため，地盤内にパイプ状の孔すなわち水みちが生ずる．水みちを通る水流はさらに激しくなって土を浸食し，ますます孔の径を大きくしていく．このような現象をパイピング (piping) と呼んでおり，ボイリング現象の一部と解釈してよい．パイピングは水流の末端から上流側に向かってしだいに進行していき，ついには地盤の陥没事故を引き起こすまでに至る．

3.3.2 砂地盤の液状化現象

水で飽和したゆるい砂地盤が地震動や衝撃による急激な繰返しせん断変形を受けると，土粒子構造が崩れ間隙の減少を生じ，間隙水が直ちに流動しきれないために，過剰間隙水圧が急激に上昇すると考えられる．その結果，有効上載圧と等しくなったとき，地盤のせん断抵抗が失われる現象を，とくに液状化現象(liquefaction)という．一方，密な砂では一定の変形後強度が回復する（サイクリックモビリティ）と考えられている（5.3.1項参照）．したがって液状化現象の発生には，砂の相対密度・粒度組成・透水係数，地震動や衝撃の強さと継続時間，地盤内の有効上載圧の大きさなどの多くの要素が関係する．

図3.6は，Florinらがゆるい砂について行った実験の一部であって，振動荷重が加わった場合の過剰間隙水圧の生起（同図(a)）と消失（同図(b)）の過程を示すものである．同図(a)では有効上載圧が比較的小さい砂層の上部からまず液状化が起こり，しだいに下方に向かって液状化が進行していく．液状化した範囲では砂と水の混合液の単位重量が $(\gamma' + \gamma_w)$ となる．よって，$z\gamma'$ が，過剰間隙水圧として作用する（同図の傾斜した直線部分）．混合液の液圧は，中立圧として作用するから，液状化層より下の未液状化地盤では過剰間隙水圧は一定であり垂れ下がった分布となる．一方，上部の液状化によって下部地盤の有効上載圧が減少するため，下部へ向かって順次液状化が進行することとなる．なお同図(b)では，全砂層の液状化が終わって後，下方から砂粒子の沈殿が起こり，過剰間隙水圧が減少していく過程がみられる．

1964年の新潟地震では，この現象が大規模に発生して構造物にも大きな被害をもたらした[2),3)]．地盤の支持力が一時的に喪失するため，数多くの構造物が沈下し転倒を生じた（図3.7参照）．また砂と水の混合液（水の2倍近い比重）よりも軽

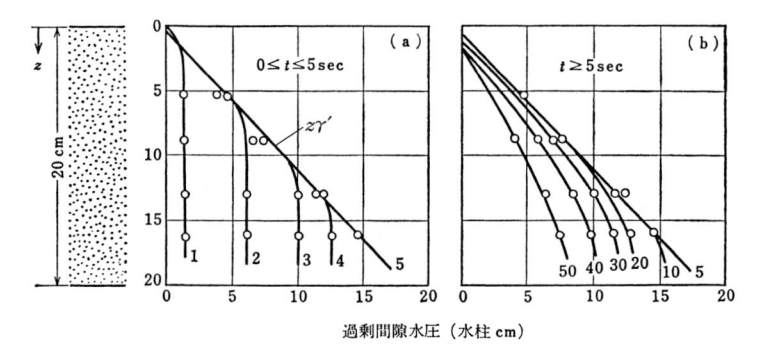

図3.6 振動中の砂層の過剰間隙水圧[1)]

図 3.7 新潟地震における建物の転倒例

図 3.8 新潟地震におけるマンホールの浮き上がり

い地中構造物，たとえばマンホールなどは浮上したものもある（図 3.8 参照）．

さらに 1995 年の兵庫県南部地震では埋立地における大規模な液状化とそれに伴う側方流動によって，港湾施設，建物基礎に被害が生じた．とくに杭基礎では杭頭部のみではなく，地中部での被害も報告されている[4]．

液状化現象が発生すると，直接基礎，杭基礎の鉛直支持力・水平耐力・引抜き抵抗力などに致命的な影響を及ぼす場合がある．したがって，基礎を設計する段階で，液状化現象が発生する可能性があるかどうかの検討を行っておかねばならない．新潟地震以後，液状化現象に関する調査研究が活発に行われて，その発生機構などがかなり明らかになってきた[5]．液状化の検討対象となる土層の条件および検討方法については 8.4 節を参照されたい．

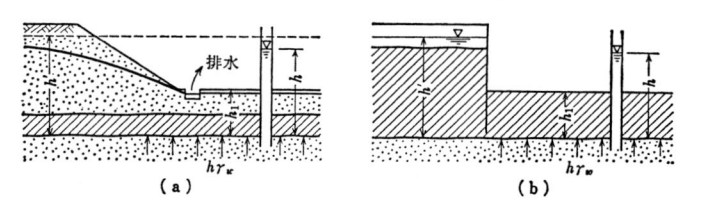

図 3.9 盤ぶくれ現象の説明図

3.3.3 被圧水による盤ぶくれ現象

根切り工事において，掘削による土かぶり圧の減少，上向きの被圧水圧，下層土のせん断破壊による回りこみ（11.7節 d 項参照）など，種々の原因によって根切り底面がふくれ上がる現象を一括して，ヒービング（heaving）と呼んでいる．このうち，被圧水の圧力の作用による現象を，とくに盤ぶくれ現象という．

図 3.9 のような地盤において，不透水層の下面には $h\gamma_w$ の被圧水圧が上向きに作用しているものとする．同図(a)あるいは(b)のように掘削が進行すると，不透水層下面に働く上載圧（下向き）$h_1\gamma$ はしだいに減少していく．$h_1\gamma$ が $h\gamma_w$ に等しいかあるいは $h\gamma_w$ 以下の状態になると，根切り底面は盤ぶくれ現象を生ずるに至る．底面地盤にゆるみや割れ目からの湧水を生じ，ひいては大きな事故をもたらす結果ともなる．

したがって，事前に被圧水位を調査して盤ぶくれ現象が起こるかどうかを検討し，もしその可能性がある場合には下部透水層に達する深井戸を設けて揚水し，被圧水位を低下させておく必要がある．なお被圧水位は，季節や気象条件，付近の工事現場の揚水状況，その他が重なりあってかなりの変動幅があるものであるから，根切り工事の期間を通じて被圧水位を常に観測し，揚水工事を管理することが必要である．

4. 土の圧縮性および圧密

　地盤内のある深さにある土の単位要素は，地表面からその深さまでの有効土かぶり圧（3.1節参照）による応力のほか，構造物や盛土などの荷重による有効応力を受ける．ここでは，主として，後者のような地盤にとって外力とみなせる荷重によって生じる圧縮を対象として説明しているが，前者の場合も同様である．

4.1 土の圧縮性

　土が圧縮を受けた場合，土粒子自体の圧縮量は非常に少なくて，間隙容積の減少量に比べると通常無視できる程度である．したがって，図2.6同様の図4.1において荷重度の増分 Δp に対する体積減少量 ΔV は ΔV_v に等しいとみてよい．このような理由から，一般に土の圧縮性は荷重度あるいは応力度と間隙比 e（あるいは体積比 f）の関係として表される．

　ごくゆるい状態の土について，側方への変位が生じないように拘束して圧縮試験を行った結果は，概念的にみて図4.2に示すようである．ただし圧縮試験に際しては，荷重は段階的に載荷し，変形がほぼ安定するまで時間をかけてから，次

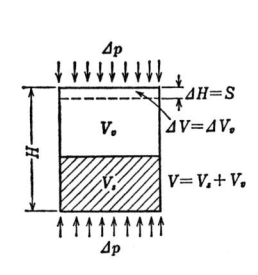

図4.1　土の体積減少量の説明図

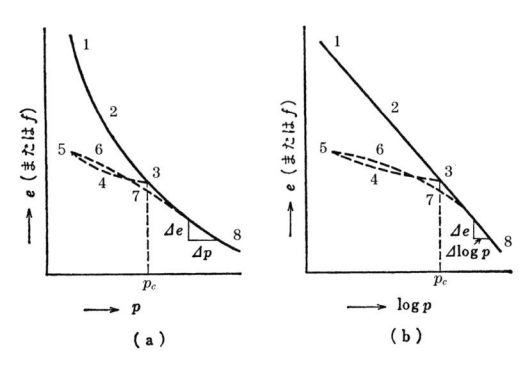

図4.2　土の荷重〜変形性状

の荷重階に移るものとする．

　図4.2(a) の実線は，普通目盛の $e \sim p$ 曲線であって，荷重度が増すにつれて土が密実になっていく特性を表している．この曲線上の任意点における荷重度増分 Δp とそれに対する体積の減少率（通常の歪の定義に相当）との関係を表すものとして，次式のような体積圧縮係数（coefficient of volume compressibility）が定義されている．

$$m_v = \frac{\Delta V_v}{V} \cdot \frac{1}{\Delta p} = \frac{\Delta e}{1+e_o} \cdot \frac{1}{\Delta p} = \frac{a_v}{1+e_o} \quad (\text{cm}^2/\text{kN}) \tag{4.1}$$

ここに，e_o は Δp をかける以前の間隙比であって，Δe は間隙比の減少量（$\Delta V_v / V_s$）を表す．また a_v は圧縮係数（coefficient of compressibility）と呼ばれ，

$$a_v = \frac{\Delta e}{\Delta p} = (1+e_o) m_v \quad (\text{cm}^2/\text{kN}) \tag{4.2}$$

の関係がある．

　図4.1において，底面積は一定であるので $\Delta H / H = \Delta V / V = \Delta e / (1+e_o)$，したがって高さの減少量 ΔH すなわち沈下量 S は，次式のように表される．

$$S = \frac{\Delta e}{1+e_o} H = \frac{a_v}{1+e_o} H \Delta p = m_v H \Delta p \tag{4.3}$$

　表4.1はSkemptonによる m_v の比較表であって，土粒子実質部の（体積）圧縮係数 m_s もあわせて記入してある．ただし，$e \sim p$ 関係の $p = 98.1$ kPa における値である．砂あるいは粘土からなる通常の地盤では，m_v は m_s に比べて非常に大であり，土粒子実質部の圧縮変形は無視できる程度であること，また砂地盤に比して粘土地盤の圧縮性がはるかに大きいことがわかる．なお，上部構造の主材料であるコンクリートの m_v と比較してみると，通常の地盤はおよそ100～数千倍

表4.1　$p = 98.1$ kPa における各種物質の体積圧縮係数

物質	体積圧縮係数(1/MPa)		m_v/m_s
	$m_v \times 10^5$	$m_s \times 10^5$	
石英質砂岩	5.8	2.7	2.1
花こう岩	7.5	1.9	3.9
大理石	17.5	1.4	12.5
コンクリート	20.0	2.5	8.0
密な砂	1800	2.7	666.7
ゆるい砂	9000	2.7	3333
過圧密粘土（洪積）	7500	2.0	3750
正規圧密粘土（沖積）	60000	2.0	30000
水	48	48	1

m_v：体積圧縮係数，m_s：実質部の（体積）圧縮係数．

4.1 土の圧縮性

に達する大きな圧縮性をもっている．

図4.2(b)の実線は，同図(a)のe~p曲線をe~$\log p$の関係で表したもので，ほぼ直線状に表現される便利さがある．このため，土の圧縮試験ではe~$\log p$曲線の表現を採用しているのが一般である．e~$\log p$曲線の直線部の勾配を，

$$C_c = \frac{\Delta e}{\Delta \log p} = \frac{\Delta e}{\log(p+\Delta p) - \log p} \quad \text{（無次元）} \quad (4.4)$$

によって表し，これを圧縮指数（compression index）と呼ぶ．m_vやa_vが荷重の大きさ，したがって土の密度とともに変化するのに対して，C_cはe~$\log p$曲線の直線部を通じて一定値であることが，大きな特徴である．

ある荷重度まで載荷した後，除荷を行って土に膨張を許し，再び載荷して圧縮した場合の曲線を，図4.2に破線で示した．除荷過程345におけるeの回復曲線と再載荷過程567におけるeの減少曲線はほぼ一致しており，かつこれらの勾配は除荷前の123過程の勾配に比してかなり小さい．再載荷時の荷重が除荷前の荷重よりも大きくなると，曲線78は123曲線の延長線に乗るようになる．ゆえに1238で表されるpとeの関係（正規圧密という）はかなり塑性的であり，345および567の過程は弾性的であるということができる．

自然地盤中から採取された乱さない試料について圧縮試験を行った場合は，図4.2の再載荷過程5678曲線をたどると考えることができる．この試料は，自然地盤の堆積過程などにおいて既に123の圧縮を受けており，採取前にはp_cの先行荷重（precompression load）が作用していた．採取されたことによって荷重から解放されて，点5の状態にあったとみなされるからである．

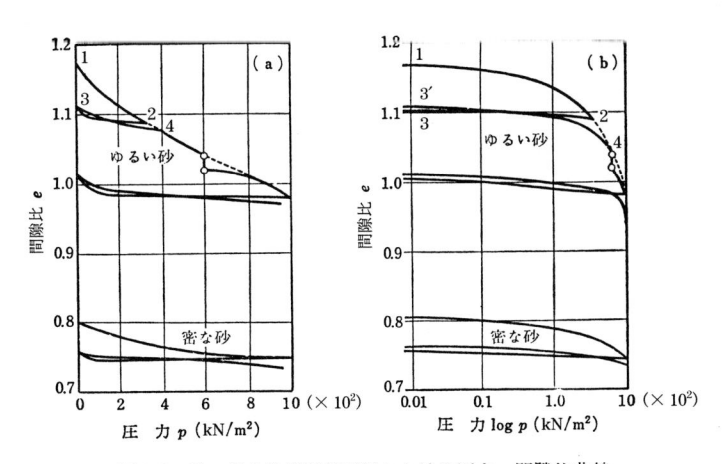

図4.3 砂の側方拘束圧縮試験における圧力~間隙比曲線

さて 5678 曲線は，p_c を境として弾性的性状から塑性的性状へ変化するとみられるから，p_c は工学的性質を表す重要な特性点と考えられる．粘性土地盤の場合，p_c は先行荷重としての意味だけでなく，地盤中で長年月の間に進行する化学的固結作用その他の理由で先行荷重を上回る応力となっている場合があることがわかっており，圧密降伏応力度（preconsolidation stress）と呼ばれるようになった．

砂の側方拘束圧縮試験結果の一例を，図 4.3 に示した．相対密度の相違によって，載荷前の初期間隙比 e_0 ならびに圧縮特性にかなりの差があることがわかる．また砂の体積変化は，そのほとんどが載荷の瞬間に生じてしまうと考えてよい．したがって，基礎工学では即時沈下（9.3.2 項参照）とみなされている．ゆるい砂地盤が振動を受けて締め固まるような場合は，図 4.3 の間隙比 e がより小さい値へと移行するので，載荷による沈下量は減少する．次節では粘土地盤の圧縮特性について説明する．

4.2 圧 密 理 論

4.2.1 圧密現象と Terzaghi モデル

飽和土の場合，間隙は水で満たされている．砂質土は透水係数が大であるから，応力の増大に伴って間隙が減少しても，間隙水は急速に流出すると考えてよい．一方，粘性土は透水係数が非常に小さいため，応力が増加しても間隙水は急には流出できない．したがって，間隙水にはそれまでの水圧（例えば深さ z での静水圧 $u_s(z) = \gamma_w z$）に加えて，過剰間隙水圧 $u(z,t)$ が発生して応力の増分に抵抗する（本節では u は過剰間隙水圧のみを表す）．しかし時間 t の経過とともに，間隙水は徐々に脱出して間隙が減少するため，長時間にわたって変形が進行する．このように，飽和した土が徐々に間隙水を排出し，間隙比が変わって生ずる変形現象を圧密（consolidation）という．軟弱な粘性土層を含む地盤に埋立てや盛土をしたり，下部の透水層から揚水したりした場合の地盤沈下，同様の地盤に重量構造物を建てた場合の構造物の沈下など，長年月にわたる沈下現象の原因となるものであって，地盤工学上の最も重要な現象の 1 つである．

Terzaghi は，1925 年にこの圧密現象を説明するため，粘性土の単位体積に対して図 4.4(a) のようなモデルを提示した[1]．スプリングは土粒子の骨格構造を表すもので，ピストンの変位に比例して抵抗する弾性的な特性をもつ．シリンダー内の水は間隙水にあたり，非圧縮性（圧縮力による体積変化を生じない）と考える．ピストンの小孔は粘性土の透水性と関係があり，直径が小さいほど透水係数 k が小さいことに対応する．このようなモデルに荷重度 p が作用した瞬間，急激には

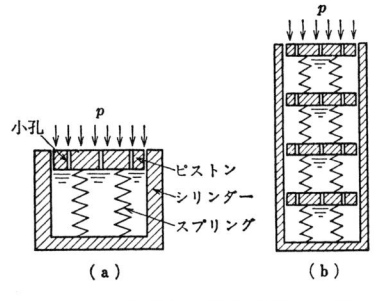

図 4.4 圧密現象に関する Terzaghi モデル

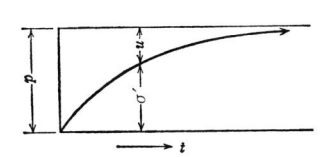

図 4.5 Terzaghi モデルにおける過剰水圧とそれに伴う有効圧の推移

水は流出できないから，シリンダー内の水に過剰水圧 $u(z,t)$ が発生して，ピストンを支える．しかし時間が経つにつれて，水は徐々に小孔から流出しピストンが変位するから，その変位に比例してスプリングに有効応力 $\sigma'(z,t)$ が発生する．時間が十分経過すると，ついには $u(z,\infty)=0$ となり，p はすべてスプリング（有効応力）によって支持されるに至る（本節では，σ' には自重による上載圧等は含まない）．このような過程を通じて，次式の関係が成立している（図 4.5 参照）．

$$p = \sigma'(z,t) + u(z,t) \qquad (4.5)$$

現実の粘性土層は，図 4.4 の (a) のモデルが (b) のように縦方向に連結したものと考えられる．

4.2.2 Terzaghi の圧密理論

この理論の基本的な仮定は，a) 粘土層は均質であり，b) 完全に飽和されていること，c) 間隙水は上下方向に一軸的に排水され，かつ d) Darcy の法則が成立すること，e) 間隙比と応力の関係は直線的であるとすることなどである．これらの仮定には問題が残されているが[2]，大局的には圧密による沈下現象をよく理論づけている．

図 4.6(a) に示すように，上下を透水層にはさまれた厚さ $2H$ の均質な粘土層を考える（両面排水）．地表面に等分布荷重 p が作用し，p によって生ずる粘土層中の全応力の増分は，粘土層中のどこでも p に等しいとする．したがって，載荷の瞬間に発生する初期過剰間隙水圧 $u_i(z)=u(z,0)$ は p に等しく，粘土層中の水頭 h の分布は図中 $t=0$ のようになる．右端には過剰間隙水圧 $u(z,t)$ のみの分布を描いてある．時間が経つにつれて，粘土層の間隙水は，中心線 O-O を境として上半分は上方へ，下半分は下方へ向かって一軸的に流動していき，過剰間隙水圧

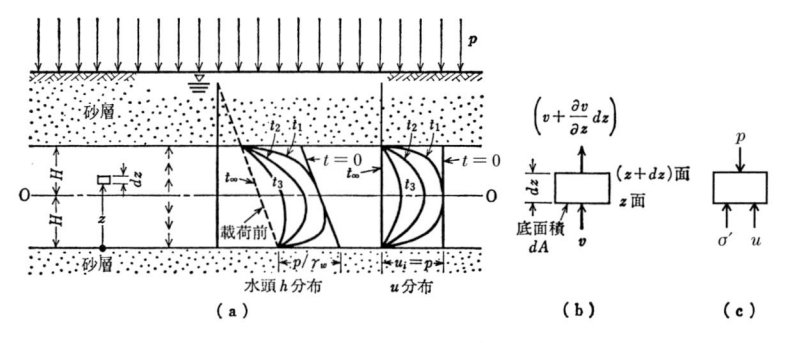

図 4.6 Terzaghi の圧密理論説明図

の分布に変化が生じてくる．これを両面排水といい，排出経路の最大長さは H である．

粘土層中で下端面より z の距離にある微小六面体をとり出して，同図 (b) に示した．z 面および $(z+dz)$ 面を透過する間隙水の流速を，それぞれ v および $(v+(\partial v/\partial z)dz)$ とすると，単位時間での dz 区間の土の歪み ε（体積変化量）は脱水量に等しいから次式が成り立つ．

$$\frac{\partial \varepsilon}{\partial t}(dA \cdot dz) = \left(\frac{\partial v}{\partial z}dz\right)dA, \quad \therefore \quad \frac{\partial \varepsilon}{\partial t} = \frac{\partial v}{\partial z} \quad (4.6)$$

間隙水の流速は Darcy の法則に従うとして，式 (3.1)，(3.4) より

$$v = ki = -k\frac{\partial h}{\partial z} = -\frac{k}{\gamma_w}\frac{\partial u}{\partial z}$$

となり，k は深さによらず一定とすると，式 (4.6) より次式を得る．

$$\frac{\partial \varepsilon}{\partial t} = \frac{\partial}{\partial z}\left(-\frac{k}{\gamma_w}\frac{\partial u}{\partial z}\right) = -\frac{k}{\gamma_w}\frac{\partial^2 u}{\partial z^2}$$

一方，歪みは有効圧によって生じ，式 (4.1) より $d\varepsilon = m_v d\sigma'$ であるから上式は，

$$\frac{\partial \sigma'}{\partial t} = -\frac{k}{m_v \gamma_w}\frac{\partial^2 u}{\partial z^2}$$

図 4.4 のモデルの関係式 $p = \sigma'(z,t) + u(z,t)$ より，p が変化しないとすると，

$$\frac{\partial \sigma'}{\partial t} = -\frac{\partial u}{\partial t} \quad \therefore \quad \frac{\partial u}{\partial t} = c_v\frac{\partial^2 u}{\partial z^2}, \quad c_v = \frac{k}{m_v \gamma_w} \text{ (m}^2\text{/s)} \quad (4.7)$$

ここに，c_v を圧密係数（coefficient of consolidation）と呼ぶ．

式 (4.7) が，Terzaghi の圧密に関する基礎方程式である．この式の解は，過剰間隙水圧に関する境界条件と初期条件を満たすものでなければならない．図 4.6(a) の両面排水の場合の解は以下のようになる．

境界条件,初期条件として,
　　　$z=0$ および $z=2H$ において：$u(0, t)=0$,　　$u(2H, t)=0$
　　　$t=0$ において：$u(z, 0)=p$
とおき,式 (4.7) を解くと,次式を得る[3]．

$$u(z, t) = \sum_{m=0}^{\infty} \frac{2p}{M}\left(\sin\frac{Mz}{H}\right)\exp(-M^2 T_v) \quad \text{(Pa)} \quad (4.8)$$

$$T_v = \frac{c_v t}{H^2} \quad \text{(無次元)} \quad (4.9)$$

ここに,$M=(2m+1)\pi/2$　m：正の整数,t：時間 (s)
式 (4.9) の T_v を時間係数 (time factor) という．

式 (4.8) による u の深さ方向分布は,図 4.6(a)（の右端）に示したようであって,ある深さ z では時間の経過 $0 \to t_1 \to t_2 \to t_3$ につれて減少し,t_∞ において消滅する．時間 t におけるある深さ z での圧密度 (degree of consolidation) を U_z とすれば,式 (4.3),(4.5) 等を参照して一般に

$$U_z = \frac{e_1 - e}{e_1 - e_2} = \frac{u_i - u}{u_i} = 1 - \frac{u}{u_i} \quad \text{(無次元)} \quad (4.10)$$

ここに e_1：深さ z での載荷前の間隙比
　　　 e_2：深さ z での圧密終了時の間隙比
　　　 e：深さ z での任意時間 t における間隙比
　　　 u_i：深さ z での初期過剰間隙水圧 (Pa)
　　　 u：ある深さ z での任意時間 t における過剰間隙水圧 (Pa)
と表せる．

粘土層の全厚さにわたっての終局沈下量（式 (4.3) を層厚で積分）に対するある時間 t での沈下量の比を平均圧密度といい,次式によって与えられる．

$$U = 1 - \frac{\int_0^{2H} u\,dz}{\int_0^{2H} u_i\,dz} \quad (4.11)$$

図 4.6(a) のように,z にかかわらず $u_i = p$ の場合は

$$U = 1 - \sum_{m=0}^{\infty} \frac{2}{M^2} \exp(-M^2 T_v) \quad (4.12)$$

となる．U は時間係数 T_v のみの関数であって,式 (4.12) は図 4.7 の C_1 曲線のように,百分率表示される．最終沈下量 S_f は,9.3.3 項に述べるように容易に求めることができる．したがって,時間 t における沈下量 S は,式 (4.9) の T_v を用いて図 4.7 より U を求め,次式によって計算することができる．

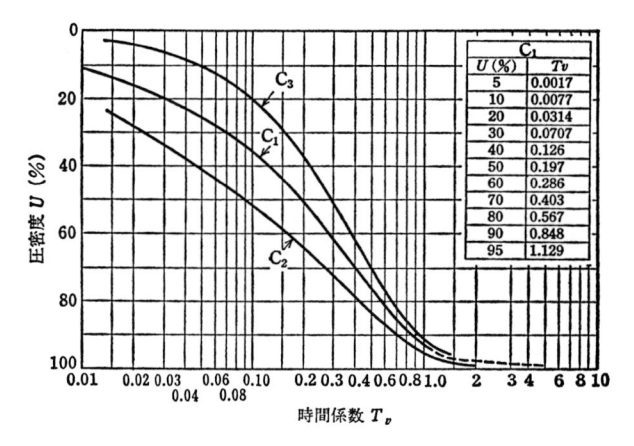

図 4.7 時間係数と圧密度との関係（曲線 C_1, C_2, C_3 は図 4.8 に対応）

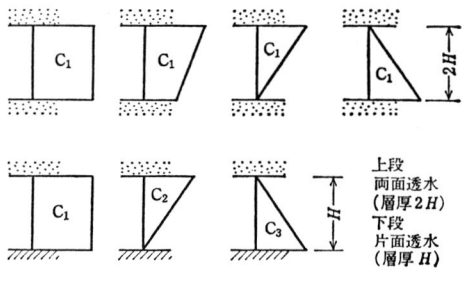

U(%)	T_v
5	0.0017
10	0.0077
20	0.0314
30	0.0707
40	0.126
50	0.197
60	0.286
70	0.403
80	0.567
90	0.848
95	1.129

図 4.8 透水条件と初期過剰間隙水圧分布
（記号 C_1, C_2, C_3 は図 4.7 に対応）

上段 両面透水（層厚 $2H$）
下段 片面透水（層厚 H）

$$S = U S_f \quad (4.13)$$

U の関数形は上下層の排水条件および u_i の深さ方向の分布形状によってのみ異なる．図 4.7 中の諸曲線は図 4.8 の各条件に対応するものである．

もし，粘土層の下面が岩盤上にあって不透水の場合には，その面の境界条件として $\partial u/\partial z = 0$ とおき，片面からの排水として解けばよい．図 4.6(a) の中心線 O-O では $\partial u/\partial z = 0$ なので，同図での O-O 以下を不透水層とした場合に相当する（図 4.8 の上・下参照）．

以上に述べた Terzaghi の圧密理論では，圧密過程を通じて k および m_v を一定，したがって c_v を一定と仮定している．図 4.2(a) に関連して述べたように，この仮定は p あるいは e の大きな変動に対しては妥当でない．これに対して，三笠[4]は k, m_v および圧密圧力が変動する場合にも成り立つ理論式を導いている．また 2 次元および 3 次元圧密の理論解も得られている．

Terzaghi のモデルにおいて，土粒子骨組の変形性状を弾性的なスプリングで表していることには問題があり，圧密が完了するはずの時期になっても現実には多少の沈下が進行する．これは土粒子骨組が弾性的ではなく，非弾性的な圧縮特性をもつためである．Terzaghi の圧密理論によって説明できる沈下部分を 1 次圧密（primary consolidation）と呼んでおり，この理論で説明できない土粒子構造のク

リープに基づく沈下部分を2次圧密（secondary consolidation）と呼んで区別している[5]他.

4.3 圧 密 試 験

4.1節および4.2節に基づいて，基礎地盤の圧密に関する性状を検討するためには，粘性土の諸定数を求めておく必要がある．圧密試験（consolidation test）は，粘性土試料の側面を拘束して軸方向に排水しながら載荷するときの圧密変形量および圧密の速さを求める試験であって，JIS A 1217 に荷重制御による，JIS A 1227 に歪み制御による試験法が規定されている．まず，JIS A 1217 に基づく試験法の概要を紹介する.

図4.9に試験機の原理を示した．圧密リングは内径60 mm, 高さ20 mmを原則としており，この中に粘性土の乱さない試料をていねいに収める．加圧は加圧板を通じて行うが，試料中の間隙水は上下2枚のポーラスストーンを通じて流出する仕組み（両面排水）になっており，圧密変位量は加圧板に取り付けたダイヤルゲージによって計測される.

荷重は段階的に加えるが，標準として 10, 20, 40, 80, 160, 320, 640, 1280 kPa 等の圧力を生じさせるものとし，各荷重段階で24時間荷重を一定に保持する．その間一定時間ごとに変位量を測定する．24時間経過時の測定が終わったら，次の荷重段階に移る.

以上による試験の結果として，まず各荷重段階に関する体積圧縮係数 m_v が次式によって求められる．

$$m_v = \frac{\Delta \varepsilon_n}{\Delta p_n} = \frac{\Delta d_n}{\bar{h}_n} \frac{1}{\Delta p_n} \quad (1/\text{kPa}) \tag{4.14}$$

ここに, $\Delta \varepsilon_n$：荷重段階 n における圧縮ひずみ増分
Δp_n：荷重段階 n における圧力増分（kPa）
Δd_n：荷重段階 n における圧縮量（cm）
$\bar{h}_n$：荷重段階 n における供試体の平均高さ（cm）

各荷重段階に関してダイヤルゲ

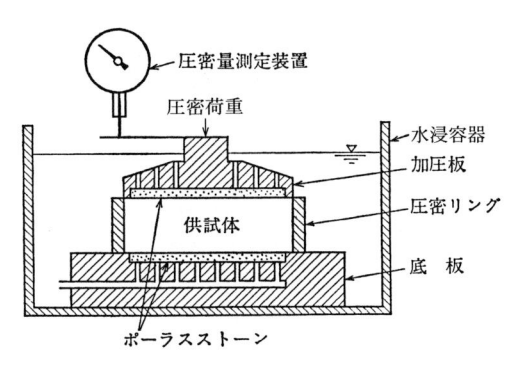

図 4.9 圧密容器

ージによる変形量 d と経過時間 t の関係曲線が描けるが，時間軸のとり方によって $\sqrt{t}$ 法と $\log t$ 法（曲線定規法）がある．ここでは $\sqrt{t}$ 法について述べておく．図 4.10 を参照されたい．

$\sqrt{t}$ 法の場合，初期の直線部を逆に延長して縦軸との交点 d_0 を求め，初期補正値とする．この直線部の 1.15 倍の傾度をもつ直線を描き，これと $d \sim \sqrt{t}$ 曲線との交点を圧密度 90% の点とし，そのときの座標を d_{90} および t_{90} とする．1 次圧密量 $\Delta d'$ は次式で求められる．

$$\Delta d' = \frac{10}{9} |d_{90} - d_0| \tag{4.15}$$

圧密係数 c_v は式 (4.9) および図 4.7 の C_1 曲線 $U = 90\%$ 時の T_v の値より，次式によって求まる．ただし，式 (4.9) の H は，$\bar{h}_n/2$ に当たることに留意する必要がある．

$$c_v = \frac{0.848(\bar{h}_n/2)^2}{t_{90}} \quad (\text{cm}^2/\text{min}) \tag{4.16}$$

なお透水係数 k は，m_v および c_v から，式 (4.7) の c_v の定義式によって求められる．

圧密圧力の対数値 $\log p$ とその圧力による 24 時間圧密時の間隙比 e の関係から，図 4.11 に示すような $e \sim \log p$ 曲線が描ける．e の代わりに体積比 f を用いてもよい．同曲線上に現れる直線部分の傾度が圧縮指数 C_c（式 (4.4) 参照）であっ

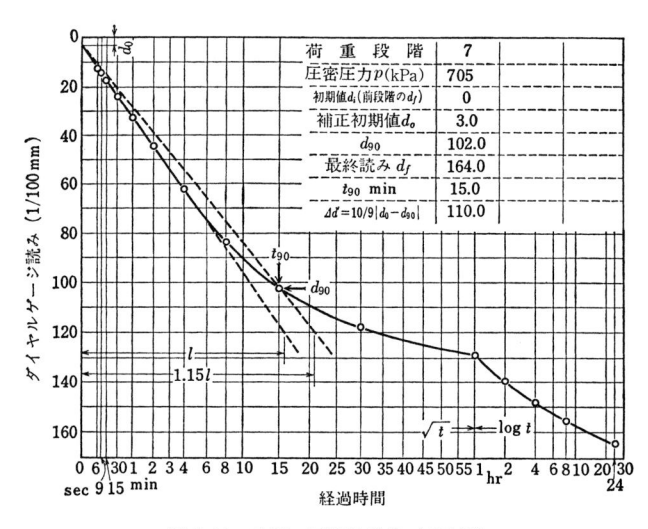

荷重段階	7
圧密圧力 p (kPa)	705
初期値 d_i（前段階の d_f)	0
補正初期値 d_0	3.0
d_{90}	102.0
最終読み d_f	164.0
t_{90} min	15.0
$\Delta d' = 10/9|d_0 - d_{90}|$	110.0

図 4.10 時間～圧密量曲線（$\sqrt{t}$ 法）

て，直線部分上で2点 a, b の座標を読めば次式によって求まる．

$$C_c = \frac{e_a - e_b}{\log_{10} \dfrac{p_b}{p_a}} \quad (4.17)$$

4.1節において述べた圧密降伏荷重 p_c の求め方として，Casagrande の方法を紹介しておく．まず図4.11において $e \sim \log p$ 曲線の曲率最大の点 O を求め，この点から水平線 OC および曲線への接線 OB を引く．この2つの曲線のなす角 α の2等分線 OD と $e \sim \log p$ 曲線の直線部分の延長線との交点 E を求め，この横座標をもって p_c とする．

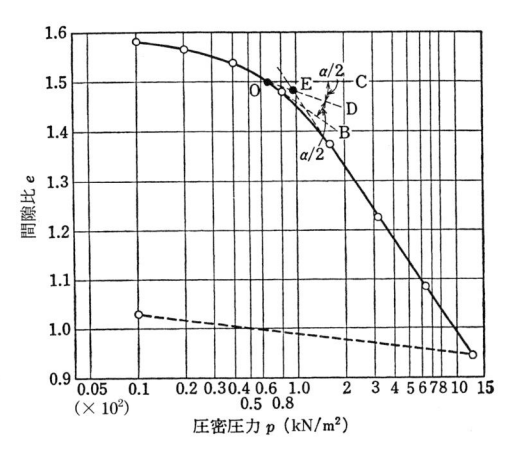

図4.11 圧密試験における $e \sim \log p$ 曲線

圧密降伏荷重 p_c が大きい，比較的大深度の硬質粘土では，上記の段階載荷によっては p_c を正確に求めるのは難しい．そこで，定歪み速度による試験法が JIS A 1227 として規定された．装置としては図4.9の圧密容器を密閉し，背圧を作用させながら，上面にのみ排水する（片面排水）方式となっている．与える歪み速度は塑性指数 I_p によって異なるが，JIS A 1217 の段階載荷による p_c と異ならないように定められている．c_v が間隙水圧を用いて算出される以外は，試験結果の整理法は上記とほぼ同様である．

なお本節で求めた諸定数によって基礎地盤の圧密沈下量を求める計算法に関しては，9.3.3項を参照されたい．

5. 土のせん断強さおよび土圧

基礎地盤に破壊が生ずるのは，外力などによって地盤の内部にせん断応力が発生し，この応力が土のせん断強さ（shearing strength）に達することによって地盤内にすべりが生ずるためである．したがって，土のせん断強さは地盤の支持力を考える上での基本的な強さである．5.1, 5.2 節の応力 σ は土粒子間の応力，有効応力（3.1 節参照）を表す．

擁壁，地下壁，仮設の山留め壁などの壁面に土から作用する圧力を，土圧 (earth pressure) という．土圧の大きさや分布形状は，壁の変位によるすべりが関係する．5.4 節では擁壁および地下壁に作用する土圧を取り扱い，仮設の山留め壁に作用する土圧はこれらとはかなり異なるので，11.5 節において解説することとする．

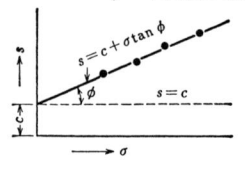

5.1 Coulomb の式と土のせん断破壊条件

5.1.1 Coulomb の式

土のせん断強さは，土の種類，粒子構造のあり方，密度，含水量など多くの要素と関連があるが，問題をかなり単純化した表現として，次に示す Coulomb の式があり，現在でも実用的には妥当な破壊規準と認められている．

$$s = c + \sigma \tan \phi \tag{5.1}$$

ここに，s：土のせん断強さ（kN/m²）
c：粘着力（cohesion）（kN/m²）
σ：せん断面に垂直に作用する有効応力（kN/m²）
ϕ：内部摩擦角（度），$\tan \phi$：摩擦係数

図 5.1 は Coulomb の式を図示したもので，この関係直線を Coulomb 線と呼ぶ．式 (5.1) から，せん断強さは粘着力 c と摩擦抵抗 $\sigma \tan \phi$ から成り立つことがわかる．このうち，粘着力は土粒子相互間の結合力，間隙水の毛管張力などによる内部応力であって，土粒子が細か

図 5.1 Coulomb 線

5.1 Coulombの式と土のせん断破壊条件

いほど増大する要素である．一方摩擦抵抗は，土粒子の嚙合せ・すべり摩擦・転がり摩擦などによる抵抗であって，粒子が粗いほど大きくなる性質のものである．また内部摩擦角 ϕ は，砂質土の相対密度と密接な関係がある．

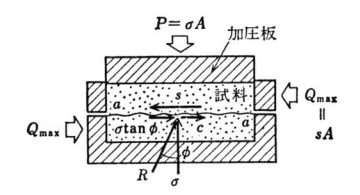

せん断強さは，5.2節に述べるせん断試験法によって求めることができる．例えば直接せん断試験による場合，図5.2あるいは図5.5に示すように，土の試料には加圧板を通じて一定の鉛直力 $P=\sigma A$（A：せん断箱の横断面積）が加えられる．ついで，水平力 Q をしだいに増やすと，$Q_{max}=sA$ に達した段階で，試料は a〜a 線にそってせん断される．同質の試料について，σ をいく通りか変えてせん断試験を行うと，図5.1に示すような実験値が得られるから，直線で近似して c および ϕ が求まる．

図5.2 直接せん断試験概要図

5.1.2 土のせん断破壊条件

地中の任意の要素には種々の応力が作用しているが，その応力のつり合いを考えると Mohr の応力円が得られ，垂直応力のみが作用してせん断応力が0である面が3次元応力の場合必ず3つあり，かつこの3つの面は互いに直交することがわかっている．このような面に作用する垂直応力を主応力（principal stress），その作用面を主応力面と呼んでおり，大きい順に σ_1, σ_2, σ_3 と記号をつけて，それぞれ最大・中間・最小主応力という．土のせん断破壊は主として最大と最小の主応力に関係するので，以下では2次元で説明することとする．

図5.3(a) は，土中における単位厚さ1をもった微小矩形体であって，直交2面に σ_1 および σ_3 が作用しているものとする．最大主応力 σ_1 の作用面 I—I から反時計回りに測って任意の角 θ をなす斜面 EF 上の応力を考えることとする．この斜面上の微小部分を拡大した同図(b)の斜面 bc 上に働く垂直応力を σ，せん断応力を τ とする．σ および τ は，図5.4(a) に示すように，AI より反時計回りの中心角を 2θ とする Mohr の円（Mohr's circle）上の点 a に位置する（圧縮力，反時計回りのせん断応力を正とする（図

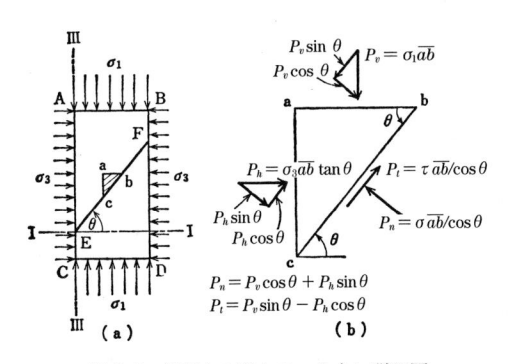

図5.3 斜面上の応力のつり合い説明図

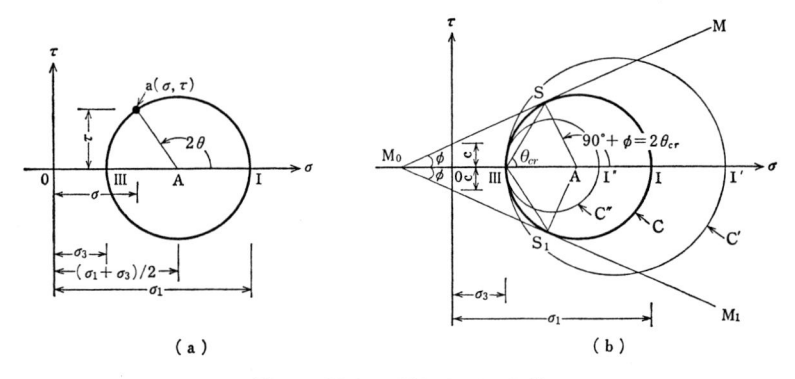

図 5.4 Mohr の円と Coulomb 線

5.3(b)）．

このとき，図 5.4(a) の Mohr の応力円から以下の式が導かれる．

$$\sigma = \frac{1}{2}(\sigma_1 + \sigma_3) + \frac{1}{2}(\sigma_1 - \sigma_3)\cos 2\theta \tag{5.2}$$

$$\tau = \frac{1}{2}(\sigma_1 - \sigma_3)\sin 2\theta \tag{5.3}$$

いま，図 5.3(a) の斜面 EF 上でせん断破壊を生じたとすると，σ および τ は Coulomb の式 (5.1) を満たさねばならない．すなわち，

$$\tau = c + \sigma \tan\phi \tag{5.4}$$

式 (5.2) および式 (5.3) を式 (5.4) に代入すると，次式を得る．

$$\sigma_1 = \sigma_3 + \frac{c + \sigma_3 \tan\phi}{\sin\theta \cos\theta - \cos^2\theta \tan\phi} \tag{5.5}$$

式 (5.5) は，図 5.4(b) において Mohr の円と Coulomb 線 ($\tau = c + \sigma\tan\phi$) が交点をもつための条件式である．Coulomb 線と交わる C′ 円上の応力 (σ, τ) の状態は存在しえない．

図 5.4(b) の $\mathrm{ASM_0}$ が直角三角形であることから，そのときの弧 $\overparen{\mathrm{IS}}$ の円周角（中心角の 1/2）は次式で与えられる．

$$\theta_{cr} = 45° + \frac{\phi}{2} \tag{5.6}$$

Mohr の応力円の定義から，θ_{cr} はせん断破壊面が図 5.3 の最大主応力面 I－I となす角度であり，円周角 $\angle$ I ⅢS $= \theta_{cr}$，かつこの紙面上で図 5.3 の I－I 面と図 5.4(b) の $\overline{\mathrm{ⅢI}}$ は平行なので，図 5.4(b) の弦 $\overline{\mathrm{ⅢS}}$ を平行移動すれば図 5.3(a) の応力が式 (5.4)，(5.5) を満たしたときのすべり面となる．

式 (5.6) を式 (5.5) の θ に代入すれば，せん断破壊を生じた状態での主応力間

の関係式を得る.

$$\sigma_1 = \sigma_3 \tan^2\left(45° + \frac{\phi}{2}\right) + 2c\tan\left(45° + \frac{\phi}{2}\right)$$
$$= \sigma_3 N_\phi + 2c\sqrt{N_\phi} \tag{5.7}$$

ただし,

$$N_\phi = \tan^2\left(45° + \frac{\phi}{2}\right) = 1\Big/\tan^2\left(45° - \frac{\phi}{2}\right) \tag{5.8}$$

であって, N_ϕ を流れ値 (flow value) と呼ぶ.

式 (5.7) は, 図 5.4(b) における破壊応力円 C の σ_1 および σ_3 の間の関係を示す. この円は Coulomb 線と S および S_1 の 2 点において接しており, すべり線は図 5.3(a) 上で $\overline{IIIS}$ および $\overline{IIIS_1}$ と平行な 2 組の方向で同時に発生することになる. S および S_1 点の応力 (σ, τ) は, 各すべり面上での応力状態を示す. なお, 図 5.4(b) に示した C″ 円のような応力円は Coulomb 線より下にあり, せん断破壊に達する以前の低応力状態である.

5.2 土のせん断試験法

5.2.1 せん断試験法の種類

土のせん断強さに関する特性を調べるための試験法としては, 次のようなものがある.

（a）直接せん断試験,（b）一軸圧縮試験,（c）三軸圧縮試験

これらは, 実験室で行う室内試験法である. 原位置で行う試験法としては粘性土を対象とするベーン試験があるが, ここでは説明を省く.

飽和土の場合, これらの試験に際して間隙水を排出するか非排水とするかは大事な条件となる. 次のような標準的な排水条件を定めて, 調査目的にあった方法を採用することとしている. 図 5.2 によって説明する.

（i）非圧密非排水せん断試験 (UU 試験) c_u, ϕ_u：あらかじめ鉛直圧 σ をかける段階も, その後のせん断試験中もいっさい間隙水の出入を許さないほどの速度で行う試験法である. 粘土地盤上に盛土荷重その他の比較的急速な載荷を行った場合など, 短期的な地盤の安定問題に対応したものである. この試験法で求められた粘着力および内部摩擦角を c_u, ϕ_u と記号する.

（ii）圧密非排水せん断試験 (CU 試験) c_{cu}, ϕ_{cu}：鉛直圧 σ をかけて試料の圧密を終了させた後, せん断試験中は間隙水の出入を許さない試験法である. 粘土地盤をプレローディングなどで圧密強化した後に, 短期的な荷重を受けた場合

の地盤の強さを推定するなどの目的に採用される．

（iii）圧密排水せん断試験（CD 試験）　c_d, ϕ_d：鉛直圧 σ をかけて圧密を終了させた後，せん断試験中も間隙水が排出できるほどの速度で加力し，外圧と有効応力が完全に平衡した状態で試験を行うものである．砂地盤のせん断破壊問題のほか，粘土地盤では掘削や盛土などによる長期間の安定問題を対象とした試験法である．砂の場合は透水係数が大きいため容易に行えるが，粘土の場合は長期間かかり実用的な試験法とはいえない．

なお，試験法の略記号は，非圧密（unconsolidated），圧密（consolidated），非排水（undrained）および排水（drained）の頭文字をとったものであって，各試験法によって得られる粘着力および内部摩擦角の記号を，タイトルの試験法名のあとに記しておいた．上記の試験のうち，一軸圧縮試験は粘性土のみを対象としており，かつ UU 試験の場合に限られる．以下，一般的な試験法について概説しておく．

5.2.2　直接せん断試験

直接せん断試験（direct shear test）とは，土の供試体をある定まった面でせん断し，その面上のせん断応力とせん断歪みの関係およびせん断強さを直接調べる試験をいう．試料がせん断される面の数によって，一面せん断試験と二面せん断試験とがあるが．図 5.2 の形式の一面せん断試験が一般的である．せん断箱はステンレス鋼製あるいは砲金製の上箱および下箱からなり，水浸箱の中におかれる．せん断方法としては，上箱移動形と下箱移動形があり，図 5.5 には後者の一例を示した．

供試体の大きさは，粘性土用の場合直径 6 cm，厚さ 2 cm が標準であるが，砂質土用としては直径 10 cm，厚さ 3 cm が適当とされている．鉛直方向に応力 σ をかけた後，歪み制御法（変位速度を一定とする方式）あるいは応力制御法（荷重を段階状または連続的に増加させる方式）によってせん断力を加え，せん断応力，せん断歪み，加圧板の上下方向の変位などを測定する．

実用面では便利な試験法である

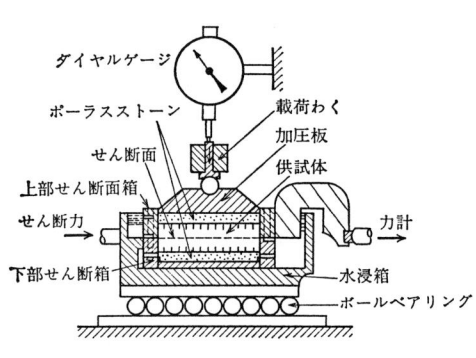

図 5.5　下箱移動形一面せん断試験機の一例

が，せん断歪みおよびせん断応力がせん断面にわたって一様とならず，前後端部に近いところで大きくなること，せん断が進むにつれて上下の箱が相対的に移動し，せん断面積が小さくなること，せん断中の土の容積変化に伴う間隙水の出入が調整できないので，真の UU および CU 試験としては粘土や乾燥砂以外に適さないことなどの問題がある．しかし改良型の試験機では，せん断供試体の体積変化を制御し，非排水および排水の条件を改良したものがある[1]．

5.2.3 一軸圧縮試験

一軸圧縮試験（unconfined compression test）とは，粘性土の柱状供試体を，側方拘束のない状態で軸方向に圧縮して圧縮強さを調べ，これから間接的にせん断強さを求める試験をいう．粘性土の乱さない試料（あるいは練り返した試料）から，標準として直径 $D=3.5$ cm または 5 cm，高さ $L=(1.8〜2.5)D$ の円柱形の供試体を切出し，図5.6に示すような一軸圧縮試験機にかける．試験法は JIS A 1216 に規定されており，加力の仕方は歪み制御方式（毎分1％）である．加力中に間隙水が流出する暇はなく，UU 試験の一種である．

圧縮歪みが 15％ に達するまでの応力 q〜歪み ε 曲線から求めた最大圧縮応力をもって一軸圧縮強さ（unconfined compressive strength）q_u（練り返した試料の場合は q_{ur}）とする．図5.7を参照されたい．ただし圧縮に伴う側方へのふくらみを考慮して，荷重 P のときの応力 q は補正断面積 A を用いて算定する．

$$A = \frac{A_0}{1-\varepsilon} \text{ (m}^2\text{)}, \quad q = \frac{P}{A} \text{ (kN/m}^2\text{)} \tag{5.9}$$

ただし，A_0 は元の断面積である．また q〜ε 曲線の変形係数は，$q_u/2$ に相当する応力点における歪みから，次式によって求められる．

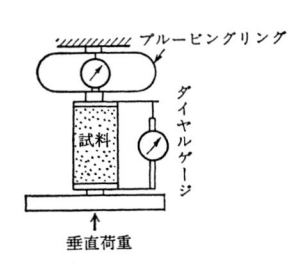

図5.6　一軸圧縮試験機の機構

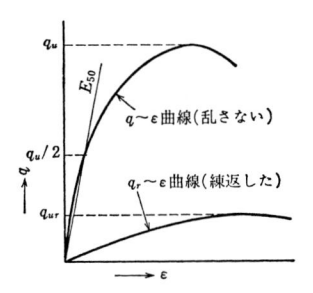

図5.7　一軸圧縮試験による応力〜歪み曲線

$$E_{50} = \frac{q_u/2}{q_u/2 \text{に相当する歪み}} \quad (\text{kN/m}^2) \qquad (5.10)$$

5.2.4 三軸圧縮試験

円筒形の土の試料について，あらかじめ円筒周面および上下面に3次元的な等圧力を与えておき，軸方向力を増加させてせん断破壊を起こさせる試験を三軸圧縮試験（triaxial compression test）という．

図5.8は，三軸圧縮試験装置の機構を示している．供試体は，乱さない試料または乱した試料のいずれでもよいが，円筒形に形成されたものでその直径は3.5 cm，5.0 cmまたは10.0 cmを標準とし，高さは直径の1.8～2.5倍とする．供試体の周面にゴムスリーブをかぶせて円筒形の圧力室に入れる．供試体の間隙水はポーラスストーンを通じて外部と連結されており，供試体の体積変化および間隙水圧の測定ができるようになっている．

圧力室を液体（通常は水）で満たし，一定の圧力 p を加えると，供試体には三軸の等圧力が作用する．この状態でピストンを通じて上下方向に加力すると，ついには供試体がせん断破壊をおこすに至る．このときのピストン荷重を Q，供試体の断面積を A とすると，主応力状態は次のようである．

$$\left. \begin{array}{l} \text{上下方向：最大主応力} \quad \sigma_1 = p + q_f \quad \left(q_f = \dfrac{Q}{A} \right) \\ \text{水平方向：中間および最小主応力} \quad \sigma_2 = \sigma_3 = p \end{array} \right\} \qquad (5.11)$$

具体的には，図5.9に示すように主応力差 $(\sigma_1 - \sigma_3)$ と圧縮歪み ε の関係曲線を描き，$0 \leqq \varepsilon \leqq 15\%$ の範囲の主応力差の最大値 $(\sigma_1 - \sigma_3)_{\max} = q_f$ を図上から求めて，この点を破壊点とする．変形係数は，$q_f/2$ に対応する歪み $\varepsilon_{1/2}$ を図上で求めて，次式によって計算する．

$$E_{50} = \frac{(\sigma_1 - \sigma_3)_{\max}/2}{\varepsilon_{1/2}} \quad (\text{kN/m}^2) \qquad (5.12)$$

同じ試料から数個の供試体を切り出しておき，p を数種類選んで三軸圧縮試験を行う．それぞれの最大主応力差を生じたときの σ_1 および σ_3 によって，図5.10の実線のようにMohrの円を描く．これらのMohrの円を包絡する直線を描いて，c および ϕ を定める．

図5.8に示すように，排水口にはバルブがついて

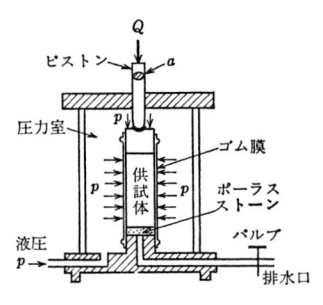

図5.8 三軸圧縮試験機の機構

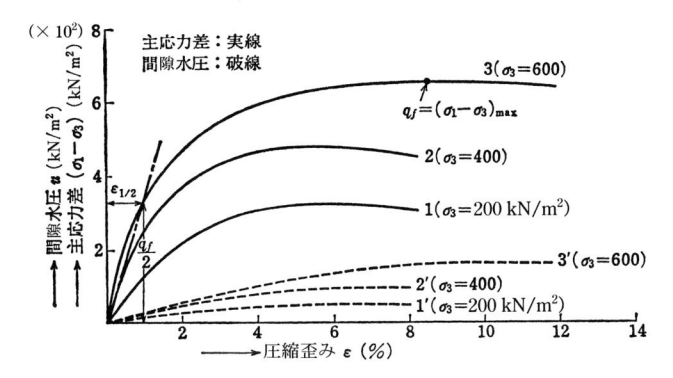

図 5.9 三軸圧縮試験機（CU 試験）による主応力差・間隙水圧～圧縮歪み曲線の例

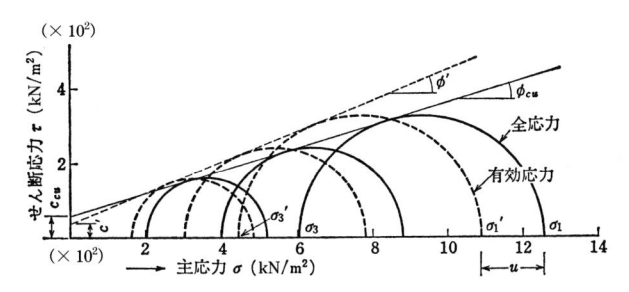

図 5.10 三軸圧縮試験（CU 試験）結果の Mohr の円表示

いる．液圧を作用させるとき，バルブを閉じておくと非圧密状態（U），バルブを開けて 24 時間（直径 3.5 cm 供試体の場合）液圧を一定に保つと圧密状態（C）が得られる．またピストンに加力するとき，バルブを閉じておくと非排水状態（U）であり，バルブを開けて間隙水の移動を許しながら行うと排水状態（D）である．これらの組合せによって，UU，CU および CD 試験が行われるが，得られた試験結果は当然異なる．

5.3 砂および粘土のせん断強さ

5.3.1 砂のせん断強さ

乾燥した砂あるいは湿った砂の場合には，通常粘着力 c を無視することができる．したがって Coulomb の式 (5.1) より，砂のせん断強さは次式のようになる．

$$s = \sigma \tan \phi \tag{5.13}$$

内部摩擦角 ϕ の大きさは，砂の相対密度によっても異なり，およそ表 5.1 のような値である．

砂の直接せん断試験（σ：一定）において，せん断変位とせん断応力 τ および加圧盤の上下方向の動きから求めた間隙比 e との関係を求めると，図5.11のような曲線が描かれる．ゆるい砂の場合には，せん断変位が増加するにつれて粒子は相対的に移動し，図5.12(a)のように間隙が小さくなる方向に向かうから，間隙比 e は減少し加圧盤は低下する．τ の増加曲線ならびに e の減少曲線は，図5.11のように単調であって，それぞれ一定値に漸近していく．

一方密な砂の場合は，粒子間のせん断抵抗が大きいので，せん断変位に対する τ の増加の勾配は大きく，a点でせん断強度 s に達する．このときまでは間隙比の変化はほとんど認められない．a点に達した以後は，τ はしだいに低下していくが，同時に図5.12(b)のように砂粒子の移動が起こって間隙が増大し，加圧盤は上昇する．このように，せん断変形を受けて e の変化を伴う現象をダイレイタンシー（dilatancy）と呼ぶ．密な砂で e の増加する現象を正のダイレイタンシー，ゆるい砂で e の減少する現象を負のダイレイタンシーという．

ゆるい砂および密な砂が十分なせん断変形を受けた後の終局的な e の値を，限界間隙比（critical void ratio）e_{cr} という．e_{cr} は垂直応力 σ の値が大きいほど，小さい値となる．e_{cr} 以上の間隙比をもつゆるい飽和した砂地盤では，地震動などの急激なせん断変形を受けると，間隙が減少して過剰間隙水圧を発生し，3.3.2項で述べた液状化現象を生ずるおそれがある．

飽和した砂のせん断特性は，三軸圧縮試験のCU試験またはCD試験によって検討できる．砂は透水係数が大きいので，間隙水が逃げやすくCD試験は容易である．一方CU試験は急速なせん断変形を与える必要があり，またダイレイタンシ

表5.1 砂の代表的な ϕ の値[4]（$\sigma<500$ kPa）

	ゆるい	密な
砂（丸い粒子，一様な）	27.5°	34°
砂（角ばった粒子，粒度分布のよい）	33°	45°
砂礫	35°	50°
シルト質砂	27〜33°	30〜34°

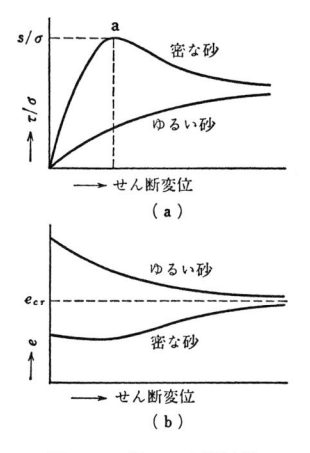

図5.11 砂のせん断性状

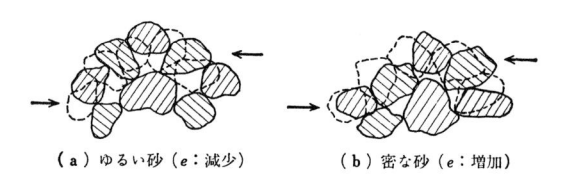

図5.12 せん断に伴う粒子の動き
(a) ゆるい砂（e：減少）　(b) 密な砂（e：増加）

一の正負によって間隙に張力または過剰間隙水圧が発生することに注意しなければならない．

5.3.2 粘土のせん断強さ

粘土の乱さない試料に関する一軸圧縮強さ q_u と粘着力 c との間には，次の関係が成り立つことがわかっている．

$$q_u = 2c(=2s) \quad (kN/m^2) \tag{5.14}$$

この関係は，式 (5.1) において $\phi=0$ とおいた場合に当たる．一軸圧縮試験は UU 試験であるので，軸力 q は過剰水圧 u が負担し，有効応力が働かないから，式 (5.1) 右辺の第 2 項が 0 となるためである．Mohr の円の表示によると，図 5.13 に示すように $\sigma_1 = q_u$, σ_3(側圧)$=0$ の円となり，上式の関係が成り立つことがわかる．c_u は c に等しい．q_u の大きさによって，粘土のコンシステンシーは表 7.3 のように分類されている．

乱さない試料について q_u を求めた後，同じ試料をビニールシートに包んで十分練り返し，再び供試体に成形する．この練り返し供試体について一軸圧縮試験を行うと，図 5.7 に示したような $q_r \sim \varepsilon$ 曲線が得られ，このときの一軸圧縮強さを q_{ur} とする．q_{ur} に対する q_u の比を鋭敏比（sensitivity ratio）といい，次式で表す．

$$S_t = \frac{q_u}{q_{ur}} \tag{5.15}$$

鋭敏比は，粘土の粒子構造がかく乱されたことによって受ける強さへの影響の度合を示すものであって，土の組成，粘土粒子の種類，含水量などによって非常に異なり，1～10 以上の範囲に及んでいる．$S_t \geqq 4$ を鋭敏な粘土，$S_t \geqq 8$ をとくに鋭敏な粘土と呼んで区分している．

杭打ち工事などで地盤にかく乱を与えた場合，鋭敏比の高い粘性土は一時的に強度がかなり低下して，設計上の支持力が得られなくなったり，掘削工事でヒービング現象 (11.7 節参照) を生じたりする．かく乱によって一時的に減少した粘性土の強度は時間とともに回復するので，この回復を待つか，あるいは掘削工事などでは施工上の対策を立てることが必要となってくる．

三軸圧縮試験機によって飽和粘土の

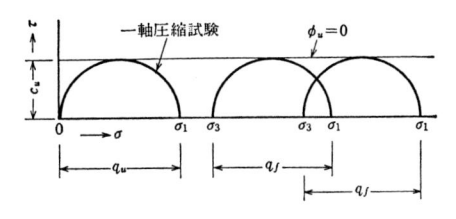

図 5.13 UU 試験における Mohr の円

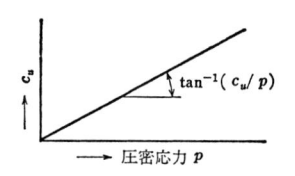

図 5.14 CU 試験における圧密応力 p と c_u の関係

UU 試験を行った場合，液圧 p を増加させても間隙水圧が p だけ増加するにすぎず，せん断破壊時の主応力状態（式 (5.11)）における主応力差 $\sigma_1-\sigma_3=q_f$ は変化しない．ゆえに p を変化させて試験を行った結果は，図 5.13 のようであって，包絡線は σ 軸と平行となり $\phi_u=0$ である．$\sigma_3=0$ とおいた場合が一軸圧縮試験であり，$q_f=q_u$ の関係が成り立つ．

CU 試験においては，液圧 p のもとで圧密を完了させた後，$\sigma_3=p$ を一定に保って非排水状態で σ_1 を増大させ，せん断破壊させる．p を数種類変化させて試験を行い，せん断破壊時の Mohr の円を描いて包絡線を求めると，図 5.10 のように c_{cu} および ϕ_{cu} が求まる．

CU 試験で，図 5.9 に示すように過剰間隙水圧 u が同時に測定されておれば，せん断破壊時の有効応力は $\sigma_3'=\sigma_3-u$, $\sigma_1'=\sigma_1-u$ であることがわかり，図 5.10 に破線で示したような有効応力に関する Mohr の円が描ける．これらの Mohr の円の包絡線をひくと，有効応力に基づく強度定数 c' および ϕ' が求まる．c' および ϕ' は，CD 試験における c_d および ϕ_d と，実用的にみてよく一致するといわれている．

CU 試験において p で圧密させた後，周圧を Δp だけ増加させ $\sigma_3=p+\Delta p$ のもとで非排水せん断を起こさせると，Δp は間隙水圧が負担するので主応力差（$\sigma_1-\sigma_3$）の値は変わらない．したがって，図 5.13 と同様，$\phi=0$ の包絡線を得る．ただし既に液圧 p で圧密されて e は減少し，土の構造は密になっているので，c_u は図 5.13 の場合より大きい．液圧すなわち圧密応力 p と c_u との関係を描くと，図 5.14 のようになる．同図の直線の勾配 c_u/p は圧密応力による粘土の強度増加率を示すものであって，圧密による地盤改良工事などの場合，重要な資料となる．

CD 試験については，一般的でないので省略する．

5.4 土　圧

5.4.1 擁壁に作用する土圧

擁壁（11.1 節参照）は背面からの土圧を受けるため，量的にはわずかであっても移動や回転を生じやすい構造体である．したがって擁壁に働く土圧は，擁壁が移動，回転したために地盤が塑性すべりを起こした状態を想定して算定することにしている．このような地盤の塑性すべり状態としては，次の2つの場合がある．

図 5.15 に示すように，壁が土から離れるように移動することによって，背面の

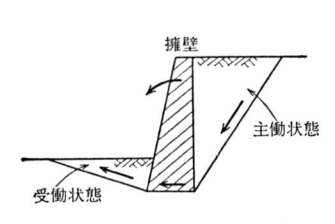

図 5.15 主働状態と受働状態 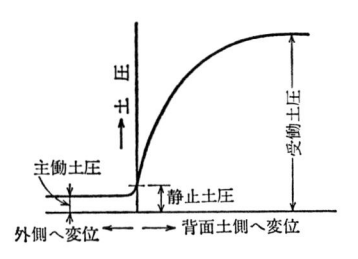　　図 5.16 壁の変位と土圧の関係

土が横方向かつ下方へ滑動することが可能な塑性すべり状態を，主働状態（active state）という．この状態で壁に作用する土圧を主働土圧（active earth pressure）と呼んでいる．また壁が背面土側へ移動し，背面土が圧縮されてすべり上ることが可能な塑性すべり状態を受働状態（passive state）と呼び，このときの壁に働く土圧を受働土圧（passive earth pressure）という．受働状態が起こる場合の一例として，図 5.15 に示すように擁壁が移動して前面の土が押し上げられる場合が挙げられる．

以上の 2 つの塑性状態は，壁の変位が背面土から離れる方向か，あるいは背面土に向かう方向かによって生ずる極限の状態であることがわかる．これらの間に，壁の変位がまったくなく，したがって背面土が変形を受けない場合が考えられる．このときの土圧を静止土圧（earth pressure at rest）という．図 5.16 は，壁の変位と関連させて示した静止土圧と主働ならびに受働土圧の間の関係である．静止土圧から主働土圧に至るに要する変位は，壁の高さを H として，およそ $H/1{,}000$，また静止土圧から受働土圧に至るまでの壁の変位は，およそ $50H/1{,}000$ といわれている．

主働ならびに受働土圧の状態を初めて理論的に説明したのは，Coulomb（1773年）であった．彼は，くさび型の土が平面のすべり線に沿って剛体的に移動する場合の力のつり合いから，壁に作用する土圧合力を求めた．ついで Rankine（1856年）は，半無限の土中において塑性平衡の状態にあるときの応力から土圧の解を求めた．これらの解は，現在でも一般に用いられている．なお，この 5.4 節では有効応力を対象としている．

5.4.2 Rankine の土圧

a．主働土圧　　壁面は完全に滑らかであって，壁と土との間の上下方向の相対変位による摩擦抵抗は働かないものと仮定する．

図 5.17(a) のように，壁が ab から a_1b_1 または $a_1'b$ のように変位したとする

と，背面土には三角形 abc_1 で示す主働状態の塑性領域が生じ，2方向のすべり線群が発生する．この塑性領域における最大主応力 σ_1 は鉛直方向，最小主応力 σ_3 は水平方向であって，5.1.2項で述べた理論がそのまま当てはまる．

地表面から任意の深さまでを z とすると，σ_1 は有効土かぶり圧 γz に等しく，また σ_3 はそのまま壁面に作用する主働土圧 p_A に等しい．したがって，式(5.7)より次式を得る．

$$p_A = \frac{\gamma z}{N_\phi} - \frac{2c}{\sqrt{N_\phi}} \tag{5.16}$$

ただし，N_ϕ は式(5.8)の値である．また，p_A の γz に対する比 K_A を主働土圧係数 (coefficient of active earth pressure) という．

$$K_A = \frac{p_A}{\gamma z} = \frac{1}{N_\phi} - \frac{2c}{\gamma z}\frac{1}{\sqrt{N_\phi}} \tag{5.17}$$

したがって，

$$p_A = K_A \gamma z \tag{5.18}$$

式(5.16)の関係は，図5.18において，Coulomb線に内接するMohrの円 C_1 によって表される．図5.4に示したように図5.18の弧 $\widehat{AE}$，$\widehat{AE_1}$ の円周角 $\angle ABE$ および $\angle ABE_1$ が図5.17(a)の塑性領域のすべり線の角度を与える．

主働土圧の合力 P_A は，式(5.16)を積分することによって求められる．

$$P_A = \frac{\gamma H^2}{2N_\phi} - \frac{2cH}{\sqrt{N_\phi}} \tag{5.19}$$

しかし，式(5.16)による主働土圧の分布を図示すると，図5.17(a)の右図のよう

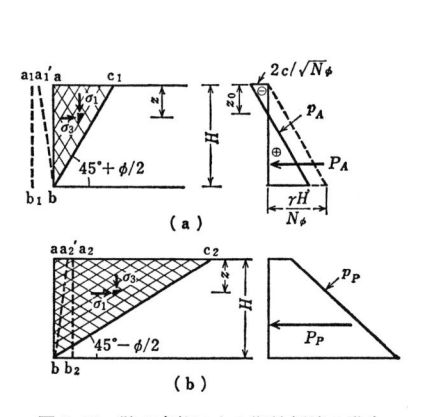

図5.17 壁の変位による塑性領域の発生

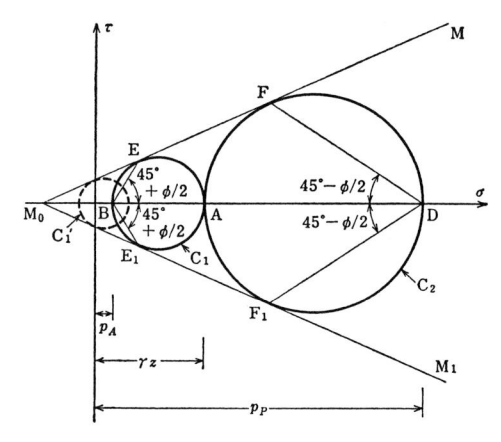

図5.18 主働・受働状態におけるMohrの円

に，地表面近くの土圧は負の値（引張り）を示すことがわかる．この現象は，図 5.18 において γz が小さくなると Mohr の円は C_1' のようになり，B 点が負の領域に入ることからも理解されよう．主働土圧が 0 となる深さ z_0 は，式 (5.16) において $p_A=0$ とおき，

$$z_0 = \frac{2c}{\gamma}\sqrt{N_\phi} \tag{5.20}$$

を得る．しかし現実問題として，負の土圧領域では壁と背面土の間に空隙を生じたり，背面土にひび割れが生ずることが考えられるため，この引張り力を期待することはできない．したがって通常の場合，負の土圧を期待せず z_0 より下方の正の土圧のみを考慮している．よって，

$$P_A = \frac{\gamma H^2}{2N_\phi} - \frac{2cH}{\sqrt{N_\phi}} + \frac{2c^2}{\gamma} \tag{5.21}$$

b. 受働土圧　壁が背面土に向って押され，図 5.17 (b) のように ab の位置から $a_2 b_2$ または $a_2' b$ に変位し，受働状態に達したとすると，背面土には三角形 abc_2 の塑性領域が発生し，2 方向のすべり線群が生ずる．この塑性領域における最大主応力 σ_1 は水平方向であって，最小主応力 σ_3 は垂直方向となる．

受働塑性状態に式 (5.7) を適用するには $\sigma_3 = \gamma z$ とおき，σ_1 を壁面に作用する受働土圧 p_p に等しいとすればよい．

$$p_p = \gamma z N_\phi + 2c\sqrt{N_\phi} \tag{5.22}$$

p_p の γz に対する比 K_p を受働土圧係数 (coefficient of passive earth pressure) といい，次式で表される．

$$K_p = \frac{p_p}{\gamma z} = N_\phi + \frac{2c}{\gamma z}\sqrt{N_\phi} \tag{5.23}$$

したがって，

$$p_p = K_p \gamma z \tag{5.24}$$

式 (5.22) の p_p は，図 5.18 において Coulomb 線に内接した Mohr の円（便宜的に土被り圧 γz の大きさが p_A の場合と同一の特殊な場合を示している）C_2 の D 点に当たる．図 5.17 (b) の σ_3 の作用面すなわち水平面に対するすべり線の角度は図 5.4 に示したように図 5.18 の弧 $\widehat{AF}$, $\widehat{AF_1}$ の円周角によって，同図上の DF および DF_1 が σ 軸となす角度に等しい．

受働土圧の合力は，式 (5.22) の p_p を積分して次式のようになる．

$$P_p = \frac{1}{2}\gamma H^2 N_\phi + 2cH\sqrt{N_\phi} \tag{5.25}$$

c. 適用上の参考事項　Rankine の土圧を適用するに当たって参考となる

表 5.2　砂地盤の土圧係数値

ϕ (度)	K_A (主働)	K_n (静止)	K_P (受働)
25	0.406	0.577	2.464
30	0.333	0.500	3.000
35	0.271	0.426	3.690
40	0.217	0.357	4.599
45	0.172	0.293	5.828

事項を，以下にあげておく．

（ⅰ）Rankine の理論では，壁背面と土との間の上下方向の相対的な変位による摩擦抵抗を考えていない．摩擦抵抗をも考慮した場合には，Rankine の土圧に比べて主働土圧は減少し，受働土圧は増大する．したがって Rankine の土圧で擁壁を設計すれば，より安全側となる．このような理由から，壁背面が垂直な場合は，Rankine の土圧値が一般に使用されている．壁背面の摩擦抵抗を考慮する場合は，次項の Coulomb の土圧が参考となる．

（ⅱ）砂地盤の場合には，式 (5.16)～(5.25) において $c=0$ とすればよい．この場合の主働および受働土圧係数の値を，静止土圧係数 (coefficient of earth pressure at rest) の値とともに表 5.2 に示した．ただし，静止土圧係数 (式 (5.31) 参照) については，式 (5.33) の値を採用してある．

（ⅲ）背面地盤上に等分布荷重 q がある場合，$\sigma_1=\gamma z+q=\gamma(z+q/\gamma)$ となる．したがって，式 (5.16)～(5.18) および式 (5.22)～(5.24) において，z の代わりに $(z+q/\gamma)$ を採用すればよい．合力は，そのときの p_A および p_P を積分すれば求まる．

（ⅳ）$\phi=0$，$c=0$ とすれば，$K_A=1$，$K_P=1$ となり，p_A，p_P は液圧のような状態を表す．

5.4.3　Coulomb の土圧

a．主働土圧　図 5.19 において，任意の β に対して擁壁背面のくさび形の土塊 AOB が，AO および BO 面にそってすべり落ちる状態を考え，その平衡条件から，土圧合力 P を求める．土塊の重量 W，壁 OA からの反力 P，OB 面の反力 R と粘着力による抵抗 $C(=c\times\overline{\mathrm{OB}})$ が作用するが，これらの値は β によって異なる．土塊がすべる状態を考えているので，P は OA 面への垂線に対して壁面摩擦角 δ に等しい角をとり，R は OB 面への垂線に対して ϕ の角度をもつ (図 5.2 参照)．このとき，すべり面 OB と ϕ の角をなす方向 (鎖線の方向) への力の平衡を考えると，R が含まれない次式が成り立つ．

$$P=\frac{\sin(\beta-\phi)}{\sin(\phi+\beta-\phi)}W-\frac{\cos\phi}{\sin(\phi+\beta-\phi)}C \qquad (5.26)$$

P はすべり落ちる土塊を支えている (P の仕事は負) 状態なので，任意の β の

すべり状態のうち,すべる直前に最も近いのは,Pの大きさが最大となるWと$\overline{OA}$,$\overline{OB}$での抵抗の組合せの場合である.よって式(5.26)において,角度βを変えて,Pの最大の値を求めると主働土圧P_Aが得られる.砂の場合($c=0$)に対して$\partial p/\partial \beta=0$より次式が導かれている.

$$P_A = \frac{\gamma H^2}{2} K_A \tag{5.27}$$

$$K_A = \frac{\cos^2(\phi-j)}{\cos^2 j \cos(j+\delta)\left\{1+\sqrt{\dfrac{\sin(\phi+\delta)\sin(\phi-i)}{\cos(i-j)\cos(j+\delta)}}\right\}^2} \tag{5.28}$$

b. 受働土圧 図5.20に示すように,土塊は壁面$\overline{OA}$およびすべり面$\overline{OB}$に対して上方にすべり上る状態だから,δおよびϕの向きならびにCの作用方向が,主働土圧の場合と逆になる.Pは土塊を押している(Pの仕事は正)のでPが最小値のβの場合に土塊がすべり上る直前の状態に最も近い.砂地盤($c=0$)の場合には,次式のようになる.

$$P_p = \frac{\gamma H^2}{2} K_p \tag{5.29}$$

$$K_p = \frac{\cos^2(\phi+j)}{\cos^2 j \cos(j+\delta)\left\{1-\sqrt{\dfrac{\sin(\phi-\delta)\sin(\phi+i)}{\cos(i-j)\cos(j+\delta)}}\right\}^2} \tag{5.30}$$

c. 適用上の参考事項

(i) 壁背面の摩擦抵抗が作用する場合,背面土のすべり面は曲面となることが知られている.曲面すべり面を用いた解析は,CaquotおよびKérisel が行っている.Coulombはすべり面を平面と仮定しているが,主働土圧でδが図5.19の方向に作用する場合は,曲面すべり面で解析した場合とほとんど変わらない.しかし,図5.20の受働土圧の場合は,δが大きいほど,曲面すべりの解析による場合よりかなり過大の値を与えることとなる.

(ii) Coulombの土圧では,くさび形の土塊に作用する力のモーメントに関す

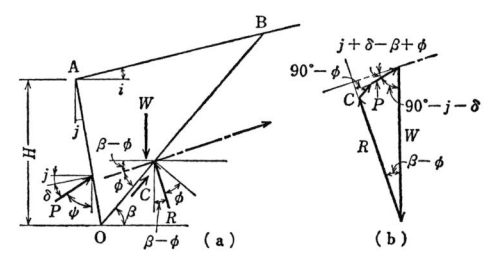

図5.19 Coulombの主働土圧説明図 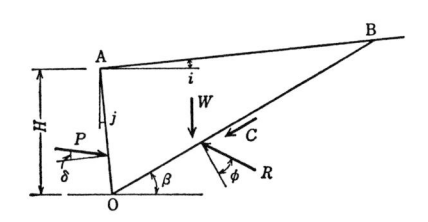　　　図5.20 Coulombの受働土圧説明図

るつり合いが考えられていない．したがって，土圧合力の作用位置が不明確であり，土圧分布を考えるときに矛盾が生ずる．

（iii） 壁面の摩擦角 δ は，壁材料の種類と背面土の土質によって変化するものである．擁壁がコンクリートであり，背面土が砂の場合，目安として $\delta = (2/3)\phi$ 程度の値が用いられている．

（iv） 壁面が鉛直 ($j=0$)，背面上の地表面が水平 ($i=0$) であって，壁面の摩擦抵抗を無視 ($\delta=0$) した場合，式 (5.28)，(5.30)は，Rankineの主働，受働土圧係数すなわち式 (5.17)，(5.23) において $c=0$ とした値に一致する．

5.4.4 地下壁に作用する土圧

擁壁の場合と異なり，地下室の壁は通常変位しないものと考えてよい．したがって，地下壁に作用する土圧は静止土圧 p_n であって，鉛直圧 γz に対する比は静止土圧係数 K_n となる．

$$K_n = \frac{p_n}{\gamma z} \tag{5.31}$$

静止土圧係数 K_n の値については，室内実験や現場測定の値がいくつか得られているが，まだ不明確なところが多い．大まかな値としては，砂質土と粘性土を問わず

$$K_n = 0.5 \tag{5.32}$$

が採用されているが，砂の場合次式のJákyによる提案[2] がかなりよく合うといわれている．

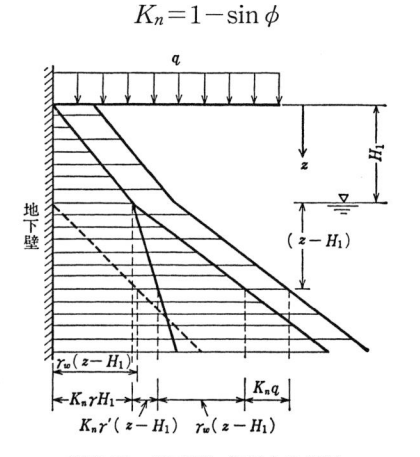

$$K_n = 1 - \sin\phi \tag{5.33}$$

図 5.21 地下壁に作用する側圧

式 (5.33) の値は，表 5.2 に示しておいた．

以上の土圧係数は有効圧に関するものであって，図 5.21 における水圧をも考慮した地下壁に作用する側圧 p としては，

(i) 地下水位面より上の部分において，
$$p = K_n(\gamma z + q) \quad (\text{kN/m}^2) \tag{5.34}$$

(ii) 地下水位面以下の部分において
$$p = K_n\{\gamma H_1 + \gamma'(z - H_1) + q\} + \gamma_w(z - H_1) \quad (\text{kN/m}^2) \tag{5.35}$$

ここに，q：地表面上の等分布荷重（kN/m²）

H_1：地表面より地下水面までの深さ（m）

z：地表面よりの深さ（m）

6. 地表面荷重による地中有効応力

　地中の応力状態を知ることは，地盤の変形などを予測する上で必要であって，特に鉛直方向の応力状態は構造物や地盤の沈下を算定するために重要である．通常，地盤には，地盤よりも剛い構造物によって載荷される(6.4節参照)ため，その範囲の地表面変位に応じた応力が生じるが，本章では，まず，基礎の剛性にかかわらず，地表面に作用する荷重によって生ずる鉛直方向の地中応力の算定法について述べる．本章における応力 σ はすべて有効応力を表すものとする．

6.1　鉛直地中応力の略算法

　地表面に載荷された等分布荷重による地中の鉛直応力の計算法として，以下のような略算法が比較的古くから行われてきた．図6.1に示すように，地表面において等分布荷重 $w(\mathrm{kN/m^2})$ が $a(\mathrm{m}) \times b(\mathrm{m})$ の範囲に作用する場合，地中に角度 α をもって直線的にひろがる領域内に，応力が一様に分散すると仮定する．深さ z (m)における鉛直応力 σ_z は，次式によって表される．

$$\sigma_z = \frac{wab}{(a+2z\tan\alpha)(b+2z\tan\alpha)} \quad (\mathrm{kN/m^2}) \tag{6.1}$$

α の値としては，土質と関係なく $\alpha=30°$ または $\tan\alpha=1/2$ の値が用いられている．

　この方法は終局の状態を一部考慮しているが，低応力，微小変位の条件下では，次節で述べる弾性理論に基づく場合と比較すると簡便な方法である．地中応力の伝播の仕方を概念的に理解し，概略の応力の値を知る方法である．

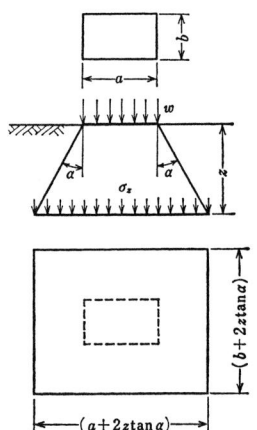

図6.1 鉛直地中応力の略算法

6.2 鉛直地中応力の弾性理論に基づく計算法

略算法より詳細な計算法としては，地盤を一様な弾性体として導かれた弾性理論の解が用いられている．地盤は非弾性的な土が層状に堆積したものであるから，地盤を一様な弾性体と仮定すること自体，問題がある．しかし，一般に取り扱われている地中応力は，土の破壊応力に比べるとかなり小さいこと，弾性解に基づく計算法が比較的適用しやすい形であり，この解を用いて現実の変形現象がかなり説明できることから用いられている．

地表面に作用する荷重は，図 6.2(a) のように鉛直下向きの場合が大部分である．このような荷重条件に対しては，以下に示すような Boussinesq の解がある．また地中のある深さにおいて荷重が作用する場合，例えば杭の先端荷重（鉛直下向き）であるとか，杭が水平に変位するときの側圧力（水平方向）などは，同図 (b) および (c) のような荷重条件であって，それぞれ Mindlin の第 I 解および第 II 解があるが，本書では省略する（文献[1]~[3] 参照）．荷重が作用する基礎底面は，多少とも地表面以下に根入れされている．この根入れが浅い場合には，基礎底面を理論上の地表面と仮定して Boussinesq の解を適用することが，一般に行われている．

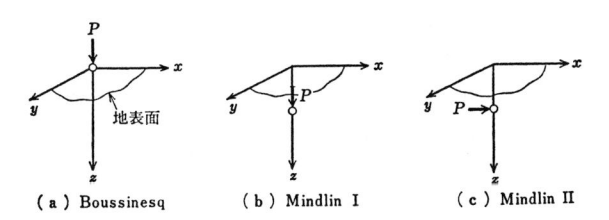

(a) Boussinesq　　(b) Mindlin I　　(c) Mindlin II

図 6.2　地中応力算定の荷重条件

6.2.1　Boussinesq の半無限弾性体の理論

地盤を，地表面以下無限に続く半無限の弾性体と考えた場合，地表面に作用する集中荷重 P によって地中に発生する応力は，Boussinesq によって解かれている．すなわち，図 6.3 に示す座標系において 3 方向の垂直応力 σ_z，σ_r，σ_θ およびせん断応力 τ_{rz} は，以下の式によって示される．

$$\sigma_z = \frac{3Pz^3}{2\pi R^5} \quad (\text{kN/m}^2) \tag{6.2}$$

$$\sigma_r = \frac{P}{2\pi R^2}\left\{\frac{3zr^2}{R^3} - (1-2\nu)\frac{R}{R+z}\right\} \quad (\mathrm{kN/m^2}) \tag{6.3}$$

$$\sigma_\theta = \frac{(1-2\nu)P}{2\pi R^2}\left(\frac{R}{R+z} - \frac{z}{R}\right) \quad (\mathrm{kN/m^2}) \tag{6.4}$$

$$\tau_{rz} = \frac{3Pz^2 r}{2\pi R^5} \quad (\mathrm{kN/m^2}) \tag{6.5}$$

ただし，集中荷重 $P(\mathrm{kN})$ の作用点から応力算定点までの距離を $R=\sqrt{r^2+z^2}$ (m) とし，地盤のポアソン比を ν としてある．これらの式において，すべての応力がヤング係数 E に無関係であること，σ_z および τ_{rz} はポアソン比にも無関係であることがわかる．

構造物や地盤の沈下計算に関係するのは式 (6.2) の σ_z であって，次のように書き直すことができる．

$$\left.\begin{aligned}\sigma_z &= \frac{P}{z^2}I_p \quad (\mathrm{kN/m^2}) \\ I_p &= \frac{3}{2\pi}\left(1+\frac{r^2}{z^2}\right)^{-5/2}\end{aligned}\right\} \tag{6.6}$$

I_p と r/z の関係は図 6.4 のようになり，深さ z での σ_z の r 方向の分布を示し，z が大きくなると広い範囲に拡散することがわかる．よって，集中荷重点 O の直下 ($r=0$) での z 方向分布は次式のように z^2 に比例して小さくなる．

$$\sigma_z = \frac{3P}{2\pi z^2} = 0.4775\frac{P}{z^2} \quad (\mathrm{kN/m^2}) \tag{6.7}$$

Boussinesq の解は，粘土地盤において比較的よく適合すると考えられる．砂地盤の場合の応力はこの理論値よりも荷重点直下の方へ集中する傾向があり，この点について，Fröhlich は応力集中係数を導入して Boussinesq の解の修正をはか

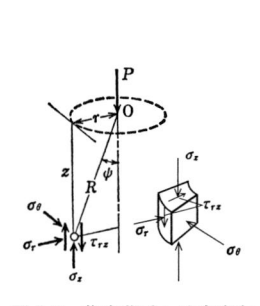

図 6.3 集中荷重と地中応力

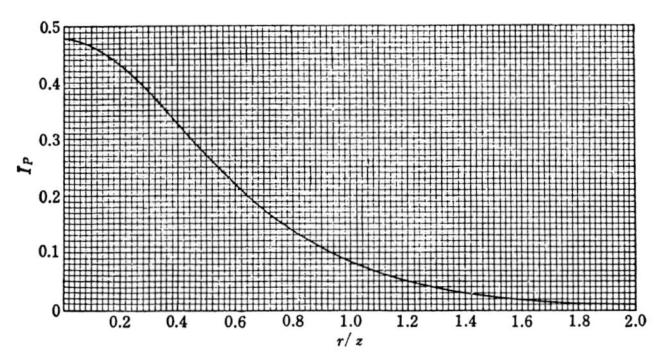

図 6.4 式 (6.6) における I_p と r/z の関係

っている[4]．一様な砂の厚い層はごくまれであり，地盤は互層状に堆積していることから，通常の設計ではBoussinesqの解がそのまま適用されている．

6.2.2 有限線荷重による地中応力

図6.5に示すように，原点Oから一定の距離 x (m)の地表面上の直線にそって，$0 \sim y$ (m)の区間に等分布の線荷重 $\bar{q}$ (kN/m) が作用している場合の原点直下の深さ z (m) の点における応力 σ_z は，FadumによってBoussinesqの解を積分して求められた．

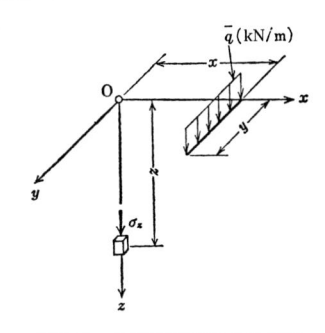

図6.5 有限線荷重による地中応力

$$\left.\begin{array}{l} \sigma_z = \dfrac{\bar{q}}{z} I \quad (\text{kN/m}^2) \\ I = \dfrac{1}{2\pi} \dfrac{n(3m^2+2n^2+3)}{(m^2+1)^2(m^2+n^2+1)^{3/2}} \end{array}\right\} \quad (6.8)$$

ここに，$m=x/z$, $n=y/z$

同式の I は，図6.6によって読みとることができる．

〔問6.1〕 線形弾性論では応力，変位の重ね合わせが成り立つ．この方法に加減法を適用して，図6.7に実線で示された線荷重によるO点直下の σ_z を求める方法を示せ．

〔答〕 $\sigma_z = \sigma_{z(AB)} + \sigma_{z(BC)} + \sigma_{z(DE)} - \sigma_{z(DC)}$ (6.9)

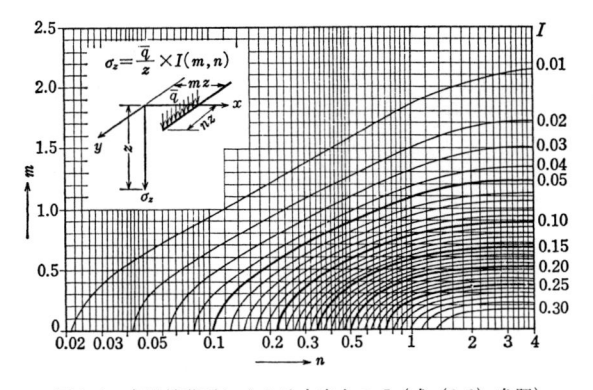

図6.6 有限線荷重による地中応力の I（式(6.8)参照）

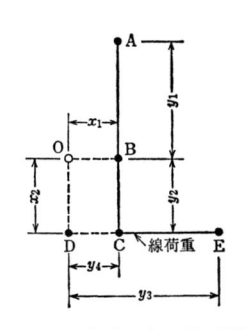

図6.7 式(6.8)の適用例

6.2.3 有限面荷重による地中応力

a. 長方形分割法　図6.8に示すように，mz および nz を2辺とする地表面の長方形面積上に等分布荷重 $q(\mathrm{kN/m^2})$ が作用した場合，原点O直下の深さ z(m)における応力 σ_z の計算式は，Steinbrenner および Newmark によって，Boussinesq の解から誘導された．

$$\left.\begin{aligned}\sigma_z &= q \cdot f_B(m, n) \quad (\mathrm{kN/m^2}) \\ f_B(m, n) &= \frac{1}{2\pi}\left\{\frac{mn}{\sqrt{m^2+n^2+1}}\frac{m^2+n^2+2}{(m^2+1)(n^2+1)}\right. \\ &\quad \left. +\sin^{-1}\frac{mn}{\sqrt{(m^2+1)(n^2+1)}}\right\}\end{aligned}\right\} \quad (6.10)$$

$f_B(m, n)$ は，図6.8から読みとることができる．

〔問 6.2〕　この場合にも加減法を適用し，図6.9(a) のE点直下あるいは (b) のG点直下の σ_z を求める方法を示せ．

〔答〕　長方形分割法と呼ばれている方法によって，

(a) 　$\sigma_z = \sigma_{z(\mathrm{EFAI})} + \sigma_{z(\mathrm{EGBF})} + \sigma_{z(\mathrm{EIDH})} + \sigma_{z(\mathrm{EHCG})}$ 　　　(6.11)

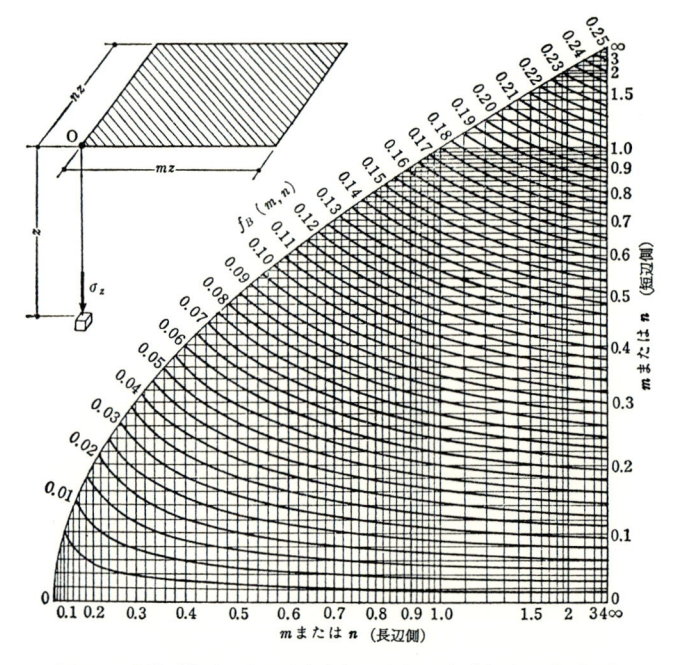

図6.8　有限面荷重による地中応力の $f_B(m, n)$ （式(6.10)参照）

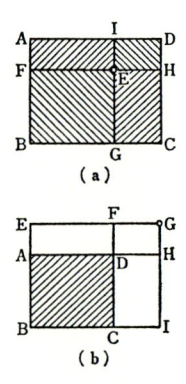

図6.9　式(6.10)の適用例

（b） $\sigma_z = \sigma_{z(GIBE)} - \sigma_{z(GHAE)} - \sigma_{z(GICF)} + \sigma_{z(GHDF)}$
　　　　　　　　　　　　　　　　(6.12)

b. 影響円法 図6.10は，円周方向に20等分する角度 $\Delta\theta = 18°$ の放射線群と半径方向の Δr によって，全平面を200個の小部分（こま）に分割したものである．任意の小部分に等分布荷重 $q(kN/m^2)$ が作用した場合，$P = \Delta r \cdot r \Delta\theta \cdot q$ として中心点直下の基準線長さ z の深さでの σ_z が，次式となるように式(6.6)の積分によって Δr を定める（Newmark）．

$$\sigma_z = 0.005q \quad (kN/m^2) \quad (6.13)$$

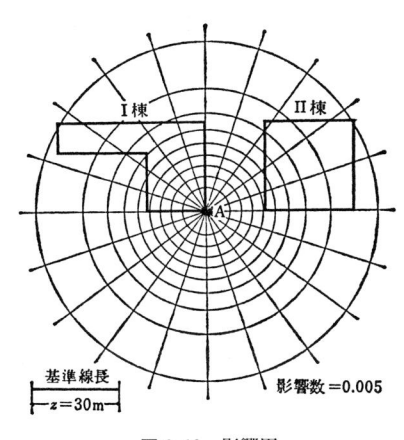

図6.10　影響円

この図表を影響円（influence circle）といい，0.005を影響数と呼ぶ．深さ z の σ_z を求める手順は，次のとおりである．

（i） 深さ z が基準線長さに等しくなるように縮尺率を定めて，トレーシングペーパー上に建物荷重域の平面図を描く．

（ii） トレーシングペーパーを影響円の上に重ねて，σ_z を求めたい点の平面位置を影響円の中心におく．

（iii） トレーシングペーパー上の平面図形内の影響円のこま数 n を数える．あるこまを荷重域が部分的にしか占めないものについては，そのこまの面積に対する荷重域の占有率を概算すればよい．$\sigma_z = n \times 0.005q$ が求める地中応力である．
なお，影響円の作図にあたっては，表6.1に従えばよい．

表6.1　影響円の寸法[5]

同心円半径（基準線長さを単位とする）r/z								放射線間隔
0.2698	0.4005	0.5181	0.6370	0.7664	0.9176	1.1097	1.3871	1.9083	18°

〔**問 6.3**〕 影響円の原理を式(6.6)に基づいて説明せよ．
$\left(\text{ヒント}: \sigma_z = \dfrac{3}{2\pi} \dfrac{r}{z} \dfrac{\Delta r}{z} \left(1 + \dfrac{r^2}{z^2}\right)^{-5/2} \Delta\theta q \right)$

6.3　応　力　球　根

Boussinesqの集中荷重による鉛直応力の解（式(6.2)）は，図6.3を参照して次のように書き改めることができる．

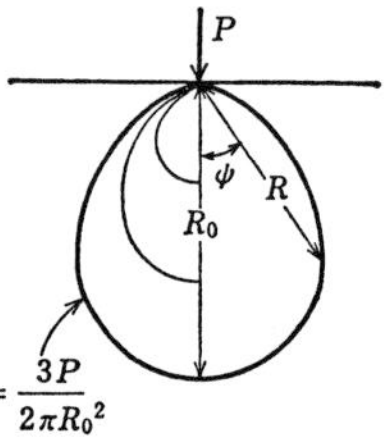

図 6.11 集中荷重による応力球根

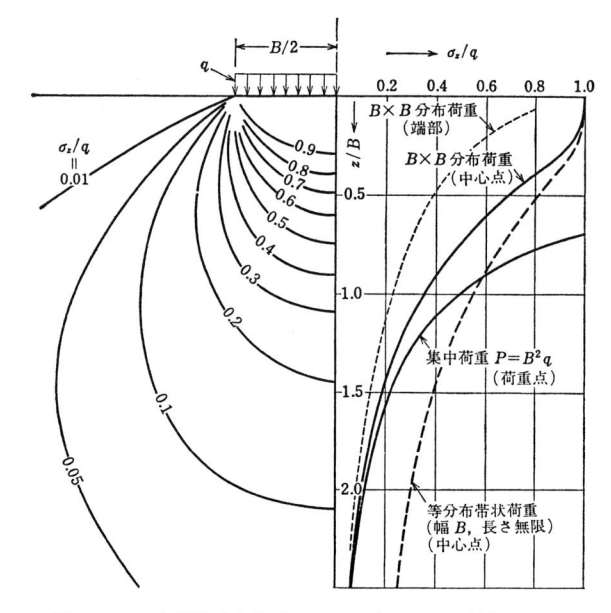

図 6.12 正方形等分布荷重による σ_z/q の分布（左）および $\sigma_z/q \sim z/B$ 曲線（右）

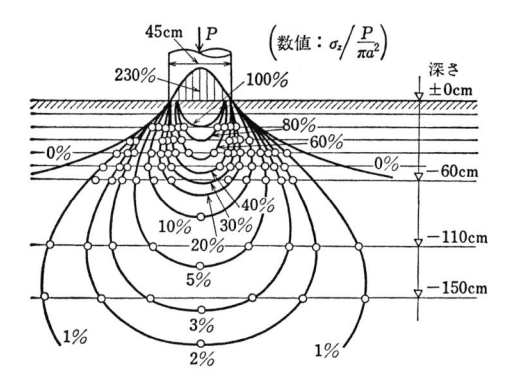

図 6.13 密な砂地盤における鉛直地中応力の実測例[6]

$$\sigma_z = \frac{3Pz^3}{2\pi R^5} = \frac{3P\cos^3\psi}{2\pi R^2} \quad (6.14)$$

いま，上式から荷重点直下（$\psi=0$）の $z=R_0$ における値は $3P/2\pi R_0^2$ と求められる．この値と等しい σ_z を与える位置 R を求めると，

$$R = R_0(\cos\psi)^{3/2} \quad (6.15)$$

となり，図 6.11 のような紡錘体状の等応力線が得られる．R_0 を変化させると相似の等応力線が描けるが，R_0 の小さいものほど，σ_z の大きい等応力線となる．

Boussinesq の解から導かれた各種の分布荷重についても，同様な等応力線が描ける．図 6.12 の左半分は，$B \times B$ の正方形等分布荷重が作用した場合の σ_z の等応力線を示したものであって，σ_z/q が小さいほど，等応力線は相似的により深く拡大していくことがわかる．

6.3 応力球根

　地中応力分布を実測したものとしては，Köglerらによるものが有名である．図6.13はその実測結果の一例であって，密な砂地盤上に$\phi 45\,\mathrm{cm}$の剛な円形載荷板をおき，鉛直荷重をかけたものであるが，平均荷重度$P/\pi a^2$（a：半径）当たりのσ_zは図6.12の場合と同様な分布特性をもっていることがわかる．

　このように，鉛直荷重によるσ_zの等応力線群が球根状をなしていることから，その分布状態は応力球根と呼ばれており，地盤内の鉛直応力の伝播状況を理解する上で便利である．以下に，応力球根のもつ特性について述べておく．

　（i）　$B\times B$の正方形等分布荷重の中央点直下におけるσ_z/qとz/Bとの関係を，図6.12の右半分に示した．同図には，幅Bをもった無限長さの等分布帯状荷重によるσ_z/qの分布も示してある．σ_z/qはz/Bの増加につれてしだいに小さくなるが，正方形荷重の場合，応力が四方へ分散しやすいため，帯状荷重に比して深さ方向で減少が激しいことがわかる．$\sigma_z/q=0.1$に達するのは，正方形荷重の場合$z\fallingdotseq 2B$，帯状荷重の場合$z\fallingdotseq 6B$である．載荷面の沈下は，地表面からこれらの深さまでの土の圧縮によるものがほとんどである．したがって，これらの深さまでの応力球根の範囲を沈下影響圏または応力影響圏と呼んでいる．

　（ii）　正方形等分布荷重$B^2 q$を集中荷重Pにおきかえて地表面に載荷した場合の載荷点直下のσ_z/qを，図6.12の右半分に併記した．σ_z/qは深さとともに急速に正方形等分布荷重の場合に近づき，$z/B=2$以下ではほとんど差がみられない．したがって，σ_zを求める位置がある程度深いと，ある範囲に限られた分布荷重を適当に集中荷重におきかえてσ_zを計算してもよいことがわかる．同様にして，等分布の帯状荷重は等分布線荷重におきかえてσ_zを求めてよいことが理解されよう．

　（iii）　地表面に平行な地中の水平面上のσ_zの分布は，応力球根からわかるように，中心直下に峰をもつ丘状となることが推測される．Köglerらの実験結果で，図6.13に対応するものを図6.14に示した．6.1節の略算法において，角度αで区切った領域内のσ_zを一様と仮定していることに，精度上の問題があることがわかる．

　（iv）　図6.14のσ_z分布を理論値と比較すると，理論値よりも中央部への集中の度合いが大きいことが検証されている．これは，砂地盤の場合粘着力がなく，地盤の

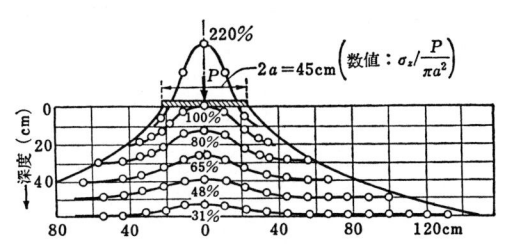

図6.14　砂地盤における鉛直地中応力実測値の水平方向分布[6]

側方向への変形に対する抵抗は摩擦のみによることからくる特性であって，6.4節において再び説明する．これに反して粘土地盤の場合には，σ_zの理論値と実測値は比較的よく一致している．

6.4 接 地 圧

6.2節の分布荷重に関する理論値は，剛性をもたないたわみ性の荷重体が地表面に載荷された場合に当たる．このような場合の荷重面の沈下は，土質によって図6.15(a)および(b)のような分布を示すことがわかっている．しかし，実際のフーチングは土に対して十分剛であって，フーチング全体が一様な沈下を生ずる．この場合，フーチング底面が地盤から受ける接地圧（contact pressure）（地盤反力ともいう）は，図6.15(c)および(d)のような分布形状となる．この現象はFaberの実験結果（図6.16）によっても確かめられている．

図6.15に示されたような沈下および接地圧の分布の特性は，以下のような理由によるものである．

（i）粘土は粘着力があるため，低応力の範囲では引張応力に対しても抵抗し，比較的弾性材料に近い性質を示す．したがって，ある位置の沈下量は，その点の直下の弾性解によるσ_z分布のz方向の積分値に比例すると考えてよい．図6.12の右図の$B\times B$分布荷重の例からわかるように，σ_z分布の大きさは荷重面の中心点において最大であり，端部に向かって減少する．ゆえに，たわみ性の分布荷重の場合には，図6.15(a)のように荷重面中心において最大，端部において最小となるような沈下量の分布となる．

（ii）砂地盤の場合粘着力はなく，せん断強さは式(5.13)によって定まる．分布荷重の周辺部で地表面に近い所では，土かぶり圧が小さいためσが小さく，砂が荷重面の外周上方に向かって滑動しようとするのに，十分抵抗することができない．一方中央付近では，荷重によって地中応力が生ずるため，式(5.13)のσも大であり，砂の滑動に対する抵抗（式(5.13)のs）が大きい．結果として，図6.15(b)に示すように，荷重面の中心で最小，端部で最大となるような沈下量の分布となる．

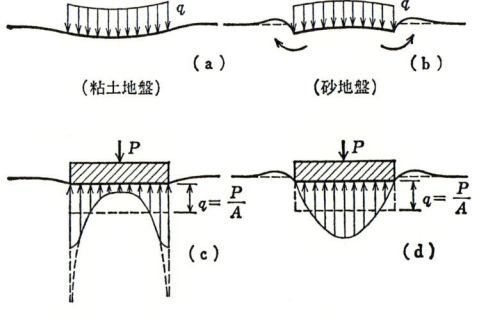

図6.15 たわみ性の荷重体の沈下量分布形状と剛なフーチングの接地圧分布形状

6.4 接 地 圧

(iii) 剛なフーチングの場合には，底面全体を通じて沈下量が一様となるように規制される．粘土地盤では，図6.15(a)の沈下量分布に対して沈下量を一様にするためには，接地圧がフーチング端部に近いほど大きくなる必要がある．剛板としての弾性理論解では，図6.15(c)の破線で示すように端部において接地圧は無限大となる．現実には土の強度に限界があるため，図示のような接地圧分布となる．

(iv) 砂地盤上の剛なフーチングの場合には，たわみ性荷重の場合よりも接地圧が中央部へ集中しなければ，一様な沈下量分布とはならない．図6.15(d)のように，U字形の接地圧分布を示すゆえんである．また，図6.14に関して述べたσ_z分布の実測値が，理論値よりも中央部へ集中する現象は，(ii)で述べたのと同様に，砂の滑動の特性によるものである．なお，図6.16(a)および(b)の実験結果が示すように，荷重が大きくなると地中応力が増大してせん断強さが高まること，また，上載荷重(押え荷重)によっても地中応力が増大することから，荷重面端部の接地圧が増加していることが理解されよう．

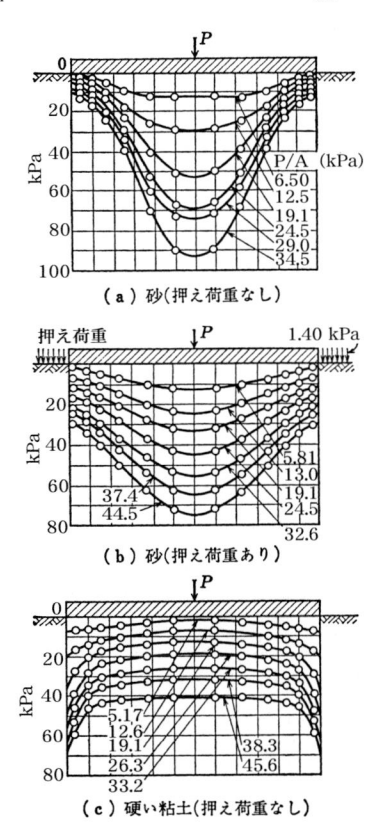

(a) 砂(押え荷重なし)

(b) 砂(押え荷重あり)

(c) 硬い粘土(押え荷重なし)

図6.16 フーチング底面の接地圧の実測結果[7]

7. 地盤調査

　地盤調査（soil exploration）とは，敷地地盤の成層状態を調べ，各地層の厚さや土質性状，地下水位その他を調査することをいう．地盤調査を行うことによって，その地盤に適した基礎構造を選定し設計することができるし，また基礎工事を安全に施工するための計画をたてることができる．地盤調査が不十分であると，基礎構造の設計が危険なものになったり，過剰なものになったりすることがあり，また基礎工事において予想しないトラブルを起こすこともある．地盤調査は十分入念に行わなければならない．

7.1　地盤調査の目的と種類

　地盤調査は，事前調査と本調査に分けられる．事前調査は建物の基本計画の段階で行われ，本調査は建物の基本設計や施工計画に資するためのものであって，事前調査の結果を参考として計画される．なお，日本建築学会では文献[1,2]によることをすすめている．

7.1.1　事前調査

　予備調査ともいう．本来は本調査の計画をたてるための事前の調査であるが，市街地のように当該敷地周辺の既往の調査資料が入手しやすいところでは本調査を補うものとなる．地層構成，各地層の硬軟，地下水位などの概要がわかり，基礎構造の形式を想定できる程度の内容を目指す．調査方法としては，次のようなものがある．

a．敷地付近の地盤関係資料を調べること　　敷地一帯の地形図・地質図・地盤図など[3]を参照して，地盤状況の概要を知る．敷地付近にある程度以上の規模の既設建物がある場合には，ボーリング調査が行われているはずであるので，それらの資料を参照させてもらえば，より身近な地盤状況を知りえる．あわせて，既設建物の基礎構造の種別・寸法・設計条件・経過年数などを調べておく．なお，

その地域の地史や古地図などがあれば，以前沼地であったとか，旧河川の河川敷であったとか，切土地盤あるいは盛土地盤であるなどといったことが推測されて，参考となる場合がある．

b. 敷地付近の現地踏査を行うこと　敷地付近の地形や地表面の状況を観察し，地盤関係資料とあわせて判断する．例えば，崖地があれば露頭が観察されるであろうし，井戸があれば地下水位が調査できよう．また敷地付近の建物を観察し，基礎に関連した障害(不同沈下，壁面のひび割れ，建物の浮き上がりなど)の発生している建物については，その実状および原因を調べておけば参考になる．

7.1.2 本 調 査

本調査は，基礎の設計および施工に必要なすべての資料を得るためのものであって，敷地内の地盤構成を知り，基礎の支持力・沈下ならびに基礎の施工に影響する範囲内の地盤の性質や，地下水の状態などを調べる必要がある．現在，実用に供されている地盤調査法を表7.1に示した．同表には，各調査法と調査項目すなわち各地層の層序と境界，各層の土の特性(分類・せん断強さまたは支持力度・圧縮性・透水性)，地下水位などとの関係も示してある．

同表において，(a′)の土質試験は，ボーリング孔底から採取した土の試料について行うものであって，ボーリングおよびサンプリングと関連した一系統の試験法と考えられたい．これに対して，(b)～(f)は地盤本来の位置と状態にある土に対して行う試験法であって，これらを総称して原位置試験 (in-situ test) という．

表7.1 地盤調査法と調査項目

		各地層の境界深さ	土の性質				地下水位	本書での解説場所
			分類	せん断強さ・支持力度	圧縮性	透水性		
(a)	ボーリングおよびサンプリング	○	○				○	7.4節
(a′)	土 質 試 験		○	○	○	○		2.1～2.4節,3.2.2項, 4.3節, 5.2節
(b)	サウンディング	○		○				7.5節
(c)	現場揚水試験					○	○	3.2.3項
(d)	物 理 探 査	○						
(e)	ボーリング孔内水平載荷試験			○	○			7.6節
(f)	平板載荷試験			○	○			9.2.2.b項
(g)	杭打ち試験	○		○				10.3.4項
(h)	杭の鉛直載荷試験			○	○			10.3.3項

これらのうち，最も一般的な調査法は (a)−(a′) であり，次いで (b)，(c) および (e) と考えられる．その他は調査目的がかなり限定された試験法とみてよい．なお，本章では，(a)，(b) および (e) について解説することとし，ほかの調査法については，各関係の節や項で述べることとする．

なお，表7.1に掲げた地盤調査法は，通常専門業者に発注して行われる．設計者は調査法の目的や内容についての理解を深め，試験の監理者および試験結果の利用者としての能力を高める必要がある．

7.2 調査間隔および調査深さ

7.2.1 調査間隔

本調査におけるボーリングやサウンディングなどの調査地点は，地盤状況の複雑さや建築の規模・形状・重要度などを考慮して決められる．地盤の成層状態が比較的平坦であることが事前調査でわかっており，かつ小規模な建物の場合は敷地中央の1か所でもよかろう．しかしある程度以上の規模の建物では，図7.1のように敷地内にほぼ等間隔に分布させるのがよい．調査地点間の距離 x は，地盤状態が複雑であるか否か（図7.2参照）によっても当然変わるべきものであり，大体20〜50m位が標準とみられる．なお表7.1において，ボーリングおよびサウンディング以外の調査法については，目的に応じて適宜地点を選定すればよい．

本調査を行った結果，当初の調査地点のみでは，地盤状況を十分つかみきれなかったり，土質調査資料が不十分であったりすることがよくある．したがって，必要に応じて調査地点を追加する可能性を残しておく．

7.2.2 調査深さ

具体的な調査深さの範囲としては，予想される建物幅のおよそ2.0倍までとみてよい．ただし杭基礎の場合は，杭先端から測るものとする．この深さ以内に基盤があれば，基盤上端面より下へ5〜10mまでとしてよい．ここに基盤とは，あ

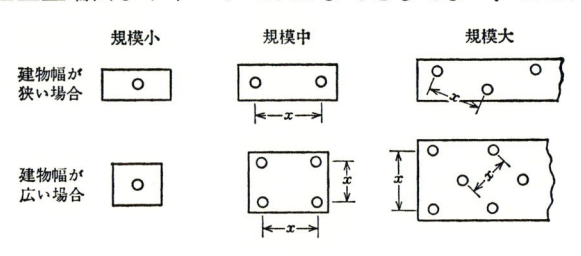

図7.1 地盤調査地点の配置

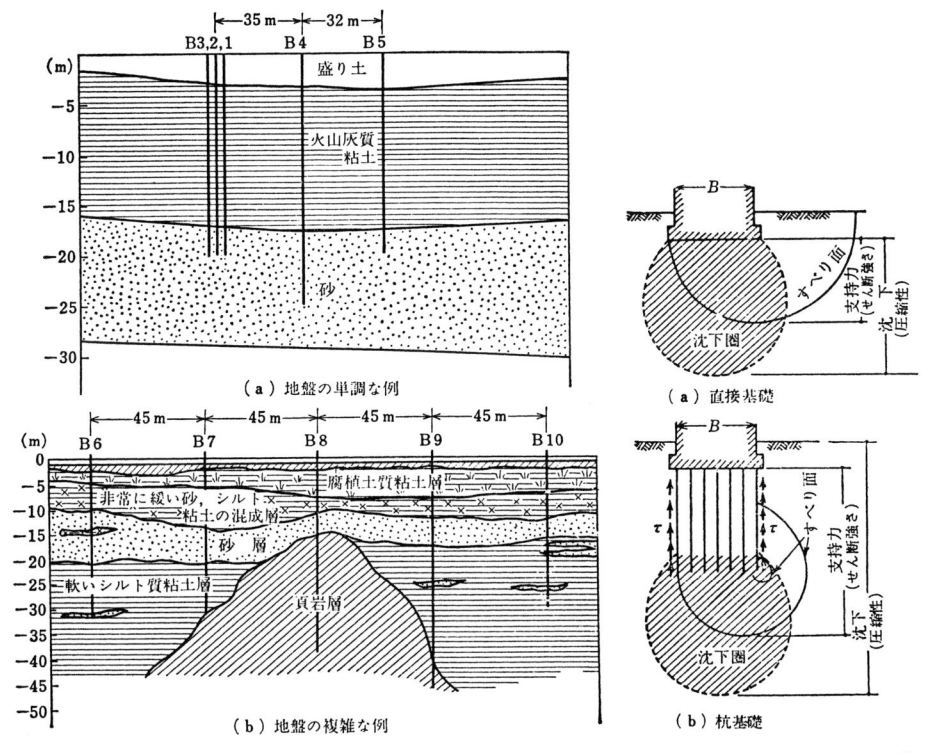

図7.2 地盤の単調な例と複雑な例[4]

図7.3 地盤調査の深さの範囲[5]

る程度以上の層厚をもった密なあるいは硬い層で,その下に沈下の原因となるような粘性土層が存在しないものをいう.

　上に述べた深さは,以下の理由による.図7.3(a)において,Bは建物全体としての幅とする.建物の荷重によって地盤が圧縮されて沈下を生ずるが,荷重面が正方形である場合,沈下の影響圏はおよそ$2B$の深さまでと考えてよい(6.3節参照).荷重面が長方形になるほど沈下影響圏は深くなるが,下部ほど地盤は固くなるので沈下への影響は減少する.したがって,沈下影響圏はおよそ$2B$までと考えられている.基礎の破壊すべりの影響圏はおよそ$1B$前後とみられるので,沈下影響圏の下限が必要な調査深さの限度となる.なお,基礎の施工にあたっての影響範囲も,一般には上に述べた調査深さ以内に含まれるとみてよい.

7.3　地質学上の区分

表7.2　地質学上の年代区分

年代名称		現在よりの年数	主要生物
先カンブリア代		6億年前以前	原生動物
古生代		2億年～6億年前	三葉虫
中生代		6千万年～2億年前	爬虫類(恐竜)
新生代	第三紀	2百万年～6千万年前	哺乳類
	第四紀 更新世	1万年～2百万年前	人類 現生植物
	完新世	現在～1万年前	

　地盤調査においては，各地層の軟硬を判断する上で，地質学的な見方が参考となることが多い．地質学 (geology) では，地球の表面に地殻が形成されて以後の地盤年代はおよそ表 7.2 のようであったとされている．地盤工学で対象とする地盤は地球表面にごく近い部分であって，同表のうち新生代とくに第四紀 (Quaternary period) において形成されたものである．

　第三紀 (Tertiary period) は，気候温暖で火山活動が盛んに行われた時代であったといわれ，哺乳類や現生植物が繁殖した．この時代に形成された地層を第三紀層 (Tertiary deposit) と呼ぶ．第三紀層は200万年～6000万年と年代が古いため固結が完了しており，非常に堅くて岩類の中に一括されている．

　第四紀の更新世 (Pleistocene) は，主に北半球を氷河が広くおおっていた時代であり，氷河時代 (the glacial period) とも呼ばれている．この時代には，氷河が非常に発達して海面低下の起こった氷期と，氷河が溶けて海面上昇の起こった間氷期とが，交互に4～5回訪れた．この間の形成層が更新統であり，堆積時間が永くかつ氷河の影響を受けているため比較的固い．丘陵地の最上部や後述の沖積層の下部などに分布しており，互層状をなしている．工学上洪積層 (diluvium) といわれる地層とほぼ一致する．

　完新世 (Holocene) は，更新世の最後の氷期が過ぎ去って以後，今日までの時代である．融氷による海面上昇は，世界的に100～140 m であったといわれる．この時代の形成層が完新統であって，堆積時間が約1万年未満と短い．したがって，一般に粘性土は非常に軟弱であり砂質土もゆるい状態であって，土質工学上特に注意を要する．地形的には，平野部や台地の谷間などの表層部に分布している．工学上沖積層 (alluvium) といわれる地層はほぼこの地層と一致する．

7.4　ボーリングおよびサンプリング

　ボーリング (boring) とは，機械器具を用いて地盤を掘削し孔を開けることであり，サンプリング (sampling) とは主としてボーリング中の孔底から土の試料を

採取することをいう．採取された試料は試験室において土質試験（soil test）に供され，土の物理的および力学的性質が求められる．

7.4.1 ボーリング

ボーリングの目的は，上に述べた ① 土質試料を採取することのほか，② ボーリング孔を利用して各種の原位置試験が行えること，③ 掘削途中の抵抗，地上へ排出されてきた循環泥水の色や掘りくずの観察，掘削音などによって，各土層の境界深さ・土質型・硬軟の程度が推定できることなどである．

a．ハンドフィード（hand feed）型ロータリーボーリング 土質調査用として，現在最も普及しているロータリーボーリング（rotary boring）法である．図7.4に示すように，エンジンなどでロッド先端の掘削治具（コアチューブ）を回転させるとともに，手動でこれを地盤中に圧入しながら掘削する．ロッド（rod）内を通じてベントナイト泥水を圧送し，孔底の掘りくずを泥水中に含ませて地上に排出する．泥水だめで掘りくずを沈澱させた後，泥水は再使用される．深くなるにつれてロッド（標準径 40.5 および 42 mm，標準長さ 3 m）を継ぎ足す．標準的なボーリング孔径は 66 mm，86 mm，116 mm などであって，調査目的によって適当な孔径を選択する．掘削可能深度は約 100 m とされている．掘削能率は地盤にもよるが，通常 1 日 10 m 以上も掘進可能である．しかし調査目的によってサンプリングや原位置試験が途中に入るので，7～8 m/日とみておくべきであろう．

b．ハイドロリック（hydraulic feed）型ロータリーボーリング 掘削法は，ハンドフィード型の手動圧入を油圧による圧入に代えたものと考えればよい．掘削性能がよく，岩盤も掘削できる万能型であるが，機械はハンドフィード型より重装備となる．一般には，岩盤ボーリングや大口径ボーリングに用いられる．

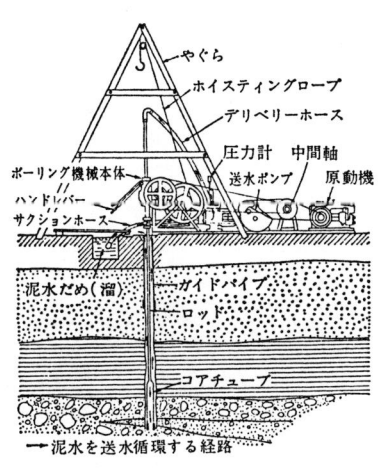

図 7.4 ハンドフィード型ロータリーボーリング機

7.4.2 サンプリング

サンプリングの方法は，乱さない試料を採取する目的のものと，乱した試料を

採取するものとに二分することができる．ここに，乱さない試料（undisturbed sample）とは，自然状態からの乱れをできるだけ少ないようにして採取した土の試料であって，通常の場合粘性土に限られる．このような試料は，単位体積重量，含水比，飽和度，間隙比などの測定用ならびに力学試験（直接せん断試験，一軸・三軸圧縮試験，圧密試験など）用に供される．

乱さない試料採取用のサンプリングの方法としては，軟らかい粘性土を対象とした固定ピストン式シンウォールサンプラーおよび中位〜堅い粘性土を対象とした二重管式サンプラーが用いられている．特殊な場合として，テストピット内で採取するブロックサンプリングがあるが，粘性土のほか砂質土についてもかなりの程度乱さない試料の採取が可能である．

乱した試料（disturbed sample）とは，自然状態と較べて著しく乱されている土の試料をいい，粘性土および砂質土の両方がある．これらの試料は標本用となるほか，物理試験（土粒子の比重，粒度分析，含水比，液性・塑性限界試験など）に供される．乱した試料採取用のサンプリングとしては，標準貫入試験用サンプラーが代表的であるが，テストピット内から採取するものなどもある．

以下には，乱さない試料採取用のサンプリング方法に限って概要を紹介する．標準貫入試験はサウンディングに属するので，7.5.1項を参照されたい．

a．固定ピストン式シンウォールサンプラー（stationary piston thin wall sampler）　各種のシンウォールサンプラーがあるうち，わが国では固定ピストン式が採用されている．軟らかい粘性土（標準貫入試験 $N=0$〜4 程度）を対象とするものであり，採取法については地盤工学会基準[6]がある．

このサンプラーは，図7.5に示すようにピストンおよびピストンロッドを内蔵した薄肉のサンプリングチューブよりなる．このサンプラーをボーリング（$\phi 86$ mm 以上）の孔底へ挿入し，ピストンを固定しておいてサンプリングチューブを孔底以下の土中に押込み，試料を採取する方式であるところから，固定ピストン式と呼ばれている．

サンプリングチューブは，図7.6に示す薄肉のパイプ（ステンレススチール製または黄銅製）であって，同図の寸法は，押込み時の土の試料の乱れができるだけ少ないように考慮された結果によるものである．サンプリングチューブは，サンプラーヘッドを介してボーリングロッド（$\phi 40$ mm 以上）に連続している．一方，ピストンはサンプリングチューブ内を一方向にのみ滑るよう規制されており，ピストンロッドはボーリングロッドの内部を通って地上まで引き出され，やぐらなどに固定される．

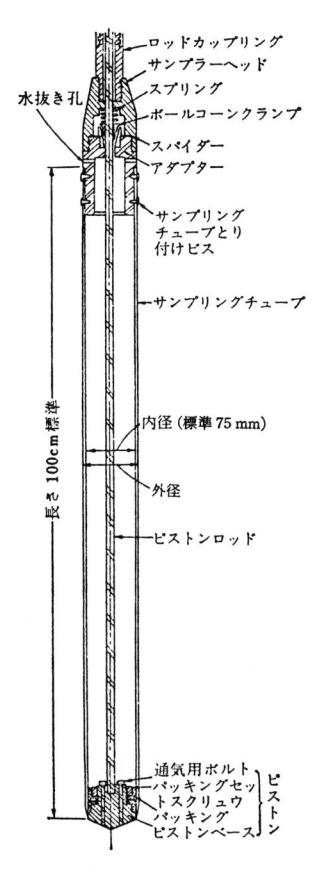

図 7.5　固定ピストン式シンウォールサンプラー

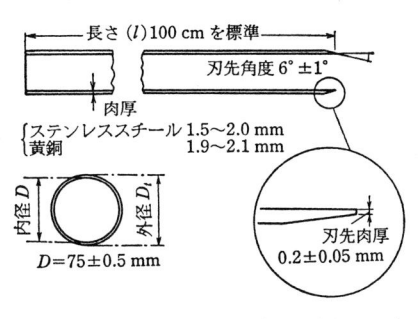

図 7.6　シンウォールサンプリングチューブ

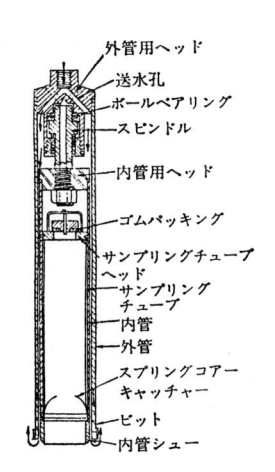

図 7.7　デニソン式サンプラ

試料の入ったサンプラーは地上へ引き上げて，内部の試料の両端部を確認した後，パラフィンなどでシールする．この試料は衝撃や温度変化をなるべく与えないようにして，試験室へ運搬される．

b．二重管式サンプラー　シンウォールサンプラーの押込みでは採取できない中〜硬質粘性土（$N=4〜20$ 程度）用のサンプラーである．二重管構造となっており，わが国で用いられているものは，本来の H. L. Johnson によるデニソン式サンプラー（Denison sampler）（図 7.7 参照）を改良したものである．

内管は回転せず静的にボーリング孔底以下の地盤中に圧入されるが，内管の外周面に摩擦抵抗が作用しないよう，外管を回転しながら掘進する原理であって，掘削用泥水は内外管の間の空隙を通って供給される．内管はシンウォールチュー

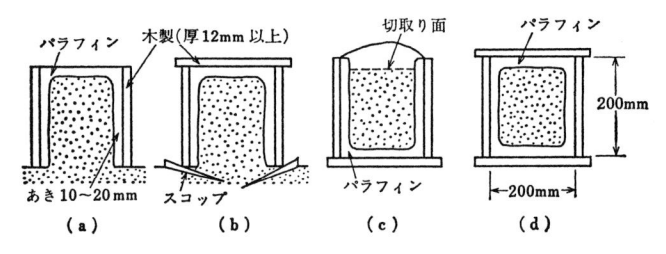

図7.8 ブロックサンプリングの一例

ブが利用されており，その先端はスプリングの調節によって外管先端より 0～10 cm 先行する位置にある．この先行長さは粘性土が硬いほど小さい．なお，このサンプラーを使用するためのボーリング孔径は，116 mm 以上を必要とする．

c．ブロックサンプリング ボーリングによらず，直接試験掘り（テストピット）を行う場合には，掘削底からブロックサンプルを採取することができる．図7.8のように，乱さない地盤からナイフによって20～30 cm角の立方体の試料を切り出し，木製の枠組をはめこんで空隙に熱したパラフィンを流しこみ固める．蓋をねじ留めしてスコップでていねいに掘り起こすといった要領である．注意深く行えば，最も確実な乱さない試料の採取方法であるといえる．なお，この方法は砂質土についても，ある程度適用可能である．

7.5 サウンディング

ロッドの先端に取りつけた抵抗体を地中に挿入し，貫入・回転・引抜きなどの抵抗から土層の力学的性状を探査することをサウンディング（sounding）という．わが国で通常使用されているものは，標準貫入試験，オランダ式二重管コーン貫入試験，スウェーデン式サウンディングなどである．以下これらの概要を説明する．

7.5.1 標準貫入試験（standard penetration test）（JIS A 1219）

アメリカで開発された試験法であり，適用域が広いため，わが国では最も一般的に用いられている．図7.9に示すような標準貫入試験用サンプラーをロッドの先端にとりつけ，ボーリングの孔底に降ろす．このサンプラーは，外径 ϕ 51 mm，全長810 mm，ねじを解くことによって3部分に分かれるが，中央の部分は縦に2つ割りできる構造となっている．

図7.10に示すように，地上に出たロッドの頭部に，質量63.5 kgの重錘を75 cmの落下高さから自由落下させることによって打撃し，サンプラーを30 cm打

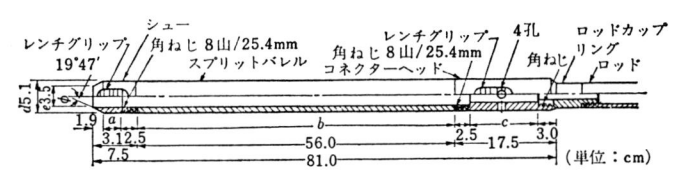

図7.9 標準貫入試験用サンプラー

ち込むのに要する打撃回数を調べる．ただし，最初の 15 cm 間は予備打ちであって，その後の本打ち 30 cm 間の貫入打撃回数を採用する．本打ち 50 回あるいは 60 回で貫入量が 30 cm に達しない場合は，打ち止めてそのときの貫入量を記録する．本打ちの打撃回数調査の深さ方向の間隔は，通常 1 m とすることが多い．打撃回数を調べた後，サンプラーを地上に引き上げて分解し，中に入った試料をとり出す．この試料は乱した試料であるが，観察することによって土質型が判定でき，標本としてガラスまたは塩化ビニール製の透明容器に保存される．また物理試験に供することができる．

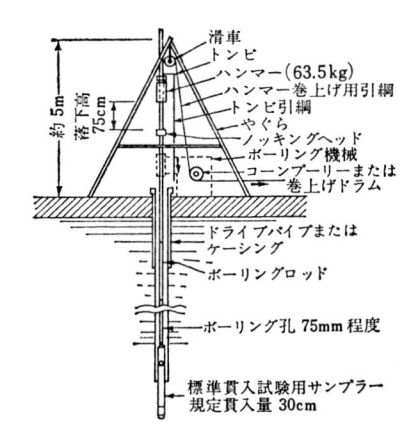

図7.10 標準貫入試験装置

重錘を落下させる方法として，自動落下法と手動落下法がある．前者のうち油圧シリンダーによるハンマーの自動つり上げ方式を全自動，手動巻き上げを半自動という．後者の場合，とんび法とコーンプーリー法がある．前者は重錘をロープから切り離すので，自由落下とみなしてよい．後者はコーンプーリーに巻きつけたロープを急速に放って，ロープ付きのまま重錘を落下させるので抵抗があり，完全な自由落下とはいえない．落下回数等の記録方式も，自動記録と野帳への手書き方式とがある．

30 cm 貫入に要する打撃回数は N 値と呼ばれ，原位置における各地層の硬軟や締まり具合の相対的な値を表す．表 7.3 は N 値と砂質土の相対密度(2.3 節参照)および粘性土のコンシステンシー (2.4 節参照)との対応を示したものである．砂質土については，乱さない試料を採取して力学試験を行うことが通常不可能であるので，N 値は相対密度を判定する上で重要である．一方，粘性土についての N 値は，打込み時の間隙水圧の抵抗や打撃によるかく乱などの影響が入るため，強度を推定するデータとしては信頼度が低いと考えられている．したがって，粘性

表7.3 相対密度, コンシステンシーと N 値, q_u との対応

砂質土の相対密度	N 値	粘性土のコンシステンシー	q_u (kN/m²)	N 値
非常に密な (very dense)	>50	非常に堅い (very stiff)	200～400	15～30
密 な (dense)	30～50	堅 い (stiff)	100～200	8～15
中位の (medium)	10～30	中位の (medium)	50～100	4～8
ゆるい (loose)	4～10	軟らかい (soft)	25～50	2～4
非常にゆるい (very loose)	0～4	非常に軟らかい (very soft)	<25	<2

q_u：一軸圧縮強度（5.2.3項参照）．

土については乱さない試料を採取して力学試験を行うのがよい．

なお，砂質地盤の N 値は，内部摩擦角 ϕ の推定，地震時に液状化を起こすかどうかの判定，杭支持力の推定など利用範囲が広いが，それぞれに関係した箇所において説明することとする．

7.5.2 オランダ式二重管コーン貫入試験（ダッチコーン，Dutch cone）(JIS A 1220)

オランダで開発された試験法で，コーン（円錐形）を静的に圧入して地盤の貫入抵抗を測定するものである．試験機は最大圧入力 20 kN および 100 kN の 2 種がある．先端部は，図7.11に示すように，外管接続部およびこれとなめらかにしゅう動できるマントルコーン (mantle cone) とからなり，コーンの先端角度は 60°，最大径は $\phi 35.7$ mm（同面積 10 cm²）である．ロッドは内管と外管よりなり，まず外管を押して先端部を測定深さまで貫入させる．その位置で内管を押して，マントルコーンのみが 5 cm 貫入したときの抵抗値 Q_c を測定する．次いで外管を押して先端部を再び貫入させる．深さ方向の測定間隔は 25 cm ごとであって，測定時の貫入速度は 1 cm/s を標準としている．

コーンの貫入抵抗は，次式によって求められる．

$$q_c = \frac{Q_c}{A} \tag{7.1}$$

ここに，q_c：コーンの貫入抵抗（kN/m²）

Q_c：マントルコーン貫入力（=抵抗値+内管自重）(kN)

A：コーン断面積（=10 cm²）

q_c は，土質に応じて次式の関係があるといわれている．

一般の沖積土の場合[7]

$$q_c = (538 + 133 \log D_{50})N \quad (\text{kN/m}^2) \tag{7.2}$$

$$(0.015 \leq D_{50} \leq 0.5 \text{ mm})$$

粘土の場合[8]
$$q_c = (14 \sim 17)c \tag{7.3}$$
ここに，D_{50}：平均粒径（mm）（2.1.2 項参照）
　　　　c：粘土の粘着力（$=q_u/2$）（5.3.2 項参照）

この方法は，軟らかい～中位の粘性土あるいはゆるい～中位の砂質土の地盤に適し，調査深さの限界は 15～30 m といわれる．25 cm ごとの連続した貫入抵抗が得られ，地盤の強度分布がよくわかるが，土の試料が得られないため土質型の判定が正確にできない．したがって，調査地点の一部でボーリング調査を行い，土質型と q_c との対応関係を検討しておく必要がある．

7.5.3　スウェーデン式サウンディング（JIS A 1221）

スウェーデンで開発された調査法であって，図 7.12 に示す装置からなる．スクリューポイントに特色があり，最大径 ϕ 33.3 mm，特殊鋼製である．またロッドには，ロッド連結端から 25 cm ごとに目盛がある．

まず所定の測定深さにおいて，載荷用クランプ（5 kg）の上におもり（10 kg のもの 2 個，25 kg のもの 3 個）を順次のせて，各荷重段階（50, 150, 250, 500, 750, 1000 N）における荷重 W_{sw}（N）とスクリューポイント先端の深さを記録する．荷重 1000 N で貫入が止った場合，その状態でハンドルをとりつけて水平右回りに回転させ，次の目盛線まで貫入するための半回転数を測定する．以下，25 cm 貫入するのに必要な半回転数を記録する．この場合，半回転数 N_a に対する貫入量を L（cm）として，次式により貫入量 1 m あたりの半回転数 N_{sw} を求める．

$$\left. \begin{array}{l} N_{sw} = \dfrac{100}{L} N_a \quad (\text{回}/\text{m}) \\ L = 25 \text{ cm の場合} \quad N_{sw} = 4N_a \end{array} \right\} \tag{7.4}$$

以上の W_{sw}（N）および N_{sw} とスクリューポイント先端の深さとの関係を図示して，地盤の硬軟あるいは締まり具合を相対的に判断する．これらの値と粘性土の一軸圧縮強度 q_u（kN/m²）との関係については，

$$\left. \begin{array}{ll} q_u = 0.045 W_{sw} & (W_{sw} \leqq 1000 \text{ N}) \\ q_u = 45 + 0.75 N_{sw} & (W_{sw} = 1000 \text{ N}) \end{array} \right\} \tag{7.5}$$

の提案[9]がある．また，礫・砂・砂質土の N 値との関係についても，

$$\left. \begin{array}{ll} N = 0.002 W_{sw} & (W_{sw} \leqq 1000 \text{ N}) \\ N = 2 + 0.067 N_{sw} & (W_{sw} = 1000 \text{ N}) \end{array} \right\} \tag{7.6}$$

の提案[9]，その他[10]がある．いずれも概略の傾向を示すものと解釈され，関係式か

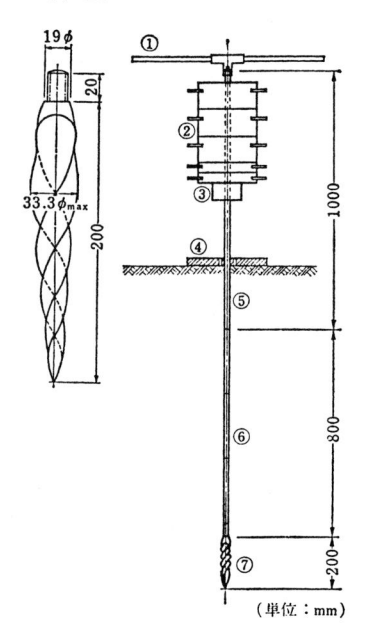

① ハンドル
② おもり (10 kg×2, 25 kg×3)
③ 載荷用クランプ (5 kg)
④ 底板
⑤ ロッド (φ19 mm, 1000 mm)
⑥ スクリューポイント用ロッド (φ19 mm, 800 mm)
⑦ スクリューポイント

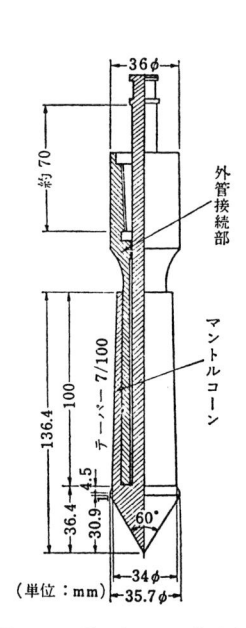

図7.11 ダッチコーン先端部　　図7.12 スウェーデン式サウンディング装置

らの実測値のばらつきは大きいようである．
　軟らかい～中位の粘性土およびゆるい～中位の砂質土の調査に適用され，調査深さの限界は粘性土で10 m程度，砂質土で5 m程度といわれている．載荷ならびに回転を自動化した装置もある．オランダ式二重管コーン貫入試験の場合と同様に土の試料が得られないので，土質型との対応が不明確である．調査地点の一部でボーリング調査を併用して，土質との関係をつかんでおくことが必要である．

7.6　ボーリング孔内水平載荷試験

　ボーリング孔の側壁に横方向加力を行って，地層の力学的特性を調べる試験法である．一般的なのは，図7.13に示すように1室型または3室型のゴムチューブ

図 7.13 ボーリング孔内横方向加力試験のゴムチューブ

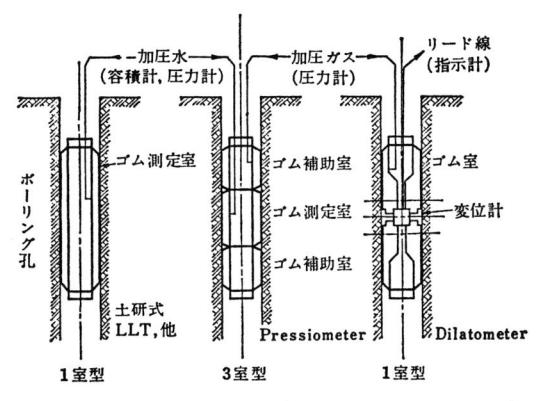

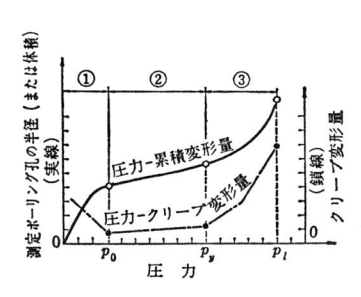

図 7.14 ボーリング孔内横方向加力試験結果の表示

からなっており，この中に水を圧入して孔壁に等分布荷重を与え，変形量はゴムチューブに注入した水量から求める方式のものである．孔壁圧力の荷重階は，20 kPa ピッチ程度または予想最大圧力の1/10～1/20きざみとし，各荷重階でその圧力を1～2分間一定に保つ．加圧後15秒，30秒，1分および2分後に変形量を測定する．

得られた測定値に対して圧力補正および体積補正を行い，図7.14のような圧力～累積変形量曲線および圧力～クリープ変形量曲線を描く．クリープ変形量は加圧後30秒と2分の間に生ずる変形量である．同図において，①は掘削によってゆるんだ孔壁面が元の状態に戻る領域，②は圧力と変形がほぼ比例する疑似弾性領域，③は変形増大領域であって，これらの境界圧力は p_0：静止土圧（または初期圧），p_y：降伏圧（またはクリープ圧），p_l：極限圧（または限界圧）と呼ばれている．領域②の関係から，地盤の変形係数が次式によって求められる．

$$E_B = (1+\nu) r \frac{dp}{du} \tag{7.7}$$

ここに，E_B：地盤の横方向変形係数 (kN/m²)
　　　　ν：地盤のポアソン比（飽和粘性土は0.5，砂は0.3を標準とする）
　　　　r：ボーリング孔の半径 (m)（p_0とp_yのときの半径の平均を採用）
　　　　p：等分布圧力 (kPa)
　　　　u：圧力pによって生ずる孔径の変化量 (m)
　　　　dp/du：p_0～p_y間の変形量曲線の平均勾配 (Pa/m)

式 (7.7) による E_B の値は，乱さない試料の一軸または三軸試験から求めた変形

係数とほぼ等しい結果を得られるという．なお，p_y は粘土の場合圧密降伏荷重との間に密接な対応があり，また p_l は土のせん断強さと関係づけられている．

7.7 土質柱状図

地盤調査を行った結果は，図 7.15 のような土質柱状図 (soil profile) にまとめて示される．同図において，深度とはボーリング地点の地表面からの深さを示す．しかし地表面は起状のあるものであるから，深度は絶対的な尺度ではない．そこ

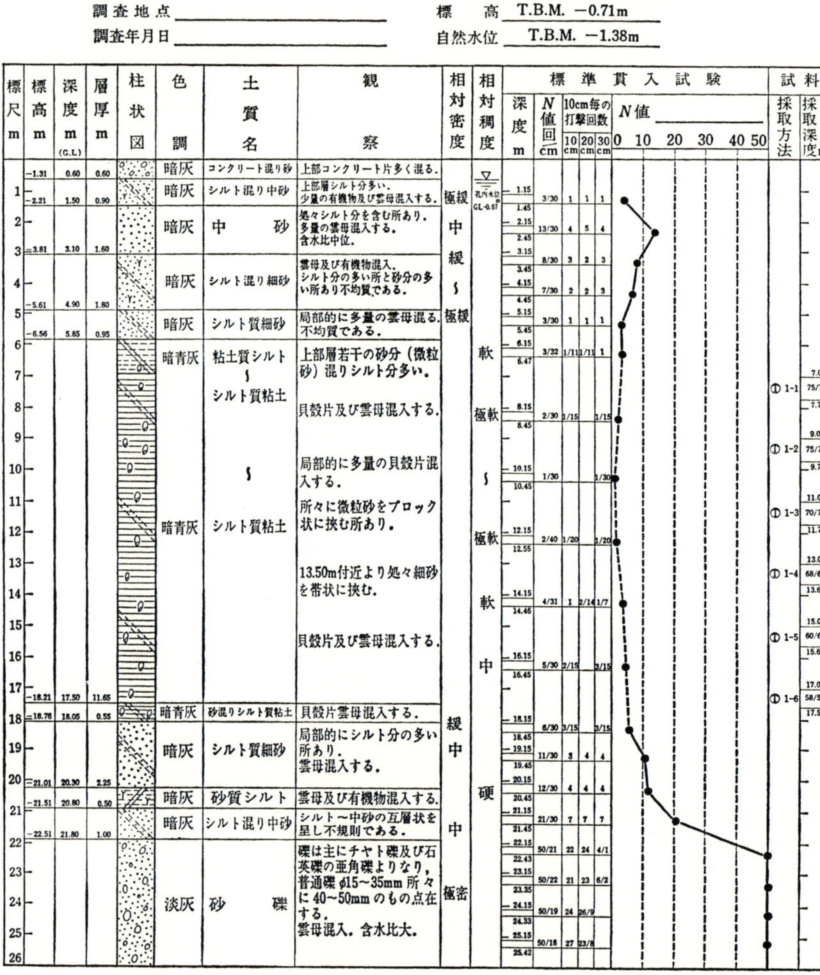

図 7.15　土質柱状図

7.7 土質柱状図

で各地方で標準とする高さを定め，それを基準点として測った尺度を標高と呼んでいる．例えば大阪を中心とする地方では，大阪湾の平均最低潮位 O. P. (Osaka Peil の略) ±0(m) を基準点としており，また東京では東京湾平均中等海面をもって T. P. (Tokyo Peil) ±0(m) としている．T. P. ±0(m)＝O. P.＋1.3(m) の関

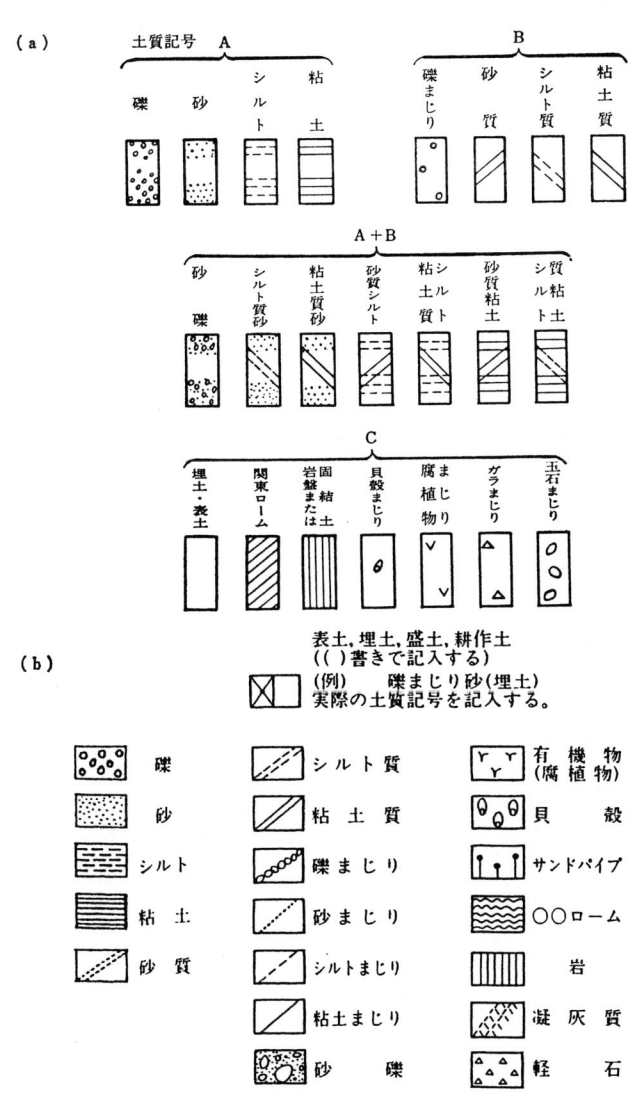

図7.16 土質記号 (a) と全国地質業協会連合会による土質記号 (抜粋)[11] (b)

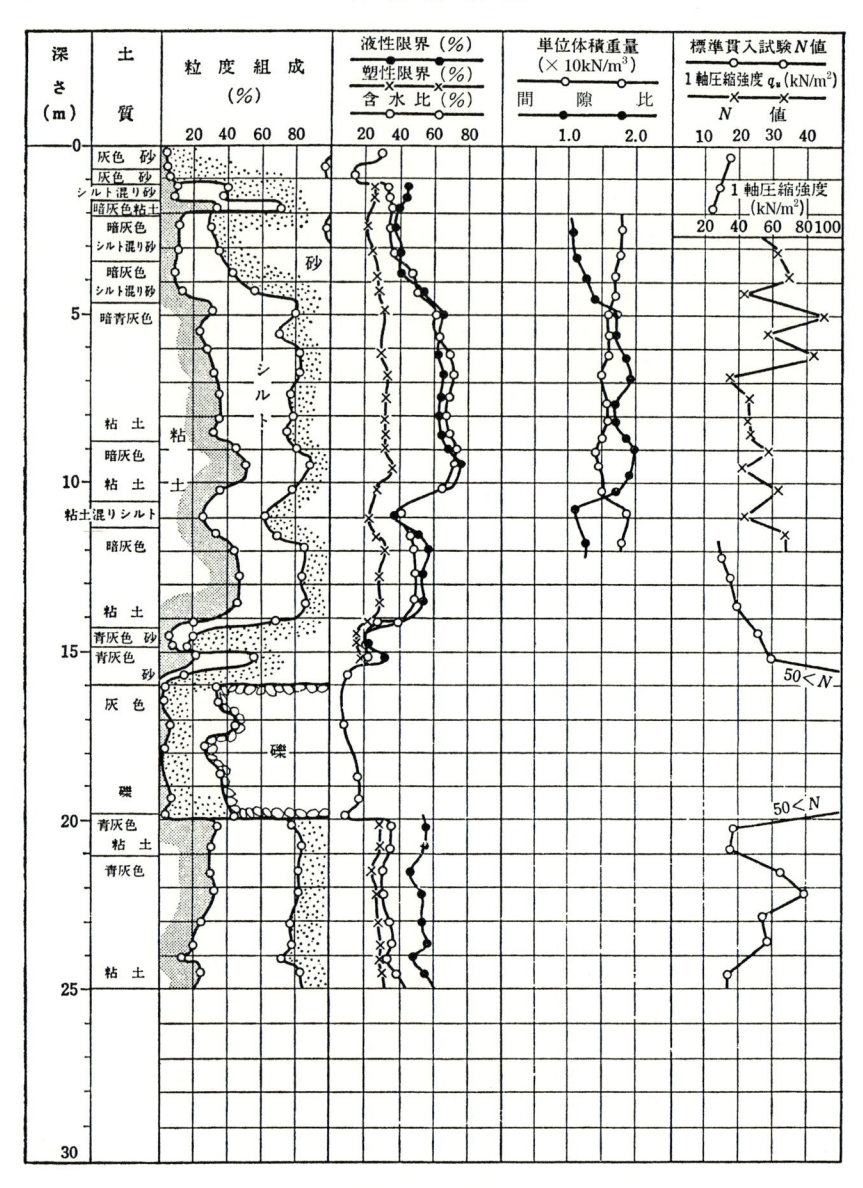

図 7.17 土性図

係にある．ただし，図7.15のように，その敷地のみに限った仮のベンチマーク(T. B. M.)(Temporary Bench Mark)を基準にとる場合もある．

　2.1.3項の旧分類法の1つによった場合，柱状図の土質記号は図2.4の三角座標で定めた土質名に応じて，図7.16(a)の要領で描かれた．また，試料から観察された色調や記録もあわせて記入されている．標準貫入試験の N 値は，地盤の硬軟や密度を判断する上で直接的な量である．なお，最新のものは，図2.5の分類と図7.16(b)の土質記号に統一されつつある．いずれも分類名と土質記号は，主記号（礫，砂等）と副記号（細粒土の含有程度等）によって分類表記されるが，副記号のみ変わっている．

　土質試験を行った結果は，別に図7.17のような土性図にまとめて示される．通常，粒度組成，コンシステンシー限界と含水比，単位体積重量，間隙比，標準貫入試験の N 値，一軸圧縮試験結果（5.2.3項参照）などが表示されるが，土性をより詳しく観察するのに役立つ．柱状図に記されている土質名は，「現場観察土質名」といわれ，2.1節で示した粒度分析による土質名とは異なることがある．これは主として，現場での目視による土質名は細粒土と粗粒土の体積比に左右されるのに対して，粒度分析は質量を用いていることによる．また，土質名，したがって粒度による分類も時代によって少し異なる場合があり，既往の地盤調査資料を参照するときに，注意が必要な場合もある．

8. 基礎の設計計画

8.1 基礎の種類

　建築構造物については，図8.1に示すように，最下階柱の柱脚部を境として，それより上を上部構造（super-structure），それより下の部分を下部構造（sub-structure），基礎構造（basic structure）または基礎（foundation）と呼ぶことにしている．したがって基礎とは，一般的に上部構造の荷重を支持するための基礎スラブと地業を総称したものとなる．ここに地業とは，基礎スラブの下に設けられる捨てコンクリート，敷砂利，割ぐり，杭などの部分をいう．基礎梁は上部構造と基礎の境界部の構造であって，基礎に含める場合と含めない場合がある．基礎は，基礎スラブの形式や支持形式などによって，以下のように分類することができる．

　a．基礎スラブの形式による分類　　フーチング基礎は，柱の脚部においてある限られた広がりをもつ基礎であって，図8.2に示すように，それが1本の柱を支持するもの，2～数本の柱を支持するもの，一列の柱群を支持する布状のもののいずれであるかによって，独立・複合・連続（フーチング）基礎と呼ばれている．一方，すべての柱脚部を1枚の基礎スラブで支持するものが，べた基礎である．

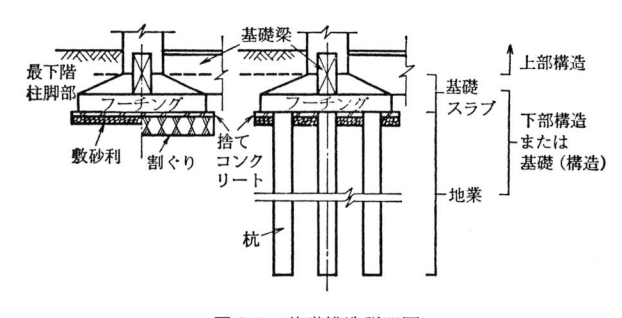

図8.1　基礎構造説明図

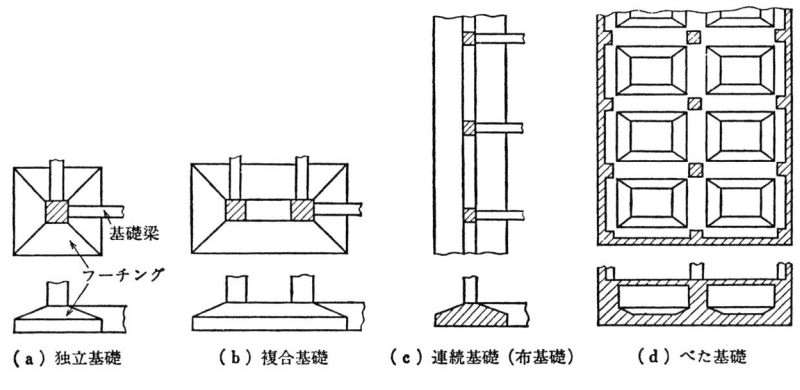

8.1 基礎の種類

(a) 独立基礎　**(b) 複合基礎**　**(c) 連続基礎（布基礎）**　**(d) べた基礎**

図 8.2　基礎スラブの形式による基礎の種類

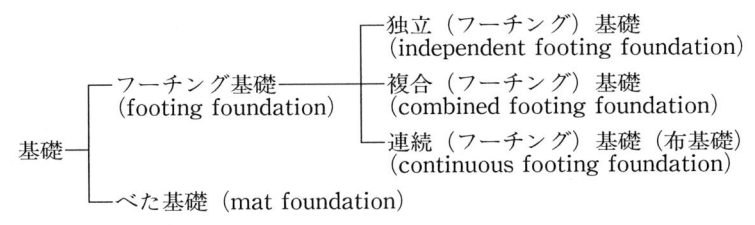

```
                     ┌─独立（フーチング）基礎
                     │  (independent footing foundation)
      ┌─フーチング基礎─┼─複合（フーチング）基礎
      │ (footing foundation)  (combined footing foundation)
基礎─┤             └─連続（フーチング）基礎（布基礎）
      │                (continuous footing foundation)
      └─べた基礎（mat foundation）
```

b. 支持形式による分類

```
       ┌─直接基礎（spread foundation）
基礎─┼─杭基礎（pile foundation）
       └─併用基礎
```

　直接基礎とは，杭を用いず基礎スラブからの荷重を直接地盤に伝える形式のものであって，基礎スラブの下には通常捨てコンクリート・敷砂利・割ぐりなどのごく軽微な地業が用いられる．一般に，支持力が十分大きい地盤に対して採用される．これに対して，基礎スラブ直下の地盤が軟弱な場合，基礎スラブの下に杭を設けて，これらに荷重を支持させる形式のものが，杭基礎である．また併用基礎は，直接基礎と杭基礎を併用するものであり，建物荷重の偏在や支持地盤の傾斜などのため，直接基礎と支持杭基礎，摩擦杭基礎と支持杭基礎などの組み合わせによる異種基礎と，杭基礎建物の杭と基礎スラブの両方で支持させるパイルド・ラフト基礎とがある．

　以上の分類法のほか，基礎の根入れ深さ幅比（depth ratio）D_f/B（D_f：根入れ深さ，B：基礎の短辺幅または直径）の大きさによって，D_f/B が1以下の場合を浅い基礎（shallow foundation），D_f/B が1以上の場合を深い基礎（deep foundation)と分類する方法もある．通常の場合，浅い基礎とは直接基礎をさし，杭基礎が深い基礎に当たる．

8.2 基礎の設計方針

8.2.1 限界状態設計法

科学の成立以前から経験的知識と方法の蓄積によって構造物は設計・建設されていた．しかし，18世紀末頃から，材料力学によって終局強度を評価することと，弾性理論に基づいて荷重に応じた構造物内の応力の推定が可能となると，安全性を考慮して構造物各部の応力に制限を設ける許容応力度設計法の原形がNavierなどによって提唱された[1]．その後，弾性限と終局の破壊を区別し，この2つの限界を設計の基準とする考え方が大勢となり，わが国においても1950年制定の建築基準法から，長期と短期の状態の概念が導入された．長期は自重，積載荷重などのように常時作用している荷重に対応する状態，短期は耐用年限中に数度は遭遇する中程度の地震に対して，骨組に生じる応力を弾性限以下の状態に制限するものであった．

耐用年限中に一度は遭遇するかもしれない大地震時に対する終局耐力設計を建築基準法にとりいれるに至ったのは，1981年のいわゆる新耐震設計法からである．また，兵庫県南部地震後，1998年の建築基準法の改正においては，技術の進歩にみあうように設計において想定する限界状態に自由度を与えるため，仕様規定から性能設計へと移行して，限界状態設計法の導入に至った．

限界状態設計法[2]は，構造物の挙動が特徴的な変化を示す限界点を押さえて行われる設計法であり，最終的な破壊状態が代表的な限界状態で，終局限界状態という．基礎構造に変位，傾斜を生じると，上部構造に使用上の支障を来すことや，損傷が予測される．これらはそれぞれ使用限界状態，損傷限界状態と呼ぶ．設計時には，各状態に対応する部材の応力や変形の限界とする値 R_d を工学的判断によって設定し，荷重によって生じる効果（各部応力や変形）S_d に対して，

$$R_d > S_d \tag{8.1}$$

となるように部材断面などを決定する．

式 (8.1) の各辺に関連する荷重や材料強度等の諸数値は，構造物の規模，施工等の諸条件によって変動するものである．R_d と S_d の決定に際して，それぞれに対応する諸値を確率変数とみなして，図8.3のような統計的検討を加え，ばらつき（変動）を考慮した設計法を信頼性設計という[3]．従来の許容応力度設計法では，すべての不確定要素による変動を経験的・慣習的な安全率で考慮するのに比べ

て，この設計法は，設計の目標を満たさない（図8.3のアミの領域）確率を推定し，構造物の目標とする性能をより的確に実現しようとするものである．その最も簡単な手法は，上記目標性能を保証する確率から決定した係数を，R_dの公称値R_0とS_dの基本値S_0に乗じて

$$R_d = \phi R_0, \qquad S_d = \gamma S_0 \qquad (8.2)$$

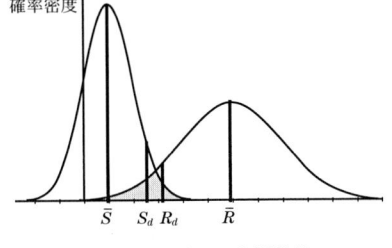

図8.3 荷重・耐力係数法

とするものであり，ϕ, γをそれぞれ耐力係数，荷重係数という．

わが国の建築基礎構造における限界状態設計法は，性能設計への指向とともに，文献[4]において初めて示された．しかし，信頼性設計については，各種統計資料の不足などから，同書においても今後の展開を期待し，考え方が示されているに過ぎない．実際の設計においては，使用限界状態を許容応力度設計法での長期と，また損傷限界状態を短期と対応させて，終局限界状態に対する安全率を設定しているのが現状である．

8.2.2 基礎の設計事項

基礎は，上部構造からの荷重を安全に支持し，地盤に伝達するための構造であって，上部構造に有害な変形や傾斜などを起こさないようなものでなければならない．したがって基礎の設計にあたっては，その種類のいかんにかかわらず，支持力ならびに変位量に関する検討を行って，次の条件を満たすことが必要である．

（i） 基礎に作用する荷重は，設定した限界状態における基礎の支持力を超えないこと．

（ii） その荷重のもとにおける基礎の変位量は，変位量の限界値を超えないこと．

ここに，基礎に作用する荷重としては，図8.4に示すように上部構造から伝わる鉛直荷重N，モーメントMおよび水平力Hが考えられる．しかし，通常の建築構造物では，剛度の大きい地中梁を設け，常時作用する荷重の場合，上部構造からのモーメントや水平力（＝柱のせん断力）は，柱脚間の基礎梁で処理することとし，基礎スラブには鉛直荷重のみが作用すると考えている（図8.5（a）参照）．なお基礎スラブの自重，

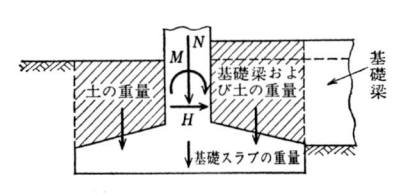

図8.4 基礎に作用する荷重

基礎スラブ上方の基礎梁および土の自重なども常時の鉛直荷重として加わる．傾斜地に建つ構造物で片側土圧を受けるような特殊な場合は，水平力が常時作用する．

また地震時や風・雪荷重などが作用する場合は，常時荷重のほかに，図8.5(b)のような鉛直荷重およびモーメントの増減分ならびに水平力が加わる．高層の建物の下部で，引張り力が常時の鉛直荷重を超える場合は，基礎荷重として引き抜き力をも考慮する．

上に述べた条件（ⅰ）における基礎の支持力は，地盤の破壊に基づく極限支持力（ultimate bearing capacity）を基準にして，設定する限界状態に応じて定められる．ただし，基礎に生ずる応力度が構造材料の許容応力度（allowable stress）を超えてはならない．直接基礎の鉛直支持力については9.2節を，杭基礎の鉛直支持力は10.3節を参照されたい．

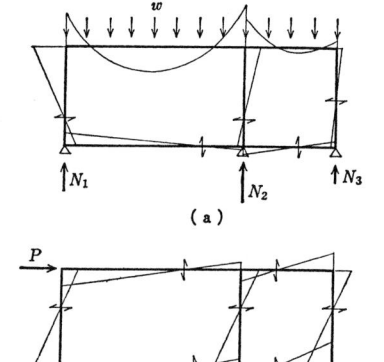

図8.5 上部構造に作用する外力と基礎への荷重

条件（ⅱ）は，これらの荷重（鉛直荷重，引き抜き力，水平力など）が作用した場合の基礎の変位量が，それぞれの限界変位量を超えないことを規定したものである．個々の基礎が相対的な変位を起こすと，上部構造には設計外の2次応力が生ずるから，できるだけ相対変位を小さくすることが望ましい．このような趣旨からの変位量の規制である．通常問題となるのは，常時の鉛直荷重の下での基礎の不同沈下量であって，この問題については9.3節および9.4節で解説する．地震時に水平力が作用した場合の水平変位量については，直接基礎の場合はほとんど問題とはならないが，杭基礎の場合は検討が必要である．10.4節を参照されたい．

8.3 基礎形式の選択条件

基礎を計画するにあたっては，まずどのような形式の基礎が最も適当であるかを判断して，選択する必要がある．ここでいう基礎の形式とは，8.1節で述べた基礎の分類のほか，各基礎の施工法の種類をも含めた広義のものとする．基礎形式の選択にあたっては，8.2節の設計方針を念頭におくほか，地盤条件，上部構造の条件，現場および環境の条件，施工法および経済性などを十分考慮して，総合的

に判断しなければならない．現実には，豊かな経験および高度の判断力を必要とする場合が多くて一律には説明しにくいが，選択にあたって考えねばならない基本的な条件について，以下に述べておく．

a．原則として，基礎は良質な地盤に支持させること　良質な地盤とは，支持力が大であって，かつ沈下が少ない地盤を意味する．地表近くまで良質な地盤が存在する場合は，その深さまで根切りを行って直接基礎とすることができる．一方，軟らかい粘性土層やゆるい砂質土層が厚く堆積している場合は，杭基礎を設けて，より深い位置にある良質な地盤まで荷重を伝達させる必要がある．しかし良質地盤が非常に深くて，基礎の施工が技術的に難しいか確実性に乏しい場合，上部構造に比べて基礎の施工費が不当に高くつく場合，また地盤沈下を生じている地盤において支持杭を採用すると，建物の浮き上がり現象や負の摩擦力による不同沈下現象を起こすことが予想される場合（10.3.6項参照）などは，この原則にとらわれることなく，浮き基礎（9.4.3項参照），摩擦杭や締固め杭（10.1.1項参照），あるいは地盤改良（8.6節参照）などを採用することがある．

b．上部構造の諸条件（規模・重量・形状・用途・構造・剛性など）を考慮すること　大規模な建物，重い建物，重要度の高い建物ほど，より信頼度の高い基礎形式を選ぶ必要がある．構造物の平面形が複雑であったり，一方向に長かったりするほど，また重量の配分が部分的に相違するほど，地中応力の分布が不均等となって，不同沈下が大きくなるおそれがある．上部構造が鉄筋コンクリート造である場合は，剛性が高くて不同沈下に対する抵抗もある程度期待できるが，不同沈下が限度を超すとひび割れを発生する．鉄骨構造の場合，剛性は低いが，不同沈下に対してはねばり強いという特性がある．

c．工事現場および環境から受ける工事上の制約を考慮すること　工事現場が都市計画区域内にある場合は，用途地域による制約がある．また騒音規制法や振動規制法に基づいて，都道府県知事が指定した規制区域があるので，注意しなければならない．規制区域内では，建設工事用機械の発する騒音や振動にきびしい制約があるので，打撃による杭や矢板の施工はほとんど不可能となる．一方で，埋込み杭や現場造成杭を採用した場合の廃土処理が近年深刻な問題となっている．そのため，廃土を減らした工法の開発も行われている．

施工機械や材料を現場へ搬入する道路についても，市街地では道路使用上の規制があるので，あらかじめ調査しておく．また施工法によって施工機械や付属設備の規模が異なるので，現場に十分なスペースがあるかどうか，電力や用水の供給が十分であるか，排水上の支障がないかなどを調べておかねば，選択した基礎

形式が机上だけのものとなる場合もある．

　なお現場の敷地境界に隣接して建物がある場合には，基礎工事によって隣接建物に不同沈下などの障害を与えないような基礎形式や工法を用いなければならない．また，将来隣接地に新しい建物の工事が行われることを予想して，その工事によって受ける影響も考えておくことが望ましい．

　d．基礎は，安全かつ確実に，また能率的に施工できるものでなければならないこと　　基礎は，工事現場の地盤条件や環境条件の下で，安全かつ確実に施工できるものを選ぶ必要がある．そのためには，工事に伴って生じやすい事故や工法上の欠点などをあらかじめよく調べておき，あわせて施工管理の方法も考えておく．工事現場の地盤中に旧建物の基礎が残留している場合には，撤去が可能かどうかが問題となる．撤去が不可能なら，基礎形式や工法の選択が難しくなる．また基礎は，予定の工事期間内に能率的に施工できるものでなければならない．工法の選択をあやまると，工事中にトラブルを起こしたりして，工期に大幅な遅れを生じさせてしまうことにもなる．

　e．無理のない範囲内で経済的であること　　基礎は上部構造の土台となる重要な構造であるから，経済性のみに重点をおいてはならない．経費を惜しんで施工した不完全な基礎が，不同沈下などの障害を起こした場合には，建物全体の寿命を縮める結果ともなることを，よく考えておくべきである．しかし建物全体としての工事規模や施工費と比較して，経済的に不釣合いな基礎となることも問題である．例えば低層の建物に対してあまりに長尺の杭を採用することは過剰設計とも考えられ，代替え工法を検討する必要がある．一方，環境の面から打込み杭を用いることが不可能であって，騒音や振動の低減工法を採用せねばならず，そのため基礎が割高となるような場合もある．無理のない範囲内でできるだけ経済的な工法を選択すべきである．

8.4　液状化に対する検討

　直接基礎の場合，地盤の液状化によって建物は傾斜しやすい．その事例と現象については3.3.2項で紹介したので，ここでは検討方法を文献[5]によって述べる．およそ以下のような条件にあてはまるゆるい砂質土層（沖積層）が，検討の対象となる．

　（ⅰ）　地表面からおよそ20m以内の深さにある．
　（ⅱ）　細粒土含有率が35%以下，かつ粘土含有率が20%以下である．
　（ⅲ）　地下水位以下にあって，水で飽和している．

ただし,兵庫県南部地震等では,埋立地等で細粒土含有率が35%以上のシルト,あるいは透水性の低い土層に囲まれた礫が液状化した例がある.震度の大きさとも考え合わせて判断する必要がある.

液状化の検討は以下の手順によって行う.

(a) 地震によって生じる地表面の最大加速度 a_{max} を想定し,地盤内の各深さに発生する等価な繰り返しせん断応力比を,次式によって計算する.

$$\frac{\tau_d}{\sigma_z'} = r_n \frac{a_{max}}{g} \frac{\sigma_z}{\sigma_z'} r_d \tag{8.3}$$

ここに,τ_d:水平面に生じる等価な一定繰り返しせん断応力(kPa)
(地震時に発生する不規則なせん断応力を,一定振幅とある波数をもつ等価なせん断力に置きかえたもの)

σ_z':検討深さにおける有効上載圧(kPa)

r_n:等価な繰り返し回数に関する補正係数で $r_n = 0.1(M-1)$.M は地震のマグニチュード.通常 $r_n = 0.65$ としてよい[6]).

a_{max}:地表面における設計用水平加速度(m/s^2).損傷限界検討時 1.5~2.0 m/s^2,終局限界検討時 3.5 m/s^2 程度を想定する.

g:重力の加速度(9.8 m/s^2)

σ_z:検討深さにおける鉛直全圧力(kPa)

r_d:地盤が剛体でないことによる低減係数で $r_d = (1 - 0.015z)$.z は地表面からの検討深さ(m)

(b) 地盤内の各深さにおける補正 N 値(N_a)を計算する.標準貫入試験の N 値は,相対密度のみならず有効上載圧とも関連する.また砂質土中の細粒分含有率によっても影響を受ける.これらの影響を補正する N 値として,次式が提案されている.

$$N_a = N_1 + \Delta N_f \tag{8.4}$$

ここに,N_1:換算 N 値(有効上載圧 98 kPa の場合に相当)

$$N_1 = N\sqrt{\frac{98}{\sigma_z'}}$$

ΔN_f:細粒土含有率に応じた補正 N 値増分で,図 8.6 による.

ただし,N 値はとんび法または自由落下法による値とし,コーンプーリ法による場合は 1~2 割割り引くこととする.

(c) 図 8.7 のせん断ひずみ振幅 $\gamma = 5$% より左方を液状化する領域,右方を非液状化の領域と想定する.$\gamma = 5$% の曲線を用いて,N_a に対応する飽和土

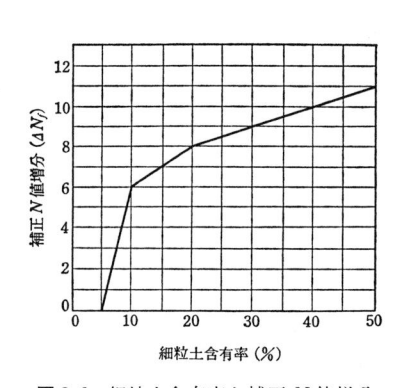

図 8.6 細粒土含有率と補正 N 値増分 (ΔN_f) の関係[5]

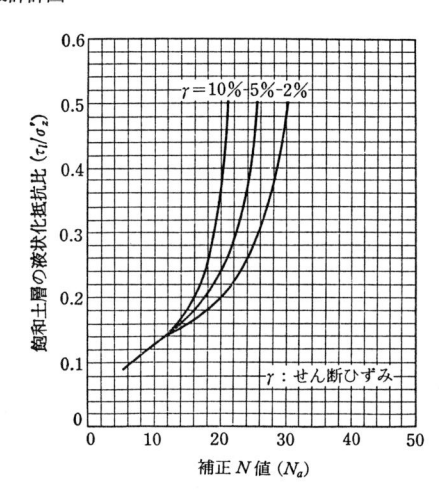

図 8.7 補正 N 値 (N_a) と飽和土層の液状化抵抗比 τ_l/σ_z' の関係[5]

の液状化抵抗比 τ_l/σ_z' を求める. τ_l は, 水平断面における液状化抵抗である.

(d) 各深さにおける液状化発生に対する安全率 F_l を, 次式で計算する.

$$F_l = \frac{\tau_l/\sigma_z'}{\tau_d/\sigma_z'} = \frac{\tau_l}{\tau_d} \tag{8.5}$$

F_l 値が 1 より大きい土層は液状化発生の可能性はないと判断される. 1 以下となる場合液状化の可能性があり, 値が小さいほど, またその層厚が厚いほど, 危険度が高くなる.

液状化防止のための具体的な対策としては, あらかじめ締固めによる地盤改良を行って, 砂の相対密度を増大させておく方法が一般的である. そのほか, 地盤中の縦方向に透水性の高い礫の柱を数多く配置しておいて, 地震時に発生する過剰間隙水圧を吸収し消散させる方法も考えられており, グラベルドレーン (gravel drain) と呼ばれている.

8.5 地盤沈下

軟らかい粘性土層を含む地盤上に盛土を行って敷地を造成した場合, または軟らかい粘性土層の下部にある透水層から継続的な地下水の汲み上げを行った場合, 粘性土の圧密による経年的な地盤沈下を生ずる. 地盤沈下の程度は地盤条件のほか, 盛土量や揚水量などの条件によっても異なるが, 海底粘性土上に埋立て

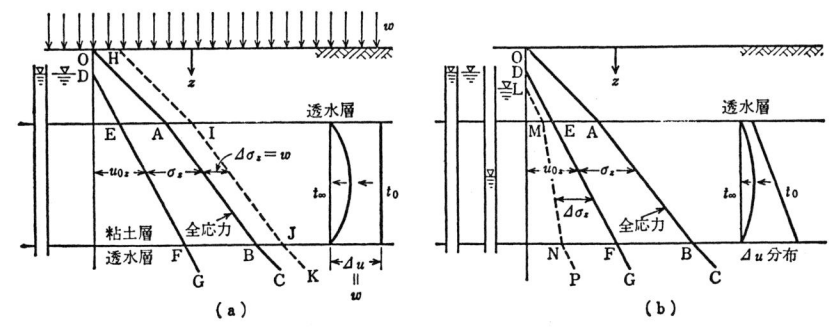

図 8.8　地盤沈下発生原因の説明

盛土を行って造成された地盤の例では，年間の沈下量が 0.1 m 以上，推定総沈下量が数 m に及ぶといった甚だしい場合もある．

図 8.8 に，盛土荷重および地下水汲み上げによる地盤沈下発生の原理を図示した．ただし，粘土層は正規圧密状態（4.1 節，9.3.3 項参照）にあるものとし，地盤中の全応力は OABC，間隙水圧の分布は DEFG によって表されている．それらの差 σ_z は有効圧である．このような地盤が一様な盛土荷重 w を受けた場合，同図 (a) に示すように，全応力は w だけ増加して HIJK の状態となる．4.2.2 項で述べたように，粘土層では w に等しい初期過剰間隙水圧が発生し，圧密が完了した時点で過剰間隙水圧 $\Delta u=0$，有効圧増分 $\Delta \sigma_z=w$ となる．同図右には過剰間隙水圧分布の推移を示した．図 4.6 (a) と比較参照されたい．

継続的な地下水の揚水によって，粘土層上下の透水層の水位が低下し，この状態が十分な時間継続して圧密が完了した場合を想定すると，間隙水圧の分布は図 8.8 (b) LMNP 線のようになり，EF 線から MN 線までの差量は有効圧の増分 $\Delta \sigma_z$ となる．したがって，圧密過程の過剰間隙水圧 Δu の分布は，同図右に示したように，$\Delta \sigma_z$ に等しい台形分布から推移してゆくとみてよい．図 8.8 の各図において圧密過程にある地盤は圧密未了状態（後述の図 9.19）に当たる．このような圧密未了地盤上にある建物の沈下は，地盤沈下量に建物荷重による沈下がプラスされると考えればよい．したがって，建物直下の地盤条件が不均等な場合は地盤沈下量も一様でないから，建物の不同沈下にも影響を与えることとなる．

8.6　地 盤 改 良

8.6.1　地盤改良の目的と原理

軟弱な地盤の支持力を増加させ，また沈下を抑制するために，土に締固め・脱

水・固結・置換などの処置を施して，地盤自体の力学的性質を改善することを，地盤改良（soil stabilization）という．

沖積層の軟弱な地盤では，土のせん断強さが小さく，かつ圧縮性が大であるため，基礎フーチングを直接支持させることは通常不可能である．杭基礎を採用したとしても，杭の横抵抗は小さい（10.4.4項参照）．砂質土地盤であれば，3.3.2項で述べたように地震時に液状化現象を起こすおそれがある．粘性土地盤では根切り工事でヒービングを生じて掘削が困難となることも考えられるし（11.7節参照），地盤沈下によって杭に大きな負の摩擦力が作用したり，建物が浮き上がったりするおそれがある（10.3.6項参照）．これらの傾向は，臨海地帯で新しく埋立てられた人工造成地盤の場合，とくに深刻なものとなる．このような種々の場合の対策として，地盤を改良する方法が考えられてきた．

砂のせん断強さは，式（5.13）に示したように $\tan\phi$ に比例するものであって，砂の相対密度に関係する．変形量についても，図8.9にみられるように締まった砂ほど $e \sim \log p$ 曲線の勾配が小さくて圧縮性が小さい．したがって，相対密度を高めることが砂地盤の改良の原則となる．しかし，静的荷重で圧縮することは，粒状構造の抵抗を受けつつ図8.9の曲線を右方へ辿ることになり，加力エネルギーの割には改良効果が低い．振動や衝撃を与えて砂の粒状構造を一時的に破壊すると，同図の矢印の方向に間隙比が減少し，より密な粒状構造が再編成される．

したがって，砂地盤の場合衝撃や振動を与える機械的な締固め法が効果的であることがわかる．

砂地盤の改良のもう1つの方法は，砂粒子を相互に固結させることである．粒状構造は間隙が大きいから，その間隙にセメントミルクや薬液などの固結材を注入することによって，この方法が可能となる．透水係数を減少させて遮水する目的にも適用できる．

粘性土は間隙が小さくて，透水性が低い．したがって砂地盤の場合の機械的な締固め法や固結法は不適当であって，脱水することによる密度の増加をはかる必要がある．式（4.9）から推察されるように，ある深さにある粘土が圧密に要する時間は排水層までの距離の2乗に比例す

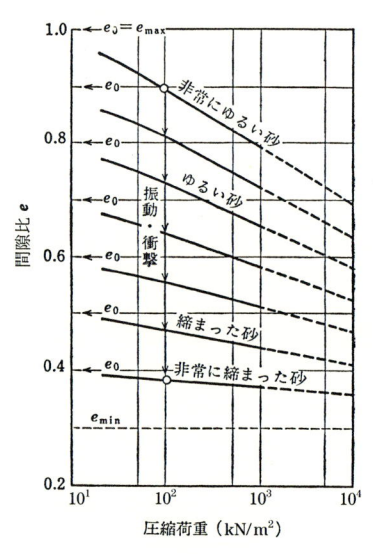

図8.9 砂の締固め特性[7]

る．したがって，建物の建設以前の段階で人工的に鉛直排水路を密に設けておき，仮設の静的な荷重を加えることによって圧密を促進させる方法がとられている．建物建設以前のある期間，建物荷重に近い盛土荷重をかけて事前圧密させておけば，圧密沈下量を大幅に減ずることができる．同時に圧密応力に比例して粘性土のせん断強度は増加する（図5.14参照）．

8.6.2 地盤改良の方法と留意事項

建築物の基礎用，あるいは施工時の仮設用として，代表的と思われる工法名を表8.1にあげておいた．各工法の詳細については，文献[8]~[11]などを参照されたい．以下には，概説的な説明と留意事項などについて述べておく．

（ⅰ） 締固めの各工法は，いずれも振動または打撃力によるものであって，三角形状あるいは正方形状に群杭的に配置して施工される．これらのほか，ローラー車による展圧法やランマーによる締固め法もあるが，改良効果の範囲が浅く，表土層の締固め用と考えられたい．

（ⅱ） 脱水工法のうち，プレローディング工法，サンドドレーン工法，ボード系ドレーン工法などは，それぞれ単独では改良効果が遅い．通常は，図8.10に示すようにプレローディングとドレーン工法を併用することで，改良時間の短縮をはかっている．石灰杭工法は，根切り工事におけるヒービング対策などの仮設としての使用が主である．脱水工法は，いずれも時間を十分かけなければ効果が少

表8.1 代表的な地盤改良工法

分類	工法名	備考
締固め	バイブロフローテーション工法	砂質土用，水平振動・水締め，砂・砕石等充てん
	サンドコンパクションパイル工法	砂質土用，鉛直振動・砂圧入（粘性土には複合効果）
	締固め杭工法	砂質土用，節杭打撃貫入，砕石充てん（10.1節参照）
	重錘落下工法	砂質土用，大重錘の高所からの落下
脱水	ウェルポイント工法	砂質土・混合土用，真空ポンプ使用（11.8.2項参照）
	電気浸透法	粘性土用，通電集水作用（11.8.2項参照）
	プレローディング工法	粘性土用，荷重（仮設盛土等）による事前圧密
	サンドドレーン工法	粘性土用，排水径路短縮による事前圧密
	ボード系ドレーン工法	
	石灰杭工法	粘性土用，生石灰の吸水膨張性の利用
	グラベルドレーン工法	砂質土用，液状化防止（3.3.2項参照）
固結	グラウト工法	砂質土用，セメントミルク・薬液など注入材の固結
	深層混合処理工法	粘性土・砂質土用，ソイルセメント状の群杭を造成
	凍結工法	砂質土・粘性土用，間隙水の凍結，仮設用
置換	掘削置換工法	粘性土対象，良質砂質土と置換

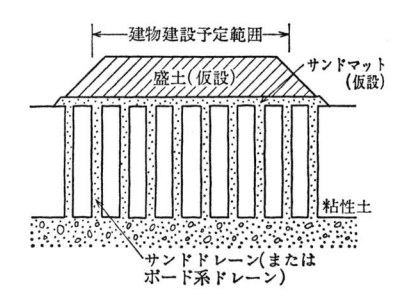

図 8.10 プレローディングとドレーン工法の併用

ない．改良に要する時間をあらかじめ検討して，建設工事以前にゆとりのある改良工程を組み込んでおく必要がある．

（iii）固結工法のうちグラウト工法は，セメントミルクのほか各種の薬液がグラウト材として開発されてきた．しかし現在では，水に溶融して地下水を汚染するおそれがあることから，薬液としては水ガラス系で劇物やフッ素化合物を含まないもの以外の使用は禁じられている．深層混合処理工法は，土とソイルセメント杭などからなる複合地盤としての考え方によるもので，改良効果が大きいことや，環境への影響が少ないことから，広く用いられている．凍結工法は，根切り工事における地盤の安定や遮水などを目的とした仮設用のものである．

（iv）置換工法は，軟らかい粘性土を良質の砂質土に置きかえる方式のものであるが，建築工事用としては大規模な工事は無理であり，軟弱層が薄い場合の掘削置換工法に限られよう．

（v）地盤改良は，工法の選定，実際の施工方法，施工管理の仕方などで，結果に大きな差が生じてくる．また改良効果の確認が難しいことも難点である．サンプリングやサウンディングによって，改良前と改良後の土性を調査し比較検討して，効果の程度を十分確かめることが大切である．

9. 直接基礎の設計

9.1 設計の基本事項

　直接基礎が採用されるのは，原則的には良質地盤が地表近くまであって，基礎フーチングを直接その良質地盤に設置できる場合に限られる．しかし建物の規模にも関係することであって，現実的にはおよそ以下のような場合に採用されているといえよう．
　（i）　$N>30$ の密な砂質地盤，あるいは $N>10$ の堅い粘性土地盤が続く場合．
　（ii）　低層階の建物であって，正規圧密状態の粘性土層の上にある上部砂質土層に支持させる場合．ただし上部砂質土層は $N>10$ で，ある程度以上の厚さがあること．
　（iii）　ゆるいまたは軟らかい地盤を地盤改良した場合．
　（iv）　比較的軟弱な粘性土地盤において，べた基礎を採用し浮基礎として設計する場合．
　以下には，直接基礎を設計するに当たっての基本的な事項を述べておく．
　（a）　直接基礎の底面は，温度や水位などの変動による土の体積変化，雨水などによる洗掘その他の影響を受けない深さまで下げなければならない．
　地表に近い部分は，気温の変化によって凍結と融解を，水位の変動によって乾燥と湿潤を繰り返し，土の体積に変化を与える．とくに北海道地方では，シルト質地盤の凍結による凍上現象がみられる．また砂質土地盤や傾斜した敷地などにおいて，雨水などが浸透して土を締め固めたり，豪雨時に土を洗掘したりするおそれのある場合もあるので，基礎底面を十分深くしておく必要がある．基礎梁を設置する関係で，その梁せい以上は根入れする必要があり，少なくとも 1 m 前後は基礎底面を下げているが，通常はこの程度で十分と考えられる．
　（b）　直接基礎を設計する場合は，接地圧および沈下量が要求性能に応じた限界値以下に収まるものでなければならない．ただし，基礎底面以下の砂質土地盤

が，地震時において液状化を起こすおそれのある場合は，その影響を検討しておかねばならない．

　フーチングは土に対して十分剛であるから，図6.15で説明したように，接地圧は本来不均等な分布である．しかし便宜上，中心荷重のもとでの接地圧は，平面的に均等分布するものと仮定して，フーチングの設計を行う．支持力としては，上記の（ⅰ）の場合は特に問題はないが，（ⅱ）の上部砂質土層に支持させる場合には，2層問題としての検討も必要となってくる．（ⅲ）の地盤改良を行った場合は，改良後の土質定数を適確につかんで，支持力を検討しなければならない．また（ⅳ）の粘性土地盤においてべた基礎とする場合でも，支持力が不十分であればサイロが円弧すべりを起こして倒壊したような例がある．しかし，浮基礎とする場合（9.4.3項参照）は，粘性土地盤の実質的な増加応力が小さいため，支持力的に安全な設計が可能である．

　直接基礎の沈下は，（ⅰ）の場合において底面以下$2B$（B：短辺長さ）の範囲の地盤が砂質土地盤であるか，過圧密粘土である場合には，即時沈下がほとんどと考えてよい．荷重度qが一様であれば即時沈下量はBに比例する（9.3.2項参照）と考えられることから，同一建物でフーチングの大きさにかなりの不同がある場合には，不同沈下を生ずるおそれがあるので，注意を要する．（ⅱ）の上部砂質土層に支持させる場合は，即時沈下よりも下部粘土層の圧密沈下が支配的となる．ある基礎iの圧密沈下量の算定に当たっては，基礎iの荷重による応力のみならず，他の基礎の荷重から伝達される応力も考慮しなければならない．例えば図9.1における層厚Hの粘土層中央深さでの応力増分$\Delta\sigma_i$を求めるには，式(6.6)を$P_1 \sim P_n$に適用して加算する．（ⅳ）のべた基礎の場合はBが大きく，沈下に影響する応力圏は地盤深くまで及ぶ．ゆえに，浮基礎としての考え方を導入するのが得策である．

　（c）　直接基礎に水平力が作用するときには，基礎のすべりに対する検討を行わなければならない．

　基礎フーチングに長期の水平力が作用するような場合はほとんどないとみてよい．したがって，水平力は地震時を想定した短期的なものと考える．この検討法については，9.6節で述べる．

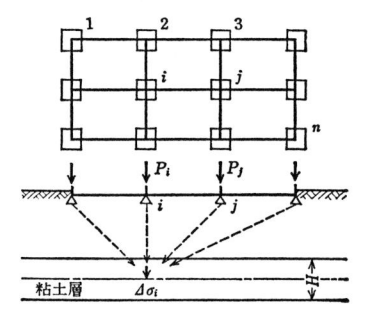

図9.1　各基礎荷重による粘土層の応力増分

9.2 鉛直支持力

9.2.1 鉛直荷重による地盤のせん断破壊

直接基礎の基礎スラブに鉛直方向の荷重を加えた場合，スラブ底面の単位面積当たりの荷重度 q とスラブの沈下量 S との関係曲線は，図9.2に示すようである．このような荷重度~沈下量曲線は，地盤の圧縮とせん断破壊によって生ずるものであるが，土質の条件によって以下のような特性がみられる．

かなり密な砂質土地盤またはかなり堅い粘性土地盤では，A曲線のような性状を示す．すなわち，荷重度の小さい範囲における沈下量は比較的小さいが，荷重度の増加につれて沈下量は次第に増加し，c_1 点に達すると地盤は破壊して沈下量はどんどん進行する．この時の荷重度 q_d を地盤の極限支持力度（ultimate bearing capacity of soils）という．また，A曲線のような特性をもった破壊形式を全般せん断破壊（general failure）と呼んでいる．

ゆるい砂質土地盤または軟らかい粘性土地盤ではB曲線に示すようであって，A曲線に比べると沈下量がはるかに大きい．このような場合，支持力の限界は押えにくいが，荷重度~沈下量曲線が初期の曲線状からほぼ直線上へと移行する c_2 点の荷重度 $q_d{}'$ をもって，地盤の極限支持力度とする．B曲線のような特性をもった破壊形式を局部せん断破壊（local failure）と呼ぶ．

このような地盤の支持力の解析法としては，Prandtl-Terzaghi系の対称型破壊形の考え方と，Fellenius-Tschebotarioff系の回転破壊形の考え方の2つがある．

a．対称型破壊形　地盤の支持力の解析法の多くは，Prandtl（1921年）の解が基本となっている．しかしCoulombの式（5.1）を厳密に満足し，土の重量，根入れ深さ D_f，フーチング底面の実際の応力分布までを考慮した一般解は得られていない．Prandtlの解を参考として，現在の実用的な支持力式の形にまでまとめたのは，Terzaghi[1]であった．

このようなPrandtl-Terzaghi系の想定した地盤のせん断破壊は対称型の塑性すべり状態のものであって，連続フーチングの場合図9.3に示すようである．まずフーチングが地表面に設けられ，かつフーチングの底面が完全に滑らかであって，土との間に摩擦力および粘着力が働かない場合には，同図(a)のような塑性すべりの状態が考えられている．またフーチングの底面が完全に粗であって，底面直下の土の側方への拡がりが拘束される場

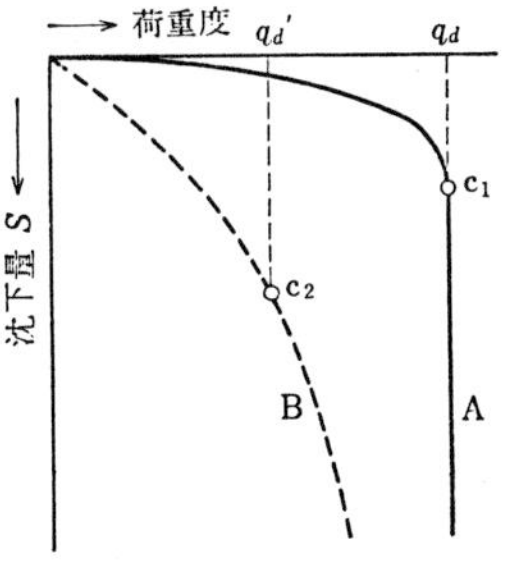

図9.2　荷重度~沈下量曲線

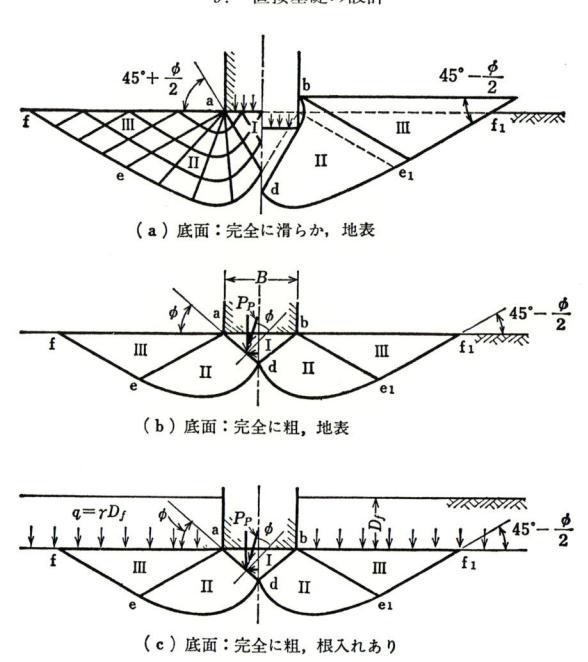

図9.3 地盤の対称型破壊状態

(a) 底面：完全に滑らか，地表
(b) 底面：完全に粗，地表
(c) 底面：完全に粗，根入れあり

合には，同図 (b) のようになる．

　塑性すべりの領域は3つの部分からなっている．同図 (a) の領域Ⅰは，底面が完全に滑らかな場合，Rankine の主働状態(5.4.2項参照)にあって，すべり線が地表面となす角度は $45°+\phi/2$ となる．一方，同図 (b) の底面が完全に粗である場合には，土の側方への動きが拘束されるため，水平面と ϕ の角度をもったくさび型の土塊Ⅰが弾性的なつり合い状態を保ったまま，下方へ変位する．領域Ⅱは，同図の (a)，(b) とも放射状せん断領域であって，フーチングの外端から放射状に走るすべり線群およびこれらと交叉する扇形状のすべり線群からなる．底面が完全に粗の場合，領域Ⅰの d 点が鉛直下方に移動するため，すべり線 de は d 点において鉛直な接線をもつこととなる．また，領域Ⅲは ae 面からの土圧によって生じ，Rankine の受働状態にある．

　基礎フーチングは，通常地表面から根入れ深さ D_f の位置に設置される．このような場合は，図 9.3 (c) に示すように，フーチング底面以上の土の重量 $q=\gamma D_f$ が，同図 (b) の破壊状態に対して押さえ荷重として作用するものと近似的にみなしている．

9.2 鉛直支持力

Terzaghi は，現実のフーチング底面は完全に粗に近いとみなして，連続基礎の全般せん断破壊時における以下のような支持力式を導いた．

$$q_d = cN_c + \frac{1}{2}\gamma B N_\gamma + \gamma D_f N_q \tag{9.1}$$

ここに，q_d：地盤の極限支持力度（kN/m²）
　　　　c：粘着力（kN/m²）
　　　　γ：単位体積重量（kN/m³）
　　　　B：基礎フーチングの幅（m）
　　　　D_f：基礎の根入れ深さ（m）
　　　　N_c, N_γ, N_q：支持力係数（ϕ の関数，図9.4の実線参照）

式 (9.1) より，地盤の極限支持力度は，土の粘着力に関する項（第1項），フーチングの幅に関する項（第2項）およびフーチングの根入れ深さに関する項（第3項）の3つの要素から成り立っていることがわかる．なお，粘性土地盤における根入れのないフーチングの場合には，$\phi=0$，$N_\gamma=0$，$D_f=0$ であり，式 (9.1) は次式のようになる．

$$q_d = 5.7c \tag{9.2}$$

一方，局部せん断破壊の場合は，図9.3の領域IIIにまで塑性状態が発達する以前の段階で，フーチングの沈下がかなり進行していく状態であって，進行性破壊 (progressive failure) の状態ともいわれる．Terzaghi は，局部せん断破壊時の地盤の支持力度 $q_d{}'$ について次式を提案した．

$$q_d{}' = \frac{2}{3}cN_c{}' + \frac{1}{2}\gamma B N_\gamma{}' + \gamma D_f N_q{}' \tag{9.3}$$

この式では，式 (9.1) に対して c の代わりに $(2/3)c$ および支持力係数中の $\tan\phi$ の代わりに $(2/3)\tan\phi$ と評価している．支持力係数 $N_c{}'$, $N_q{}'$, $N_\gamma{}'$ については，図9.4の破線を参照されたい．

b. 回転破壊形　実際の地盤はかなり不均質なものであるから，a. に述べた対称型の破壊は，フーチングの沈下が鉛直方向にのみ生ずるよう規制されない限り，生じにくいと考えられる．これに対して，過去に起こったタンクなどの基礎の破壊が回転的であったことから，円弧状

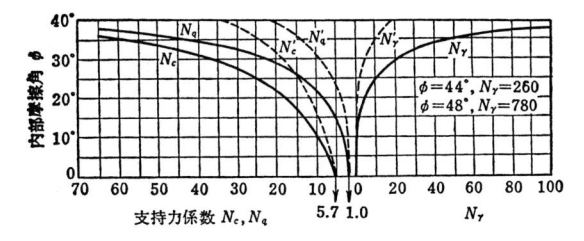

図 9.4　内部摩擦角と支持力係数の関係[1]

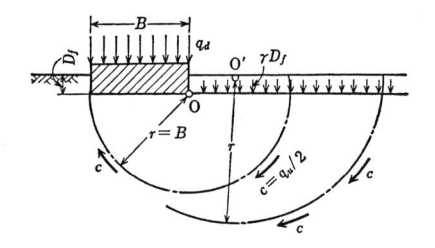

図 9.5 粘性土地盤の回転破壊状態

のせん断破壊面を想定する考えがある．このような破壊現象は粘土地盤においてみられるところから，粘土地盤を対象として Fellenius, Tschebotarioff[2] その他によって考察された．

図 9.5 に示すように，幅 B で根入れ深さ D_f の連続フーチングの端 O 点に円弧すべりの回転軸があるものとすると，すべり面にそって粘着力 c が抵抗するから，O 点に対する単位長さ当たりのモーメントのつり合いは次のようになる．

$$q_d \frac{B^2}{2} = c(\pi B + D_f)B + \gamma D_f \frac{B^2}{2}$$

$$\therefore \quad q_d = c\left(2\pi + \frac{2D_f}{B}\right) + \gamma D_f = 6.28c\left(1 + 0.32\frac{D_f}{B} + 0.16\frac{\gamma}{c}D_f\right) \quad (9.4)$$

したがって，$D_f=0$ の場合には

$$q_d = 6.28c \quad (9.5)$$

となる．しかし Fellenius によると，q_d が最小となる最も生じやすい円弧すべりの回転軸は，O 点から少し離れた O′ 点にあって，q_d は次のようになる．

$$q_d = 5.52c \quad (9.6)$$

この値は式 (9.2) の値とほぼ等しい．

Tschebotarioff は，式 (9.6) の値に基づいて，短辺長さ B (m)×長さ L (m) の辺長をもった長方形フーチングの極限支持力として，次式を提案している．

$$q_d = 5.52c\left(1 + 0.38\frac{D_f}{B} + 0.44\frac{B}{L}\right) \quad (9.7)$$

9.2.2 鉛直支持力の算定法

直接基礎の極限鉛直支持力は，(ⅰ) 支持力式によって算定する方法，または，(ⅱ) 平板載荷試験を行い，その結果によって算定する方法で求められる．以下，これらの方法について説明する．

a．支持力式による算定法　　文献[3] では，Terzaghi が導いた連続フーチングの全般せん断破壊時における支持力式 (9.1) を基本として，基礎の形状および荷重の傾斜・偏心に対する補正係数を導入した次式の極限鉛直支持力式が提案されている．

$$R_d = q_d A = (i_c \alpha c N_c + i_\gamma \beta \gamma_1 B \eta N_\gamma + i_q \gamma_2 D_f N_q)A \quad (9.8)$$

ここに, R_d：直接基礎の極限鉛直支持力（kN）
　　　q_d：単位面積当たりの極限鉛直支持力度（kN/m²）
　　　A：基礎の底面積（m²），荷重の偏心がある場合は式（9.17）の A_e を用いる
　　　N_c, N_γ, N_q：支持力係数
　　　c：支持地盤の粘着力（kN/m²）
　　　γ_1：支持地盤の単位体積重量（kN/m³）
　　　γ_2：根入れ部分の土の単位体積重量（kN/m³）
　　　　（γ_1, γ_2 は，地下水位以下の場合は水中単位体積重量を用いる）
　　　α, β：表 9.1 に示す基礎の形状係数
　　　η：基礎の寸法効果による補正係数
　　　i_c, i_γ, i_q：荷重の傾斜に対する補正係数
　　　B：基礎の短辺幅（m），荷重の偏心がある場合は式（9.15）の B_e を用いる
　　　D_f：根入れ深さ（m）（図 9.7 参照）

支持力係数 N_q, N_c は，それぞれ Prandtl と Reissner によって剛塑性論に基づいて正解が得られており，式（9.9）および式（9.10）となる．また N_γ は基礎底面の粗さによって異なるが，Meyerhof の提案した式（9.11）が安全側にあるとして採用されている．ただし，$\phi > 40°$ ではいずれの支持力係数も過大となることから，$\phi = 40°$ の値で一定値とする．

$$N_q = \frac{1+\sin\phi}{1-\sin\phi}\exp(\pi\tan\phi) \quad (9.9)$$

$$N_c = (N_q - 1)\cot\phi \quad (9.10)$$

$$N_\gamma = (N_q - 1)\tan(1.4\phi) \quad (9.11)$$

砂地盤では基礎幅が大きくなると，拘束圧依存性による ϕ の低下や進行性破壊の影響によって，N_γ が低下する傾向がある．この低下を補正するため，式（9.8）の第2項には，実験結果に基づいた次式の補正係数が導入されている．ただし，$B_0 = 1$ m とする．

$$\eta = \left(\frac{B}{B_0}\right)^{-1/3} \quad (9.12)$$

また，基礎底面に作用する荷重が傾斜あるいは偏心している場合は，Meyerhof の提案による以下

表 9.1　形状係数

基礎底面の形状	連続	正方形	長方形	円形
α	1.0	1.2	$1.0 + 0.2\dfrac{B}{L}$	1.2
β	0.5	0.3	$0.5 - 0.2\dfrac{B}{L}$	0.3

L：長方形の長辺長さ．

の式に従って支持力を補正することとしている．図9.6を参照されたい．

$$i_c = i_q = \left(1 - \frac{\theta}{90}\right)^2 \tag{9.13}$$

$$i_\gamma = \left(1 - \frac{\theta}{\phi}\right)^2 \quad (\theta > \phi \text{ の場合は } i_\gamma = 0) \tag{9.14}$$

$$B_e = B - 2e_x \tag{9.15}$$

$$L_e = L - 2e_y \tag{9.16}$$

$$A_e = B_e L_e \tag{9.17}$$

ここに，θ：荷重の傾斜角（度）
　　B_e：基礎の短辺有効幅（m）
　　L_e：基礎の長辺有効幅（m）
　　A_e：基礎の有効面積（m²）
　　e_x：短辺方向の偏心距離（m）
　　e_y：長辺方向の偏心距離（m）

粘性土の場合は，乱さない試料についての一軸圧縮強度 q_u から $c = q_u/2$ を求め，$\phi = 0°$ とおいて式 (9.8) を適用する．一方砂質土については，乱さない試料の採取が一般に困難であるので，標準貫入試験の N 値から次式によって ϕ の値を推定している．この場合，$c = 0$ と仮定する．

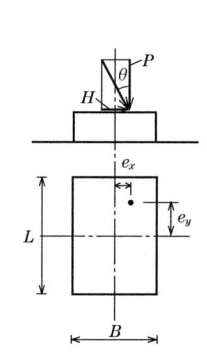

図9.6 荷重の傾斜・偏心がある場合

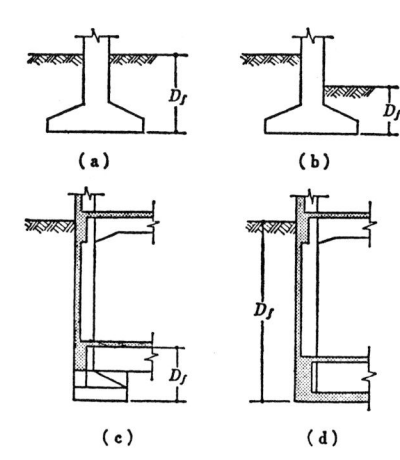

(b) 地表面に高低差のある場合，(c) 地階床スラブに接地圧を考慮しない場合，(d) べた基礎の場合．

図9.7 D_f のとり方[3]

9.2 鉛直支持力

$$
\begin{aligned}
&\text{Dunham の式}^{4)} \quad \text{a.} \quad \phi=\sqrt{12N}+15 \quad (\text{丸い一様な砂}) \\
&\qquad\qquad\qquad \text{b.} \quad \phi=\sqrt{12N}+20 \quad (\text{丸い配合のよい砂}\cdot\\
&\qquad\qquad\qquad\qquad\qquad\qquad\qquad\qquad\qquad \text{角張った一様な砂}) \\
&\qquad\qquad\qquad \text{c.} \quad \phi=\sqrt{12N}+25 \quad (\text{角張った配合のよい砂}) \\
&\text{Peck らの式}^{5)} \qquad \phi=0.3N+27 \\
&\text{大崎の式}^{6)} \qquad\quad \phi=\sqrt{20N}+15
\end{aligned}
\qquad (9.18)
$$

なお式 (9.18) の値を図 9.8 に図示しておいた．

以上の支持力式は，一様な地盤におけるものである．基礎フーチング下の地盤の応力影響圏（正方形フーチングの場合，$2B$ の深さまで）内に，土性の異なる下部層が存在する場合には，下部層の土性の影響を受けることを考えねばならない．このような2層地盤における支持力の取り扱いについては，山口の略算法[7]などの研究を参照されたい．

b. 平板載荷試験の結果によって算定する方法　　地盤の支持力を直接測定するための地盤調査法として，平板載荷試験（plate loading test）があり，地盤工学会の基準[8] が設けられている．ここでは平板載荷試験の実施要領の概要を述べ，その結果に基づいて支持力を算定する方法を紹介する．

基礎フーチングを設置する予定深さまで，2.0 m 角以上の面積にわたって根切りを行い，根切り面を平滑にした上で，直径 0.3 m の円形載荷板（鋼製，板厚 25 mm 以上）を設置する．載荷装置は，例えば図 9.9 のようであって，ジャッキによって載荷板中央に加力できるようにする．反力は，同図のようにアンカーの引き抜き抵抗によるか，地表面上に支持させた載荷梁の上に荷重を積んでもよい．反力点（アンカー位置または荷重を積んだ載荷梁の支持点）は，載荷板の中心から 1.5 m 以上離して対称に配置する．載荷板中心および反力点から 1.0 m 以上離した位置に基準杭を打ち込み，基準梁を架け渡す．載荷板の対称な位置に，原則として4個の変位計（1/100 mm 目盛，測長 30 mm 以上のダイヤルゲージ，あるいは同等の性能の変位計）を設置する．

計画最大荷重は，極限支持力の推定値を目標として定める．計画最大荷重を5〜8段階に等分割して荷重階を定め，各荷重階において荷重を 30 分程度の一定時間保持する．試験方式は，1サイクルおよび多サイクル試験があ

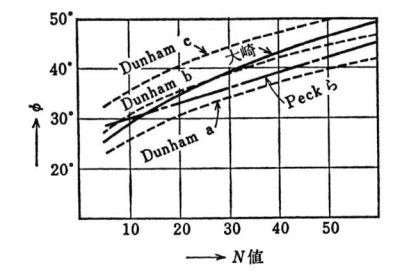

図 9.8　N 値と ϕ の関係

図 9.9 平板載荷試験の装置

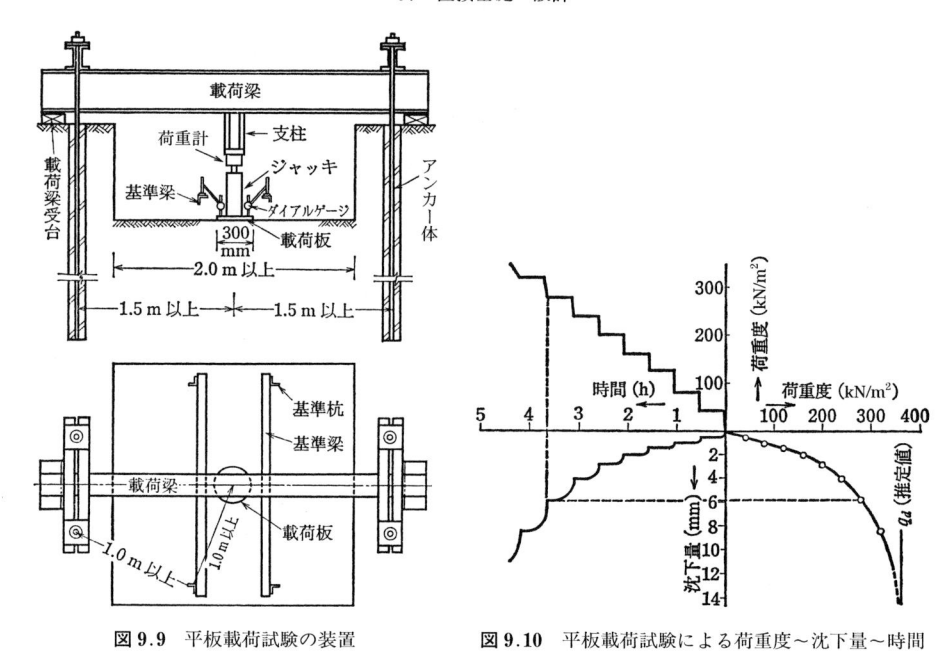

図 9.10 平板載荷試験による荷重度～沈下量～時間曲線

って，図10.37に準ずる．沈下量の測定時間は，原則として各荷重階到達後0，1，2，5分および以後5分ごととする．荷重は，ロードセルまたはプルービングリングによって測定する．載荷が計画最大荷重に達するか，計画最大荷重以下であっても極限荷重に達したと判断できれば，試験を終了する．

試験結果は，1サイクル試験の場合図9.10のように図示され，極限支持力度を判定する．多サイクル試験の場合は，図10.38に準ずればよい．しかし，現実の載荷試験において，最大荷重が極限荷重に達せず，極限支持力の推定に困る場合がある．そこで文献[3)]では，載荷試験での最大荷重度 q_t から，次式によって支持力係数を算出して，式 (9.8) に適用する方法を推奨している．

$$\text{粘土地盤の場合} \quad cN_c = \frac{q_t}{\alpha_t} \tag{9.19}$$

$$\text{砂質地盤の場合} \quad \gamma_1 N_\gamma = \frac{q_t}{\beta_t B_t} \tag{9.20}$$

ここに，α_t，β_t は載荷板の形状係数，B_t は載荷板の幅（円形の場合は直径）である．なお，砂質地盤の場合は，式 (9.12) で $B_0 = B_t$ として寸法効果の補正を行う必要がある．

9.2 鉛直支持力

平板載荷試験を行う場合，同時に土質試験を行っていないことが多い．したがって，基礎の根入れに関する式 (9.8) の N_q については，表9.2に示すように地盤を3種に大別して，安全側の値を用いることを推奨している．

以上の平板載荷試験結果の適用にあたっては，基礎フーチングの底面以下，応力影響圏内の土性が一様であることを確かめておかねばならない．図9.11にみられるように，直径0.3mの載荷板と基礎フーチングとでは，同じ荷重度であった

表9.2 平板載荷試験結果を用いる場合の N_q の推奨値[3]

支持地盤	ϕ の下限値	N_q の推奨値
密実な砂質土	30°	15
密実以外の砂質土	20°	6
粘性土	0	1

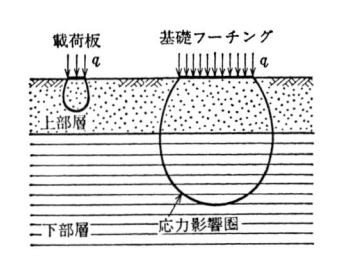

図9.11 応力影響圏と2層地盤

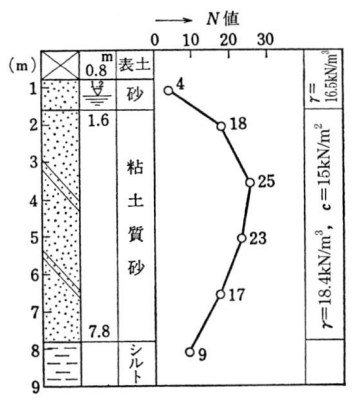

図9.12 演習問題9.1の地盤

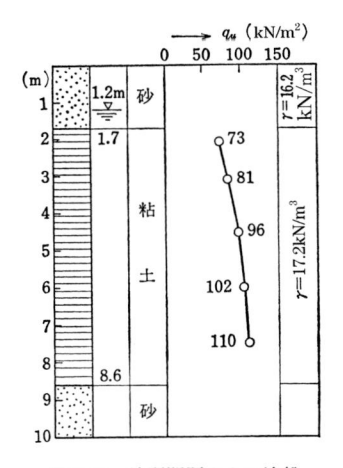

図9.13 演習問題9.2の地盤

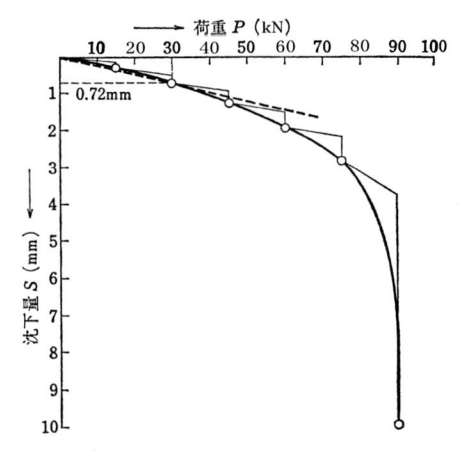

図9.14 演習問題9.3における平板載荷試験結果

としても応力影響圏には大きな開きがある．基礎フーチングの応力影響圏が下部層に及ぶ場合には，上部層の土質のみに関係した平板載荷試験の結果をそのまま適用することは妥当でないことがわかるであろう．

【演習問題 9.1】 図 9.12 に示す地盤において，底面 $2.7\,\mathrm{m} \times 3\,\mathrm{m}$ の独立フーチング基礎を $\mathrm{GL}-2.0\,\mathrm{m}$ に置くことにした．極限鉛直支持力を求めよ．ただし，荷重の傾斜・偏心はないものとする．

【演習問題 9.2】 図 9.13 の粘土地盤において，$\mathrm{GL}-2.0\,\mathrm{m}$ に連続フーチング基礎（幅 $B = 2.5\,\mathrm{m}$）を設けるものとする．極限鉛直支持力度を計算せよ．ただし，荷重の傾斜・偏心はないものとする．

【演習問題 9.3】 丘陵地の一様な硬質粘土層中の根切り底（$D_f = 1.5\,\mathrm{m}$）において，平板載荷試験（平板の大きさ：$0.3\,\mathrm{m}$ 角）を行った結果，図 9.14 を得た．正方形の独立フーチング基礎を採用する場合の極限鉛直支持力度を求めよ．ただし $\gamma = 18\,\mathrm{kN/m^3}$ であり，地下水位は十分に低いものとする．

9.3 沈下量の算定

9.3.1 基礎の沈下

基礎の沈下を検討するにあたっては，基礎から地盤に荷重を伝達する面を，図 9.15 のように想定し，地中応力を算定する．この面を基礎荷重面と呼ぶ．杭基礎の場合の等価荷重面の想定においては，便宜的に，支持杭については，周面の摩擦抵抗を無視して先端面に荷重がそのまま伝わるものと考え，摩擦杭については，周面摩擦力度 f が深さに 1 次的に比例した三角形分布（合力点は先端から $L/3$ の位置，L：杭長さ）であり，かつ先端抵抗は 0 であると仮定している．

構造物からの鉛直荷重によって，基礎荷重面以下の地盤には有効応力の増分 $\Delta\sigma_z$ が発生し，土の圧縮性に応じて沈下を生ずる．4.1 節で述べたように，土の圧縮は間隙比 e の変化量 Δe に基づくものであるが，e も Δe も深さによって異なる．ゆえに基礎の沈下量 S は，式 (4.3) を深さの微小区間 dz に適用して，次式のようになる．

$$S = \int_0^\infty \frac{\Delta e}{1+e_1}\,dz = \int_0^\infty \frac{e_1 - e_2}{1+e_1}\,dz \quad (\mathrm{m}) \tag{9.21}$$

ここに，z：沈下量を算定する点より鉛直下方へ測った深さ (m)

Δe：深さ z における間隙比の変化量

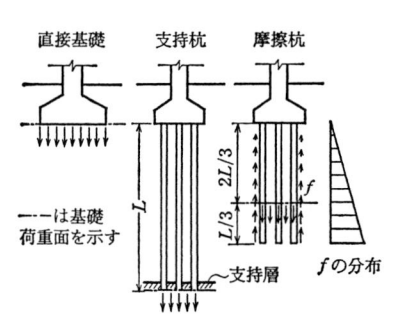

図 9.15 基礎荷重面

e_1：建物建設前の z 点の鉛直有効応力度 σ_{1z} に対応する間隙比

e_2：建物建設後の z 点の鉛直有効応力度 σ_{2z} に対応する間隙比

なお式 (9.21) による基礎の沈下量は，発生する時間の相違によって次式の2成分に分けることができる．

$$\text{沈下量} = \text{即時沈下量} + \text{経時沈下量} \tag{9.22}$$

載荷とほとんど同時に生ずる沈下量を，即時沈下量（immediate settlement）という．4.2節で述べた圧密沈下量は，載荷後に時間の経過とともに生ずるものであって，経時沈下量にあたる．

9.3.2 即時沈下量の計算法

即時沈下量は，実物載荷によって測定する以外に，以下のような弾性理論によって計算する方法がある．

地盤を半無限弾性体と仮定すると，ある点の沈下量は6.2節で示した弾性理論解によるその点直下の鉛直歪みを，深さ方向に積分することによって求めることができる．計算式は次式のような形で表される．

$$S_e = qB \frac{1-\nu^2}{E} I_s \tag{9.23}$$

ここに，S_e：即時沈下量 (m)

q：基礎の平均荷重度 (kN/m²)

B：基礎底面の短辺長さ（円形の場合は直径）(m)

ν：地盤のポアソン比

E：地盤の弾性係数 (kN/m²)

I_s：沈下係数

I_s は基礎底面の形状，基礎板の剛性，沈下量を求めようとする位置などによって定まる係数であって，例えば $B \times L$（L：基礎底面の長辺長さ）の長方形等分布荷重面（剛性0）の隅角点に関しては，次式のとおりである．

$$I_s = \frac{1}{\pi} \left\{ l \log_e \frac{1+\sqrt{l^2+1}}{l} + \log_e (l+\sqrt{l^2+1}) \right\} \tag{9.24}$$

ただし $l = L/B$ である．なお各種の条件に対する I_s の値を，表9.3に示しておいた．

剛性が0の等分布荷重で，沈下量を求める位置が表9.3に示した以外の場合には，重ね合わせの原理によって，図6.9に関して地中応力を求めた方法に準じて算定できる．すなわち，式 (9.24) の隅角点における I_s を用いて，図6.9におけ

表 9.3　沈下係数 I_s

底面形状	基礎の剛性	底面での沈下量を求める位置		I_s
円 (直径 B)	0	中　　　心		1
		円　周　上		0.64
	∞	全　　　体		0.79
正方形 ($B \times B$)	0	中　　　央		1.12
		隅　角　点		0.56
		辺　の　中　央		0.77
	∞	全　　　体		0.88
長方形 ($B \times L$) ($l = L/B$)	0	隅角点	$l = 1.0$	0.56
			1.5	0.68
			2.0	0.76
			2.5	0.84
			3.0	0.89
			4.0	0.98
			5.0	1.05
			10.0	1.27
			100.0	2.00

る各長方形について $l = L/B$ から S_e を求め，これらの加減算を行えばよい．

ポアソン比 ν については，飽和粘性土の場合，非圧縮性と考えて $\nu = 0.5$ を採用する．一方，砂については，0.25〜0.35 程度の幅があり，また荷重の増加とともに漸増するが，通常は 0.3 としておけばよかろう．

飽和粘性土の弾性係数 E については，乱さない試料の一軸圧縮試験により求めた変形係数（式 (5.10)）を用いてよい．通常 $E = (50 \sim 200)c$ の範囲にあるといわれる．しかし試料が乱されている場合には，E の値は低めに出るので注意を要する．

砂地盤の場合の E については，標準貫入試験の N 値と関連させた次式が紹介されている[9]．地下水がない場合，

$$\left.\begin{array}{l} \text{正規圧密された砂}: E = 1.4\bar{N} \quad (\text{MN/m}^2) \\ \text{過圧密された砂}\ \ : E = 2.8\bar{N} \quad (\text{MN/m}^2) \end{array}\right\} \quad (9.25)$$

また，地下水面下にある場合は E が低下し，式 (9.25) の各係数の 1/2 をとる考え方もある．ただし $\bar{N}$ は，基礎底面から下方 B の深さまでの N 値の平均値である．

式 (9.23) は，地盤を半無限弾性体と仮定しての式である．この他に，有限厚さの地層上に荷重がかかる場合の即時沈下量を求める方法として，Steinbrenner の近似解[10]があり，適用法が文献[11],[12]に示されている．

平板載荷試験を行う場合には，その結果から E を求めるのがよい．平板の形状によって，式 (9.23) および表 9.3 の値より

$$\left.\begin{array}{l} \text{円形板の場合}\ \ \ : E = 0.79 \dfrac{(1-\nu^2)qB}{S_e} \\ \text{正方形板の場合}: E = 0.88 \dfrac{(1-\nu^2)qB}{S_e} \end{array}\right\} \quad (9.26)$$

となる．したがって，荷重度 q〜沈下量 S 曲線の初期の直線に近似できる範囲に

ついて，$S=S_e$ とおいて上式を適用する．ただし基礎フーチング（幅 B）以下 $2B$ の深さ以内に下部層が存在する場合には，図 9.11 に関して述べたように 2 層地盤としての影響が入ってくるので，式（9.26）による E の計算値をそのまま基礎フーチングに適用してはならない．

基礎に作用する荷重度と即時沈下との関係を弾性ばねにおきかえて，

$$q = kS_e \tag{9.27}$$

のように表すとき，比例定数 k を地盤係数（coefficient of soil reaction）という．地盤係数は，構造物の沈下を解析する場合などにおいて便利な係数である．

地盤を弾性体と仮定した場合，L/B が同じであれば式（9.23）から即時沈下量は基礎幅 B に比例することがわかる．いま，相似の底面形状をもち B の異なる基礎に載荷された場合には，同じ荷重度の下において次式が成り立つ．

$$\frac{S_e}{S_{e1}} = \frac{B}{B_1} \tag{9.28}$$

ただし，S_{e1} は基礎幅 B_1 の場合の即時沈下量である．したがって地盤係数 k と k_1 との関係は次式のようになる．

$$\frac{k}{k_1} = \frac{B_1}{B} \tag{9.29}$$

以上の 2 式から，同一の荷重度であっても，基礎幅に比例して即時沈下量は増加すること，地盤係数は基礎幅に反比例することがわかる．粘性土地盤においては，このような関係がほぼ成立するとみてよい．

一方，砂地盤の場合については，上式の関係は必ずしも成り立たないようである．図 9.16 は S_e/S_{e1} と B/B_1 との関係を実測結果に基づいて描いたものであるが，B/B_1 がおよそ 10 を超えると式（9.28）の関係から外れている．図中の曲線

$$\frac{S_e}{S_{e1}} = \frac{4}{(1+B_1/B)^2} \tag{9.30}$$

は文献[14)]によるものであるが，実測値の下限に近く位置している．B_1 を平板載荷試験における平板の幅とし，その試験結果から幅 B をもつ基礎フーチングの沈下量を推定する場合には，式（9.30）よりも式（9.28）を採用する方が大きめの値となるので，設計上は安全側と考えられる．このような理由から，砂地盤の場合にも一応式（9.28）および式（9.29）が

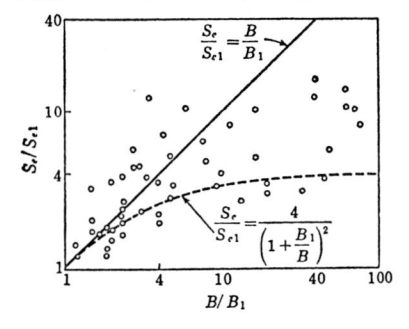

図 9.16 砂地盤上の浅い基礎の沈下量と基礎幅の関係[13)]

【演習問題 9.4】 演習問題 9.3 における平板載荷試験の結果から，地盤の弾性係数 E を求めよ．ただし図 9.14 の荷重～沈下量曲線において，原点と $P=30\,\text{kN}$ 時の記録との間を直線とみなしてよい．ついで，同じ根切り底に $2\,\text{m}\times2\,\text{m}$ の正方形フーチングを設けて，荷重度 $q=250\,\text{kN/m}^2$ をかけた場合について，以下の即時沈下量を求めよ．
 （ⅰ）フーチングが剛な場合の即時沈下量
 （ⅱ）フーチングの剛性を0とみなした場合の中央点および隅角点の即時沈下量

9.3.3 圧密沈下量の計算法

式 (9.21) を粘土層に適用することによって，建物の建設による増加荷重あるいは盛土荷重などによる圧密沈下量 (consolidation settlement) を求めることができる．基礎の設計では，通常沈下の最大値を検討の対象としているので，ここでは圧密が完了したときの最終沈下量 (final settlement) の具体的な計算法について述べる．

図 9.17 に示すように，粘土層が深さ h から $(h+H)$ にわたって存在する場合，

$$S=\int_{h}^{h+H}\frac{e_1-e_2}{1+e_1}dz \tag{9.31}$$

とおき，粘土の圧密応力と間隙比の関係を代入すればよい．実用的には，粘土層の層厚が同図 (a) のように薄い場合は，層厚を通じての鉛直有効応力の増分 $\Delta\sigma_z$ の変化は少ないから，層の中央深さ $(h+H/2)$ での $\Delta\sigma_z$ で代表させて，次式で求める．

$$S=\frac{e_1-e_2}{1+e_1}H \tag{9.32}$$

ただし，粘土定数は一様と仮定してある．層厚が同図 (b) のように厚い場合には，層厚をいくつかに分割して，各分割層の沈下量を加算することとし，

$$S=\sum_i\left(\frac{e_1-e_2}{1+e_1}\right)_i \Delta H_i \tag{9.33}$$

とする．粘土定数は ΔH_i ごとに異なっても差し支えない．

a. 体積圧縮係数 m_v による方法 式 (4.1) において，Δp を深さ z における鉛直有効応力増分 $\Delta\sigma_z$ に書きかえ，かつ式 (9.21) における記号を採用すれば，次式のようになる．

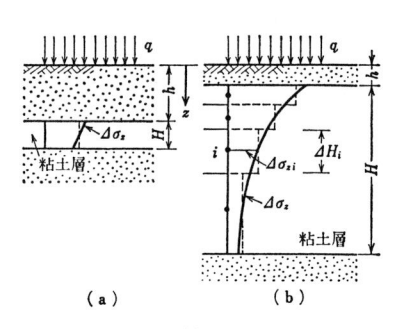

図 9.17 粘土層中の $\Delta\sigma_z$ の分布

$$\frac{\Delta e}{1+e_1} = \frac{e_1 - e_2}{1+e_1} = m_v \Delta \sigma_z \tag{9.34}$$

したがって，式 (9.34) を式 (9.33) に代入すると，次の式を得る．

$$S = \sum_i m_{vi} \Delta \sigma_{zi} \Delta H_i \tag{9.35}$$

ただし，式中の $\Delta \sigma_{zi}$ は分割層 i の中央深さでの値をとることとする．また m_{vi} としては，粘土試料の圧密試験における σ_{1z} と $\sigma_{2z} (= \sigma_{1z} + \Delta \sigma_z)$ の間の平均的な m_v の値を採用するものとする．b 項で述べるように，e の変化は大局的には $\log \sigma$ に比例するものであるから，$\Delta \sigma_z$ が大きい場合不正確となるが，S と $\Delta \sigma_z$ との関係が一次的であるので，理論的な取り扱いが便利な面がある．

b. 圧縮指数 C_c による方法　粘土の乱さない試料の圧密試験から，図 4.11 に示す $e \sim \log p$ 曲線が得られ，特性点としての圧密降伏応力度 p_c (圧密先行応力度ともいう) および応力の高い直線部分の勾配として式 (4.17) の圧縮指数 C_c が求まった．

p_c, C_c および試料採取深さの有効土かぶり圧 σ_{1z} より，粘性土の設計用 $e \sim \log \sigma$ 関係図を，図 9.18 に示すように描く．ここに e_0 は，圧密試験を行う前の試料の初期間隙比であって，単位体積重量 γ_t と含水比 w を測定すれば，式 (2.13) および式 (2.14) より求まる．同図は，原地盤での粘土の圧密変形特性をモデル化したものであって，$p_c \leq \sigma_{1z}$ の場合は，同図 (b) のように，p_c 以下の応力では間隙比 e の変化がないものとする．同図 (a) のように $p_c > \sigma_{1z}$ の場合は，再載荷過程において再圧縮指数 (recompression index) C_r の勾配で e が変化するものとしている．この C_r はおおむね C_c の 1/10 で表すことができる[15]．

図 9.18 に基づいて圧密沈下量を求めるには，まず建物建設前の有効圧 σ_{1z} および建設後の有効圧 $\sigma_{2z} (= \sigma_{1z} + \Delta \sigma_z)$ を算定する．σ_{1z} は通常の場合有効土かぶり圧のみであって，図 3.1 (b) における $\bar{p}$ の値を採用する．$\Delta \sigma_z$ は建物荷重によって生

(a) $p_c > \sigma_{1z}$ の場合　　(b) $p_c \leq \sigma_{1z}$ の場合

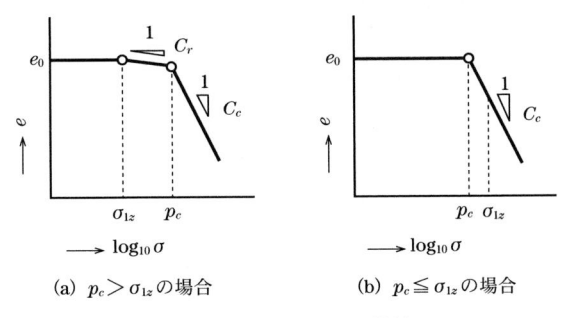

図 9.18　設計用 $e \sim \log \sigma$ 関係図

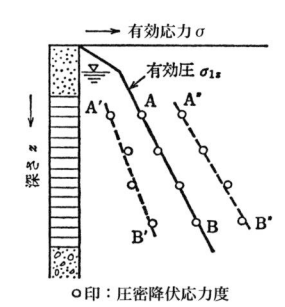

図 9.19 有効圧曲線と圧密降伏応力度

○印：圧密降伏応力度

する応力増分であって，6.2 節の計算法による．

次いで有効圧 σ_{1z} と深さ z における圧密降伏応力度 p_c とを比較する．図 9.19 の AB で示すように，$\sigma_{1z}=p_c$ であれば現在受けている有効圧により圧密が完了している状態であり，正規圧密（normally consolidated）の状態にあるという．A′B′ のような分布であれば $\sigma_{1z}>p_c$ であり，現在の有効圧に対して圧密未了（underconsolidated）の状態にあり，A″B″ のように $\sigma_{1z}<p_c$ であれば，過去において現在の有効圧以上の圧密応力を受けていたことを示す過圧密（overconsolidated）の状態にあることがわかる．圧密未了の状態は，現在圧密沈下が進行しつつあることを示している．また，p_c/σ_{1z} を，過圧密比（overconsolidation ratio）という．

建物建設後の圧密沈下は，このような建物建設前の粘土の圧密状態のあり方のほか，σ_{2z} と p_c の相対的な大きさとも関連する．

（i）$\sigma_{1z}<p_c<\sigma_{2z}$ の場合：建物建設前は過圧密状態であるが，建物荷重によって最終的に正規圧密状態となる場合であって，図 9.18 (a) を適用して次式を得る．

$$S=\sum_i\left\{\frac{C_r}{1+e_0}\log_{10}\left(\frac{p_c}{\sigma_{1z}}\right)\right\}_i \Delta H_i+\sum_i\left\{\frac{C_c}{1+e_0}\log_{10}\left(\frac{\sigma_{2z}}{p_c}\right)\right\}_i \Delta H_i \quad (9.36)$$

（ii）$p_c\leqq\sigma_{1z}$ の場合：建物建設前は正規圧密または圧密未了の状態であり，図 9.18 (b) において圧密未了の $p_c\sim\sigma_{1z}$ 間はまだ地盤沈下を生ずる応力域である．ゆえに地盤沈下と建物沈下を含めた計算では，次式となる．

$$S=\sum_i\left\{\frac{C_c}{1+e_0}\log_{10}\left(\frac{\sigma_{2z}}{p_c}\right)\right\}_i \Delta H_i \quad (9.37)$$

建物の地盤に対する相対沈下を求める場合は，式 (9.37) の p_c の代わりに σ_{1z} を採用する（8.5 節参照）．

（iii）$\sigma_{2z}<p_c$ の場合：建物建設後も過圧密状態の場合であり，図 9.18 (a) を適用して次式を採用する．

$$S=\sum_i\left\{\frac{C_r}{1+e_0}\log_{10}\left(\frac{\sigma_{2z}}{\sigma_{1z}}\right)\right\}_i \Delta H_i \quad (9.38)$$

以上の具体的な計算法については，演習問題 9.5 を参照されたい．なおあまり鋭敏比の大きくない正規圧密粘土については，式 (2.21) によって液性限界 w_L から C_c の概略の値を求めることができる．

9.4 限界沈下量と不同沈下対策   115

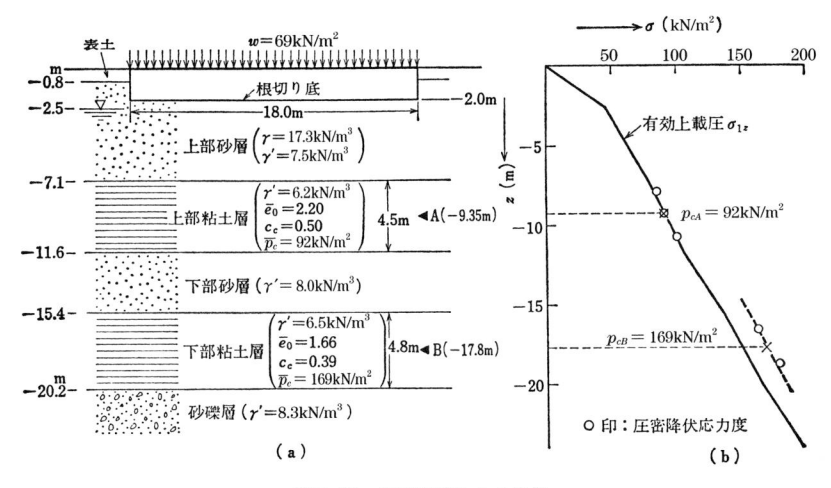

図9.20 演習問題9.5の地盤

【演習問題9.5】 図9.20の地盤において，底面が$18.0\,\text{m}\times12.0\,\text{m}$のべた基礎をもつ建物が設計されたとして，底面中央点および隅角点の圧密沈下量を求めよ．ただし基礎を含めた建物の荷重度を$w=69\,\text{kN/m}^2$とし，基礎底面はGL$-2.0\,\text{m}$にあるとする．各地層の平均的な土質定数および圧密降伏応力度は，同図に記入したごとくである．

9.4 限界沈下量と不同沈下対策

9.4.1 建物の不同沈下

　一般的にみて，砂地盤ではかなりゆるい状態でない限り建物荷重による沈下量は小さく，かつほとんどの沈下量が工事期間中に生じてしまう即時沈下である．一方粘性土地盤に関しては，過圧密状態でない限り圧密沈下が圧倒的に大きく，それに比べて即時沈下を無視してよい場合が多い．

　即時沈下や圧密沈下によって生ずる各基礎の沈下量は一様ではなく，多かれ少なかれ図9.21のような不同沈下 (differential settlement) の状況にあるとみてよい．同図では，各基礎の沈下量S_iは一様沈下，傾斜沈下および相対沈下からなるとしているが，これらのうち一様沈下および傾斜沈下は，建物全体としての剛体的な動きであって，上部構造にはほとんど応力的な影響を生じない．しかし相対沈下は，上部構造に強制変形を与えて図9.22に示すような2次応力を発生させる．この応力は，上部構造に鉛直荷重や水平力が作用するとして計算した設計応力（図8.5参照）に累加されるものであるから，相対沈下が増大するにつれて壁

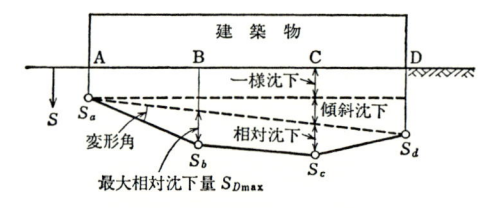

図9.21 建物沈下量分布の模式図

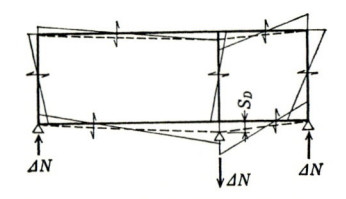

図9.22 相対沈下によって発生する上部構造の2次応力

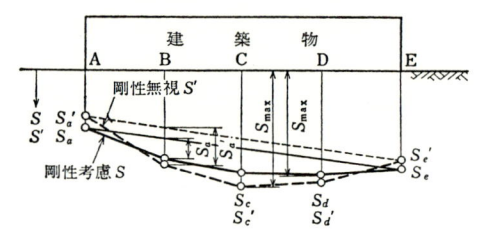

図9.23 相対沈下量に及ぼす剛性の効果

や構造部材にひび割れを引き起こし，ついには曲げ材に塑性ヒンジを発生させるなどの構造被害を生ずるに至る．したがって，検討すべき対象は相対沈下であることがわかる．

建物は剛性をもった構造体であるから，相対沈下に対して抵抗しようとする．したがって基礎の沈下解析を行うにあたっては，建物のもつ剛性をあわせ考えた計算法[16]~[18]を行うのが本来である．しかし建物の剛性を考慮しての沈下計算はかなり手間がかかるとして，剛性を無視し，独立した基礎群があるものとして，沈下計算が行われることも多い．図9.23は，剛性を考慮した場合と無視した場合の沈下量分布の傾向を示したものであるが，剛性を無視した場合，最大沈下量ならびに相対沈下量が大きくなることを認識しておく必要がある．

9.4.2 限界沈下量

上部構造に有害な不同沈下を生じさせないためには，相対沈下量あるいは最大沈下量を，想定する限界沈下量以下に規制する必要がある．このような限界値は，地盤条件，基礎形式，上部構造の構造特性，周囲の状況などを考慮して定めるべきであって，過去において数多くの限界値の提案が行われてきた[19]~[23]．これらのほとんどは，上部構造の壁，梁および柱などに発生するひび割れの観察結果からの提案である．以下には，文献[22],[23]が過去の諸提案値を参考としてまとめた使用限界状態における限界値を紹介しておく．

a. 圧密沈下に関する限界値　図9.21に示す変形角の限界値をθ_{cr}とすると，過去の調査結果では，θ_{cr}は次の範囲にあるとしている．

鉄筋コンクリート造の場合

$$\left.\begin{array}{l}\theta_{cr}=\{1.0(下限)〜2.0(上限)\}\times 10^{-3} \quad (\mathrm{rad}) \\ コンクリートブロック造の場合 \\ \theta_{cr}=\{0.5(下限)〜1.0(上限)\}\times 10^{-3} \quad (\mathrm{rad})\end{array}\right\} \quad (9.39)$$

ここに,下限とは有害なひび割れが発生するかしないかの境の状態を,上限とは有害なひび割れが発生する率がきわめて高い状態を指すものとする.

さらに,不同沈下を生じている多数の建物の実測結果から,最大相対沈下量 S_{Dmax},最大変形角 θ_{max} および平均変形角 θ_{ave} の間の関係を求めて,式(9.39)とあわせ検討を加えた結果として,表9.4に示すような限界相対沈下量が示されている.

表9.4を適用するためには,建物の剛性を考慮した相対沈下量の計算が望ましい.剛性を無視すれば相対沈下量が過大に計算される.一方,沈下量が大きくなると相対沈下量も大きくなるという傾向が認められるから,便宜的に剛性を無視して求めた最大沈下量に一定の限度を設けて,これを限界値とする考え方もあって,いくつかの提案がなされてきた.文献[23]では,従来からの諸提案を参考として表9.5に示すような限界最大沈下量が示されている.

b. 即時沈下に関する限界値 砂質土地盤などで圧密沈下を考慮する必要のない場合については,即時沈下について検討すればよい.圧密沈下はきわめて緩慢な経時沈下であるため,鉄筋コンクリート造の上部構造の許容変形角には,クリープ効果をみこんだ大きな値が採用されている.しかし即時沈下には,クリ

表9.4 限界相対沈下量(圧密沈下の場合)(単位:cm)[23]

構造種別	コンクリートブロック造	鉄筋コンクリート造		
基礎形式	連続(布)基礎	独立基礎	連続(布)基礎	べた基礎
標準値	1.0	1.5	2.0	2.0〜3.0
最大値	2.0	3.0	4.0	4.0〜6.0

表9.5 限界最大沈下量(圧密沈下の場合)(単位:cm)[23]

構造種別	コンクリートブロック造	鉄筋コンクリート造		
基礎形式	連続(布)基礎	独立基礎	連続(布)基礎	べた基礎
標準値	2	5	10	10〜(15)
最大値	4	10	20	20〜(30)

[注] ( )は大きい梁せいあるいは2重スラブなどで十分剛性が大きい場合.

表 9.6 限界最大沈下量（即時沈下の場合）（単位：cm）[22]

構造種別	コンクリート ブロック造	鉄筋コンクリート造		
基礎形式	連続(布)基礎	独立基礎	連続(布)基礎	べた基礎
標 準 値	1.5	2.0	2.5	3.0〜(4.0)
最 大 値	2.0	3.0	4.0	6.0〜(8.0)

[注] （ ）は大きい梁せいあるいは2重スラブなどで十分剛性が大きい場合．

ープ効果をみこますが，より小さい限界変形角を規定すべきであろう．文献[22]では従来からの提案値をも参考とした検討の結果，表9.6の限界最大沈下量が適当であろうとしている．

9.4.3 不同沈下対策

沈下量の計算値が限界沈下量を超過したり，また超過しないまでも不同沈下によって上部構造に構造障害を及ぼすおそれがあると判断される場合には，不同沈下に対する対策を講じなければならない[24),25)]．

このように不同沈下が問題となるのは，粘土層の圧密による場合がほとんどであるので，図 9.24 (a)に示すような地盤をモデルとして対策を考えてみる．同図において粘土層の土質は均一であるとすると，式(9.35)で示すように，圧密沈下量は（粘土層中央深さにおける $\Delta\sigma_z \times$ 層厚）に比例する．$\Delta\sigma_z$ の平面的な分布は建物中心直下で最大値を示すような凸形を示すから，建物の沈下量 S もこの $\Delta\sigma_z$ の分布に比例した凸形の分布となり，上部構造を湾曲させてひび割れなどの構造障害を発生させることともなる．

このような不同沈下現象に対する対策としては，次の3つの方針が考えられる．

① 粘土層に生ずる有効応力増分 $\Delta\sigma_z$ を，できるだけ小さくすること．

② $\Delta\sigma_z$ の分布を，できるだけ平均化すること．

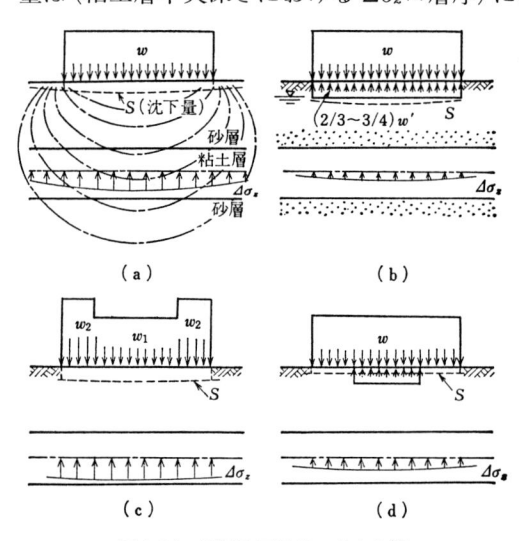

図 9.24 不同沈下対策の考え方[25]

③　粘土層の圧縮性を小さくすること．

①および③は全沈下量を減少させることで，不同沈下をも軽減する方策であり，②は全沈下量を平均化させて，不同沈下を減少させる方策である．

　上部構造の設計に当たっての①の方針に属する対策は，建物の重量を軽量化することのほか，地下階を設ける方法がある．図9.24 (b) のように地下階を造るため根切りを行うと，掘削土の重量 w' がなくなるので地中の有効応力が減少する．ゆえに建物の建設後は，$(w-w')$ だけの荷重差による有効応力の増分が粘土層に生ずる理屈となる．いわゆる浮基礎 (floating foundation) とは，$w ≒ w'$ となるように排土量を考慮して，有効応力の増分を0に近くし，沈下を制御しようとするもので，巧妙な方法といえる．なお現実には，掘削に伴って多少とも地盤のふくれ上がりが生じ，建物荷重によってこのふくれ上がり分が沈下するといった現象を考えねばならないので，文献[26]では w' の代わりに $(2/3〜3/4)w'$ を差し引くようにすすめている．

　上部構造の②の方針に属する対策としては，重量配分を考えること（図9.24 (c) 参照），部分的に地下室を設けること（図9.24 (d) 参照），建物の剛性を高めることなどの方法がある．前の2つについてはとくに説明は要しないであろう．建物の剛性とくに基礎梁の剛性は，図9.22のように基礎荷重を端部に再配分する効果が大きいので，$\varDelta\sigma_z$ 分布を平担化させる効果がある．通常の場合，基礎梁の剛比は最下階内柱の剛比の2〜3倍が適当とされているが，不同沈下対策として考える場合は5〜8倍程度にしておく必要があろう．地下階を設ける場合には，連続した剛な地下壁を計画すると効果が大きい．

　以上のほか，基礎構造あるいは地盤としてとりうる対策は，建物荷重を支持杭などによって硬質地盤に支持させることのほか，摩擦杭を使用することや，建物建設以前にあらかじめ地盤改良を行うことなどの方法がある．地盤改良は③の方針に属する．図9.25を参照されたい．

　支持杭を採用する場合，基礎の沈下量ははるかに小さくなり，不同沈下による障害も大幅に減少するとみてよい．しかし，盛土荷重などによる中間粘性土層の圧密沈下が著しい地盤（8.5節参照）では，

(a) 支持杭　　(b) 摩擦杭　　(c) サンドドレーン

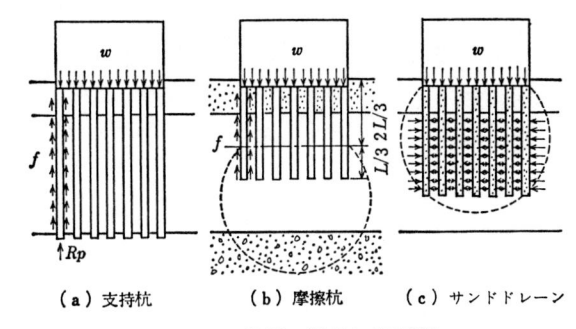

図9.25　不同沈下対策と基礎構造

支持杭に負の摩擦力が作用して不同沈下を生ずることもあるので，10.3.6 項の検討が必要となる．

摩擦杭については，図 9.15 で説明した基礎荷重面以下の応力影響圏を考えればよい．図 9.25 (b) のように応力影響圏が下方へ移動して，その圏内に含まれる粘性土層の厚さが減少するため，圧密沈下量が減ずるものと考えてよい．長尺の摩擦杭ほど，効果があることがわかる．

地盤改良工法（8.6 節参照）の一例として，サンドドレーン工法を図 9.25 (c) に示した．応力影響圏内の粘性土を建物建設前に強制脱水して強化することによって圧縮性を減じ，圧密沈下量を減少させる方式のものである．

9.5 フーチングの設計

フーチングは，荷重の中心に対して対称な形となるようにし，偏心を生じさせないことが望ましい．しかし止むをえず偏心荷重が作用する場合は，接地圧分布を考慮してフーチングの設計を行う必要がある．以下に，文献[27]による接地圧分布の求め方を述べておく．とくに，べた基礎の場合は，ある程度の偏心が避けられず，このような検討が必要となってくる．

a. 独立フーチング基礎 まず荷重 P (kN) がフーチング底面の図心と一致し，偏心が 0 である場合，接地圧 σ_e は底面積 A (m²) を通じて均等に分布するものと考えて，次式で表せる．

$$\sigma_e = \frac{P}{A} \tag{9.40}$$

荷重が対称軸上で一方向にのみ偏心している場合には，接地圧は図 9.26 のように平面的に分布するものと考える．この内の最大接地圧 $\sigma_{max}(=\alpha\sigma_e)$ は以下によって求められる．まず鉛直方向の力およびモーメントのつり合いから，

$$P = \int_A \sigma dA = \frac{\sigma_{max}}{x_n} \int_A x dA = \frac{\sigma_{max}}{x_n} G_n \tag{9.41}$$

$$P(x_n - g + e) = \int_A \sigma x dA = \frac{\sigma_{max}}{x_n} \int_A x^2 dA = \frac{\sigma_{max}}{x_n} I_n \tag{9.42}$$

両式から P を消去して，

$$x_n - g + e = \frac{I_n}{G_n} \tag{9.43}$$

式 (9.41) より次式を得る．

$$\sigma_{max} = \frac{x_n}{G_n} P = \frac{x_n A}{G_n} \frac{P}{A} = \alpha \sigma_e \tag{9.44}$$

ここに，$e = M_G/P$：偏心距離（m）

$\quad M_G$：図心 G に対するモーメント（kNm）

$\quad x_n$：圧縮縁辺から中立軸 NN までの距離（m）

$\quad g$：圧縮縁辺から図心までの距離（m）

$\quad G_n$：中立軸 NN に対する圧縮面の1次モーメント（m³）

$\quad I_n$：同上2次モーメント（m⁴）

$\quad a = x_n A/G_n$：接地圧係数

ゆえに底面の形状および e が定まると，x_n を未知数として G_n および I_n を求め，式 (9.43) へ代入することによって x_n が求まる．したがって，a が求まる．

図 9.26 のような長方形の基礎の場合は，以下のとおりである．

（i）中立軸が底面外にあるとき（$x_n \geqq L$，$e/L \leqq 1/6$）

$$G_n = \left(x_n - \frac{L}{2}\right)BL$$

$$I_n = \left\{\frac{L^2}{12} + \left(x_n - \frac{L}{2}\right)^2\right\}BL, \quad g = \frac{L}{2}$$

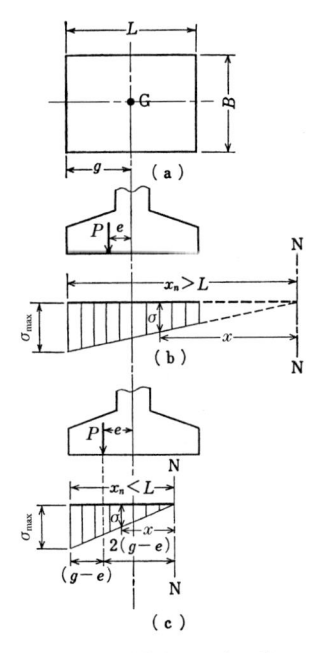

図 9.26 長方形フーチングの接地圧分布

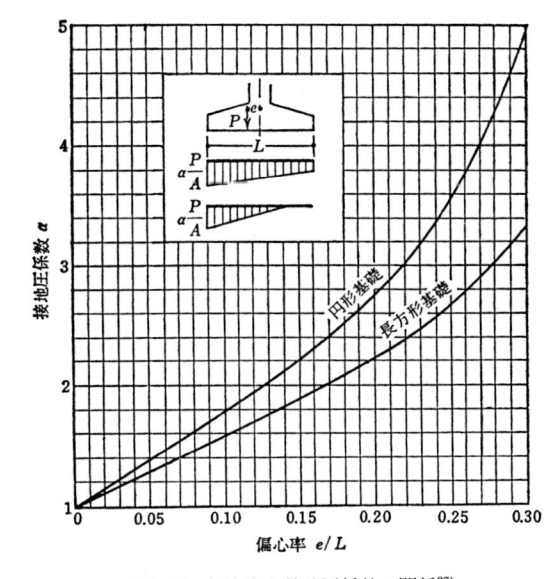

図 9.27 偏心率と接地圧係数の関係[27]

$$\therefore \quad x_n = \frac{L}{2}\left(1+\frac{L}{6e}\right), \quad \alpha = 1 + \frac{6e}{L} \tag{9.45}$$

（ⅱ）中立軸が底面内にあるとき（$x_n \leqq L$, $e/L \geqq 1/6$）

$$g - e = \frac{L}{2} - e = \frac{x_n}{3}, \quad G_n = \frac{Bx_n{}^2}{2}$$

$$\therefore \quad x_n = 3\left(\frac{L}{2} - e\right), \quad \alpha = \frac{2}{3(1/2 - e/L)} \tag{9.46}$$

式 (9.45) および式 (9.46) の α と e/L の関係は，図 9.27 のとおりである．同図には円形基礎（L：直径）の場合も示してある．

以上により接地圧分布が求まれば，フーチングの張出し部を張出し梁とみなして，曲げモーメントおよびせん断力に対して設計する．計算法については，鉄筋コンクリート構造関係の書籍[28]他を参照されたい．

b．連続フーチング基礎　各柱からの荷重 P_i は，図 9.28 に示すように，その柱のフーチング支配面積 A_i 内において一様に分布するものと考え，接地圧 σ_i は次式となる．

$$\sigma_i = \frac{P_i}{A_i} \tag{9.47}$$

荷重の大きさおよびフーチング支配面積は各柱によって異なるので，全フーチングを通じて σ は均等とはならない．フーチング部分は地中梁からの張出し梁とみなして，曲げモーメントおよびせん断力に対して設計する．地中梁（梁幅：B）についても，$\sigma_i \times B$ の上向きの分布荷重を受け，柱位置に支点がある梁構造として設計する．

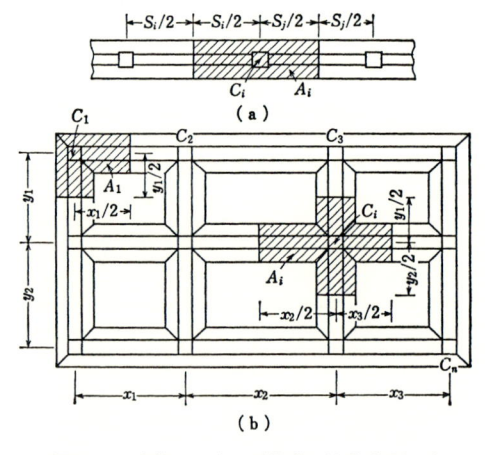

図 9.28　連続フーチング基礎の柱荷重分担域

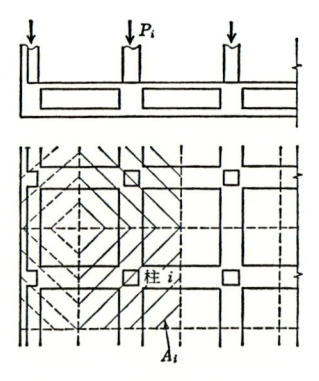

図 9.29　べた基礎の柱荷重分担域

c. べた基礎 べた基礎は，通常十分な剛性をもった格子状の地中梁とスラブから構成された一連のフーチングである．したがって接地圧としては，全底面積 A に対して平面的に分布するものとみなすことができる．

$$\sigma_{max} = a\frac{\sum P_i}{A} \tag{9.48}$$

ここに，$\sum P_i$：鉛直荷重の総和（フーチング自重をも含む）(kN)

ただし接地圧係数 a は，フーチングの図心に対する xy 2方向の偏心を考慮して，力とモーメントのつり合い条件から求める．

しかし，べた基礎の剛性が十分に大きくない場合は，図9.29に示すように，各柱の荷重 P_i ならびにフーチング支配面積 A_i が異なるので $\sigma_i = P_i/A_i$ は均一でなく，とくに端柱において大きくなる．地中梁は，これらの荷重をならして接地圧を一様化しようとする効果がある．ゆえに，地中梁およびスラブは沈下による変形を考慮して設計する必要がある．

9.6 水平力に対する検討

傾斜荷重（図9.6参照）のようにフーチングに鉛直力 P のほか，水平力 H が作用する場合，一般にはフーチング底面の摩擦によって抵抗させるものとし，次式によって検討する．

$$H \leq H_a = \mu P \tag{9.49}$$

ここに，H_a：基礎底面の摩擦抵抗 (kN)
　　　　μ：フーチング底面と地盤との間の摩擦係数（表9.7参照）

水平力 H が H_a をオーバーする場合には，その超過分 $(H - H_a)$ をフーチング根入れ部の側圧抵抗に負担させてよい．ただしこの場合，フーチングの根入れがある程度深くて，周辺の埋め戻し土が十分締め固められた場合に限るものとする．側圧抵抗については，5.4.2項で述べた受働土圧を参考とする．

$$\left. \begin{array}{l} (H - H_a) \leq \int_0^{D_f} K_p B\gamma z dz \\ K_p = N_\phi + \dfrac{2c}{\gamma z}\sqrt{N_\phi} \end{array} \right\} \tag{9.50}$$

ここに，D_f：フーチングの根入れ深さ (m)
　　　　B：フーチングの有効幅(m)（実状に応じて算定する）

表9.7 フーチングと地盤との摩擦係数

土　質	摩擦係数 μ
粘土質地盤（湿）	0.2
同　　　　（乾）	0.5
砂質土地盤（湿）	0.2〜0.3
同　　　　（乾）	0.5
玉　石・砂　利	0.5

10. 杭基礎の設計

10.1 杭の種類と施工法

10.1.1 杭の種類

杭（pile）とは，基礎スラブ（pile cap）からの荷重を地盤に伝えるため，基礎スラブ下の地盤中に設けられる柱状の地業をいう（図 8.1 参照）．杭は，分類の仕方によって以下のように数多くの種類に分けられる．ただし建築基礎用であって，かつ一般的なものに限ることとする．

a．施工法による分類

（ⅰ）打込み杭（driven pile）：既製杭を，ほぼその全長にわたって地盤中に打ち込むことによって設けられる杭（10.1.2 項参照）．

（ⅱ）埋込み杭（bored precast pile）：既製杭を，ほぼその全長にわたって地盤中に埋め込むことによって設けられる杭（10.1.3 項参照）．

（ⅲ）場所打ちコンクリート杭（cast-in-place pile）：あらかじめ地盤中に削孔された孔内に，コンクリートを打設することによって，原位置において造成される杭（10.1.4 項参照）．場所打ち杭と略称される．

ただし既製杭とは，現場施工以前に工場などにおいてあらかじめ製造または加工された杭体をいう．

b．支持力の方向および抵抗機構による分類（図 10.1 参照）

（ⅰ）支持杭（point-bearing pile）：軟弱な土地を貫いて硬い層まで到達させ，その鉛直支持力の大部分を先端抵抗で支持させる杭．

（ⅱ）摩擦杭（friction pile）：先端が軟弱な層中に止まっており，その鉛直支持力の大部分を周面摩擦で支持させる杭．

（ⅲ）締固め杭（compaction pile）：既製杭を打ち込むことによって，砂質地盤を締固めることを目的とした杭．摩擦杭に含めることもある．

（ⅳ）引抜き抵抗杭（pulling resistance pile）：基礎スラブの浮き上がりに対し

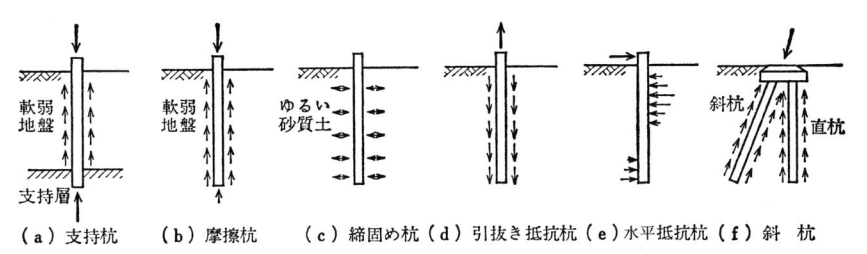

図10.1 支持力の方向および抵抗機構による杭の分類

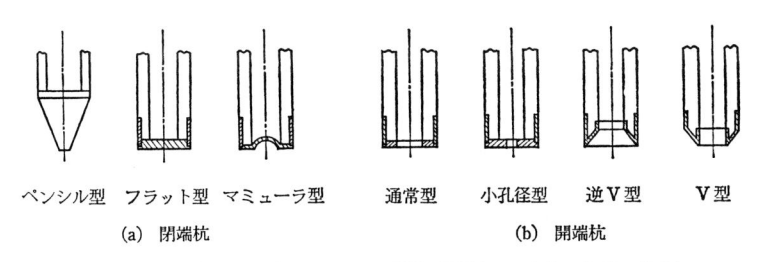

(a) 閉端杭: ペンシル型、フラット型、マミューラ型
(b) 開端杭: 通常型、小孔径型、逆V型、V型

図10.2 閉端杭と開端杭のシューの形状（既製コンクリート杭の場合）

て抵抗させる目的の杭．

（v） 水平抵抗杭 (lateral resistance pile)：基礎スラブに作用する水平力に対して抵抗させる目的の杭．

（vi） 斜杭 (batter pile)：基礎スラブに作用する斜め下方への荷重に対して抵抗させるため，傾斜して設けられる杭．建築基礎用として用いられることは少ない．

c． 既製杭の先端部の形状による分類（図10.2参照）

（ⅰ） 閉端杭 (closed shoe pile)：中空の既製杭の先端が閉鎖されている杭．

（ⅱ） 開端杭 (open shoe pile)：中空の既製杭の先端が開いたままの杭．

d． 既製杭の材料による分類

（ⅰ） 木杭：樹皮をはがし，頭部および先端部を加工した杭．現在，わが国ではほとんど使用されていない．腐食を避けるためには水中でなければならない．

（ⅱ） 既製コンクリート杭

鉄筋コンクリート杭（略称：RC杭）：遠心力利用の製造法による円形中空断面のもの（JIS A 5310）がほとんどである．一部に振動づめ製造法によるものもある．コンクリートの設計基準強度は $40\,\mathrm{N/mm^2}$ 以上，弾性係数 E はおよそ $3.4\times10^4\,\mathrm{N/mm^2}$ である．

遠心力プレストレストコンクリート杭（略称：PC杭）：遠心力利用の製造法に

よる円形中空断面のもので，コンクリートの引張り・曲げ強度を高めるために，プレテンション方式によってプレストレスが導入されている．有効プレストレスの量によってA種（$4\,\mathrm{N/mm^2}$），B種（$8\,\mathrm{N/mm^2}$），C種（$10\,\mathrm{N/mm^2}$）の3種がある．コンクリートの設計基準強度は$50\,\mathrm{N/mm^2}$以上，弾性係数Eはおよそ$3.9\times10^4\,\mathrm{N/mm^2}$である．

遠心力高強度プレストレストコンクリート杭（略称：PHC杭）：PC杭と同様の製造法によるが，コンクリートの設計基準強度を$80\,\mathrm{N/mm^2}$以上に高めたもの（JIS A 5373）．高強度の発現法としては，コンクリートに特殊混和剤などを添加しておいて，(a)通常の蒸気養生を行った後，さらに高温高圧蒸気養生（オートクレーブ養生）を行うもの，(b)常圧蒸気養生を行うものの2種類がある．有効プレストレスは，JIS A 5373の規定によるA・B・C種（$4\cdot8\cdot10\,\mathrm{N/mm^2}$）がある．弾性係数$E$はおよそ$3.9\times10^4\,\mathrm{N/mm^2}$である．

以上のうち，現在ではPHC杭が主流となっており，図10.3のような形状のものがある．標準杭の円筒形が大部分であって，PC鋼材のほか平鋼や異形鉄筋を軸方向に配置して剛性の増加を図ったものもある．ST杭は先端部の直径をその2倍の長さにわたって拡径したもので，先端支持力の増大を目的としている．また節杭は摩擦杭の一種であって，砂地盤の締固め効果や節部による摩擦抵抗の増加が図られている[1]．

(iii) 外殻鋼管付コンクリート杭（略称：SC杭）：特殊混和剤などを添加したコンクリートを，鋼管（肉厚$4.5\sim19\,\mathrm{mm}$）の内部に投入して遠心力成型した後，PHC杭と同様の養生を行って高強度化（設計基準強度$80\,\mathrm{N/mm^2}$以上）を図った合成杭．PHC標準杭よりも高度の曲げ耐力と変形性能がある．

(iv) 鋼管杭：JIS A 5525で規定された円形中空断面のものであって，コイル状に巻きつけられた鋼帯を巻き戻してスパイラル状に成形し溶接したスパイラル鋼管が主流である．ただし，鋼管の肉厚は$9\,\mathrm{mm}$以上となっている．鋼管杭のほかH型鋼杭もあるが，仮設用とみてよい．

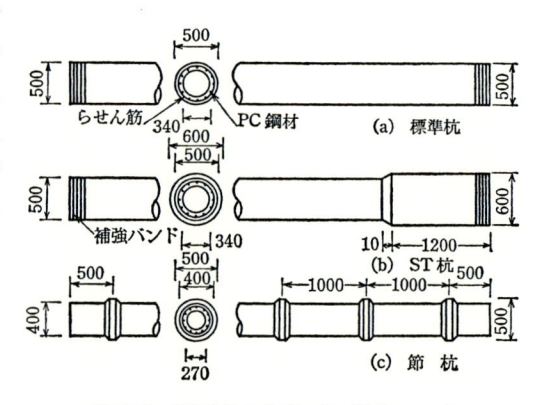

図10.3 PHC杭の各種の例（単位：mm）

10.1.2 打込み杭の施工法と特性

ハンマによって杭頭に打撃力を与え,既製杭を地盤中に貫入させる工法である.ハンマとしては,ドロップハンマ(落錘),ディーゼルハンマ,蒸気ハンマ,エアハンマ,油圧ハンマなどがあり,また杭頭に上下振動を与える方式の振動杭打ち機もある.日本では,これらのうち主としてディーゼルハンマが用いられてきた.

ディーゼルハンマ(diesel hammer)は,ディーゼル油の爆発力を利用したもので,その作動原理を図 10.4 に示した.まず杭頭に,図 10.5 に示すようなキャップおよびクッション(緩衝材)を装着する.この上にディーゼルハンマのアンビルをのせる.ラムはシリンダー内を自由落下して,空気を圧縮しつつアンビルを打撃するが,同時に燃焼室底の燃料は高温となった圧縮空気によって着火し,爆発する.爆発圧は,杭を押し下げるとともにラムを上方に跳ね返す.ラムは再び自由落下する.このような一連の作動に伴って,排気孔より吸気および排ガスが行われる.杭に与える打撃エネルギーは,ラムの打撃力と燃料の爆発力とからなるため,ラム重量を W,落下高さを H として,$2WH$ と考えられている.

ディーゼルハンマのほかに油圧ハンマがあり,これは油圧によってラムをもち上げ,所定の高さに達すると,油圧を急速に開放することによってラムを落下させる方式のものである.ディーゼルハンマに比べて,油煙の飛散がないこと,ラム落下高さを低くコントロールできて,騒音や振動が低レベルであることなどの長所がある.

打込み杭の特性としては,以下のことが指摘できる.まず長所としては,

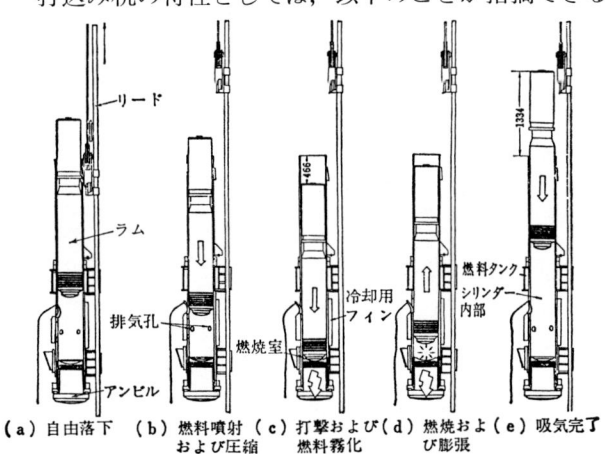

図 10.4 ディーゼルハンマの作動機構

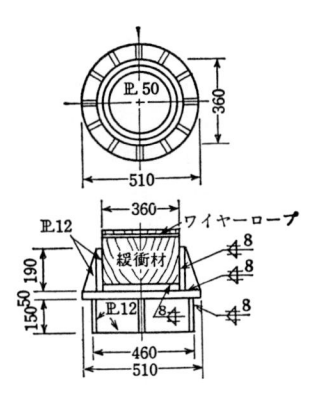

図 10.5 鋼管杭用キャップの例 (ϕ508 mm 用)

（i）地盤を側方に締固めながら貫入するため，一般に大きな支持力が期待できること，

（ii）打止め時のラム落下高さ，杭の1打当たりの貫入量・リバウンド量などを記録し，杭打ち式（10.3.4.d項参照）を適用することによって，杭1本ごとの支持力の施工管理ができること，

などがあげられる．一方短所としては，次のようなことがある．

（iii）杭打ち施工に伴う騒音や振動などの公害が大きくて，騒音・振動規制法の対象となること．したがって，居住地域に近いところでは，騒音や振動の低減対策を講じないと採用しにくいこと．具体的な対策としては，油圧ハンマを採用する，ハンマに防音カバーを装着する，プレボーリングで地盤を緩めておいて杭を打ち込むなどの方法が採られている．

（iv）打撃力が大きすぎたり，偏心打撃を加えたりすると，既製杭の断面破損や局部座屈を起こすおそれがあること．また軟弱層を貫通するときに，杭に生ずる引張り応力波によって既製コンクリート杭に引張り破壊を起こすおそれがあること．したがって，打ち込みに先立って打撃応力を計算し，杭材の安全性を確かめておく必要がある．杭頭に生ずる打撃応力の計算については，文献[2]が参考になる．

なお，(iv)に述べた引張り応力の値については，適当な計算式がない．したがって既製コンクリート杭の場合，軟弱層を貫通するときには，ハンマの落下高さを小さくして軽打するような考慮が必要である．

10.1.3 埋込み杭の施工法と特性

埋込み杭の施工法は，既製杭の打込み施工による騒音振動公害を大幅に低減する目的で，1960（昭和35）年頃から数多く開発されてきた[3]~[6]．これらを杭の地中への設置法によって大別すると，プレボーリング工法，中掘り工法および回転埋設工法に分けることができる[7]．

a． プレボーリング工法　杭の設置箇所に，あらかじめ先行掘削を行って地盤を緩めるか，空洞に近い状態にしておき，その中へ既製杭を挿入して設置する工法である（図10.6参照）．先行掘削にはアースオーガやかく拌翼・ビット付きロッドなどが用いられており，支持層付近から拡大掘削するための拡大ビットを，それらの先端に備えたものもある．地盤を素掘りするもののほか，オーガまたはロッドの先端から水または掘削用液を噴出するもの，杭周固定用セメントミルクを噴出するものなどがある．杭挿入後における先端支持力を高めるため，あらか

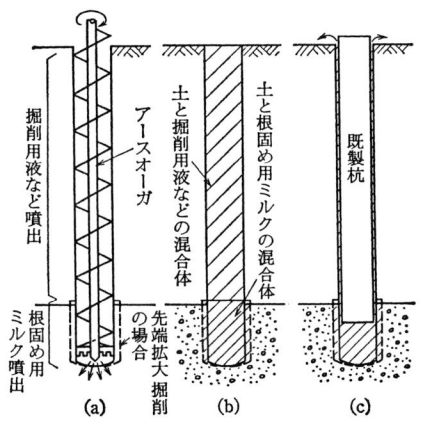

じめ根固め用セメントミルクを噴出し，原位置の土と混合させておいて固結させるもの（先端拡大するもの・しないもの），杭挿入後に打撃を加えて締固めるものなどの先端処理法が行われている．

b. 中掘り工法　先端開放の既製杭の内部空間を貫通した掘削機（アースオーガなど）で先端の土を掘削排除しながら，所定の深さまで杭を沈設する工法である．掘進や排土を助けるため，水や空気を先端から噴出するなどの手段を用いている．先端処理法としては，拡大ビットによって拡大掘削し，セメントミルクを噴出するか，オーガやロッドを回転しつつ，その先端からセメントミルクを水平方向に高圧噴射するかなどして，原位置の土砂とセメントミルクを混合かく拌し，固結させている（図10.7 参照）．

c. 回転埋設工法　杭先端部にビットや掘削刃を装着または固定するか，あるいはオーガを使用するなどして，ロッドを通じて水や空気を先端から噴出しつ

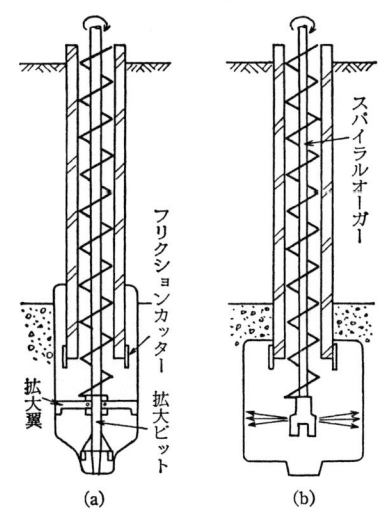

図10.6　プレボーリング工法の例

・拡大ビットによる掘削
・セメントミルク噴出
・土と混合かく拌

・高圧水による拡大掘削
・セメントミルク高圧噴射
・土と混合かく拌

図10.7　中掘り工法の先端処理法の例

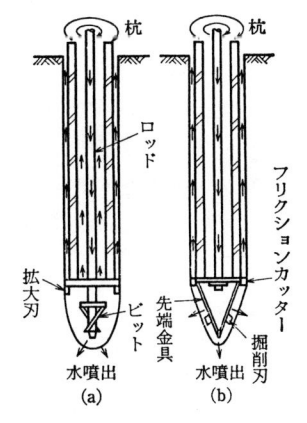

図10.8　回転埋設工法の掘進法の例

つ，先端地盤を掘進する（図10.8参照）．この場合，杭自体も回転させており，打設時の摩擦抵抗を軽減させる効果がある．先端支持層への定着は，セメントミルクの固結によっている．

埋込み杭工法の特性は，騒音や振動の程度が打込み杭に比べて大幅に低減され，市街地においても既製杭の使用を可能とした点である．しかし，掘削作業が主であるため地盤を緩める作用があり，打込み杭よりも支持力が低下する傾向があること，打込み杭に比べて施工管理が難しいこと，また掘削機や掘削方法のいかんによっては，10.1.4項で述べる場所打ちコンクリート杭と同様の問題を起こしやすいことなどが短所である．

10.1.4 場所打ちコンクリート杭の施工法と特性

場所打ちコンクリート杭の施工法は数多くの種類があるが，これらの主な相違点は掘削方法と孔壁保護法にあるとみてよい．わが国で使用されている代表的な工法を表10.1に示した．これらは，いずれも円形断面の杭である．そのほか，地中連続壁施工用の掘削機（11.3節 a.(v)参照）による長方形断面の壁杭もあり，鉛直支持力や施工法などはほぼ円形杭と同等とみてよい．ただし本項では円形断面のものに限ることとした．表10.1の諸工法の掘削過程の概要を以下に述べる．

a．深礎工法 1930（昭和5）年に木田建業が開発した工法で，掘削口径は1.4～約5m，通常の施工深度は10～20mまでといわれる．図10.9に示すように，掘削は人力，排土はバケットによるものであり，1枠分（0.75m）の掘削を行って鋼製リングと波形鉄板（図10.10参照）を組み立てた井枠を設け，孔壁の崩壊を防ぐといった作業を繰り返して，掘進する．所定の

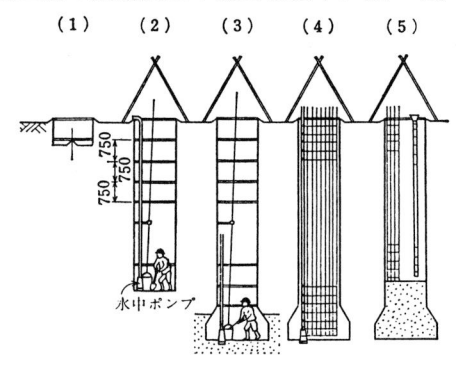

図10.9 深礎工法の施工順序

表10.1 場所打ちコンクリート杭の代表的な工法

	掘 削 ・ 排 土 法	孔 壁 保 護 法
深礎工法	人力	波形鉄板・鋼製リング
オールケーシング工法	ハンマーグラブ使用	オールケーシング
アースドリル工法	ドリリングバケット使用	安定液
リバースサーキュレーション工法	ビット・逆水流	静水圧

支持層に達すると，礎底を拡大掘りする．なお湧水のある場合は，水中ポンプで排水する．

b．オールケーシング (all casing) 工法　フランスのベノト社の開発によるもので，掘削孔径は最大 2.0 m，掘削深さは 30～60 m 位まで可能とされている．図 10.11 のように，ケーシングを杭全長にわたって揺動圧入していくと同時に，その内部空間を通じてハンマグラブを落下させて孔底の土をつかみとり，排土する方式である．ケーシングは，掘削が終わってコンクリートを打設するに従って

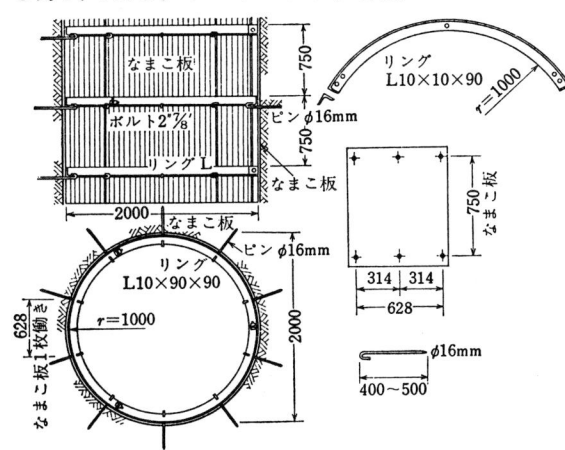

図 10.10　深礎の構成

図 10.11　オールケーシング工法

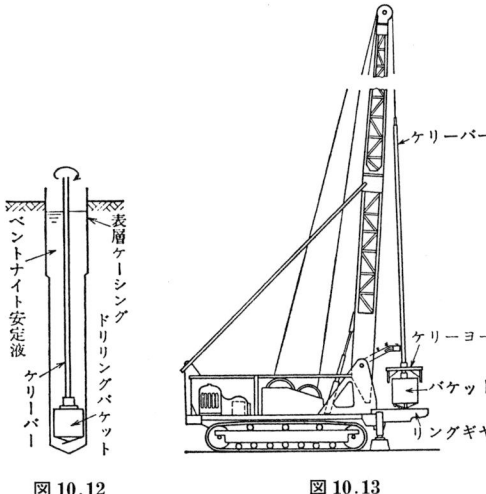

図 10.12　アースドリル工法

図 10.13　アースドリル掘削機の一種

図 10.14　アースドリル掘削機の一種

徐々に引き上げ，回収する．

c． アースドリル (earth drill) **工法**　アメリカのカルウエルド社の開発によるものである．現在わが国では最大径3mまで，通常の施工深度は30～60m位までとされている．図10.12に示すように，ベントナイトを主成分とする安定液を掘削孔内に満たすことによって，孔壁面に不透水性の泥膜をつくらせ，周囲の砂質土層にも浸透させて不透水性を増す．泥膜面には液圧が作用するので，孔壁を安定させる効果がある．ケリーバーを回転させてドリリングバケットにより孔底の地盤を掘削し，バケット内に土がたまると引き上げて排土する．図10.13および図10.14はアースドリル機の一種を示している．

d． リバースサーキュレーション (reverse circulation) **工法**　西ドイツのザルツギッター社の開発によるもので，掘削口径は実用的には最大4mまで，掘削可能深さは60m以上といわれる．静水圧を利用して孔壁の安定を保持しつつ，ビットで掘削し，逆水流方式で排土する機構である．

図10.15に示すように，スタンドパイプを設置して，内部の水面が地下水面より2m以上高い水頭差を保つように，注水管理する．ロータリーテーブルによってケリーバーを回転させ，先端のビットで地盤を掘削すると同時に，ケリーバーの内部を通じて掘削土の混合液を吸い上げる．掘削土を沈澱させた後の水は，再び孔内へ還流される．ビットには，ユンボビット，3翼・4翼ビットなどがあり，地盤に応じて使用される．なお孔壁が崩壊しやすい地盤の場合には，水の代わりに安定液を用いることもある．

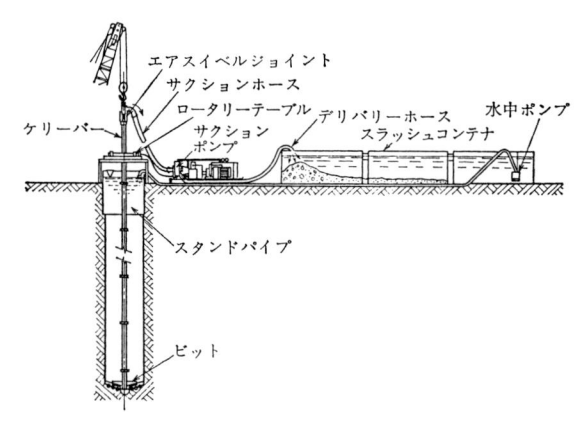

図10.15　リバースサーキュレーション掘削機

10.1 杭の種類と施工法

　以上は，各工法による掘削過程の概要である．より詳しくは，文献[7]～[9]などを参照されたい．それぞれの工法で掘削が完了した後は，図10.16に示すように，掘削孔内に鉄筋かごを垂下し，コンクリートを打設する．清水または安定液中でコンクリートを打設する場合には，トレミー管の先端が打設中のコンクリート表面より常に2m以上入っているように管理する．深礎工法の場合は，コンクリート面の上昇に伴って順次井枠を外して回収する．オールケーシング工法の場合も，コンクリート面の上昇につれてケーシングを揺動しつつ徐々に引き上げ，回収する．

　近年，わが国では拡底場所打ち杭工法が数多く使われている．オールケーシング・アースドリル・リバースサーキュレーション工法などで掘削した孔底に，特殊な拡底掘削機を挿入して拡径する工法で，拡底掘削機にはリバースサーキュレーション方式とアースドリル方式がある．先端面積を大きくして，先端支持力の増大を図ったものであって，杭先端部の形状はおよそ図10.17に示すとおりである．ここに，拡底部の角度 θ は12°以下，拡底部の直径 D（有効径は $D-0.1\,\mathrm{m}$）は4.1m以下，拡底率（＝拡底部有効面積／軸部断面積）は3.2以下が一般的である．

　場所打ちコンクリート杭工法の特性や施工上の問題点として，以下の事項があげられる[8],[10]～[13]．

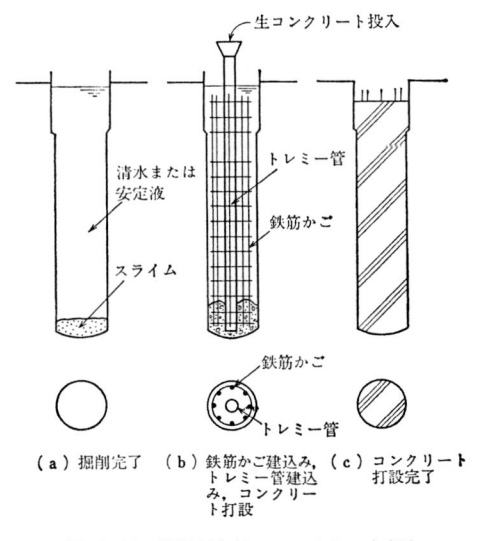

図10.16　場所打ち杭のコンクリート打ち

図10.17　拡底場所打ちコンクリート杭の先端部の形状

（ⅰ）　騒音および振動の程度が低いこと，大口径の杭の施工が可能であることなどが長所である．

（ⅱ）　工法の種類が多いが，土質，地下水の状態，現場の施工上の条件，経済性などによって工法の適否が変わるので，各工法の特徴を理解した上で選択しなければならない．

（ⅲ）　地下水位が低くて空掘りできる場合，地層によっては孔内が酸素欠乏状態になることがある．深礎工法で孔底に人が入るのに十分な管理を要する．またメタンガスを発生して引火する地盤もあるので注意する必要がある．

（ⅳ）　掘削が支持層へ到達したことを十分確かめ，かつ支持層への必要根入れ深さ（通常1m以上）を確保する．また掘削終了時には，底面をできるだけていねいに仕上げなければならない．

（ⅴ）　一般に，掘削することによって杭周地盤を緩める作用があり，孔壁を部分的に崩壊させることがある．滞水層，とくに伏流水のある砂層を貫通する場合，崩壊しやすいので注意を要する．

（ⅵ）　安定液（または清水）を満たして掘削する工法の場合，掘削が終了してからコンクリートを打設するまでの間に，液中に浮遊していた土粒子がスライムとなって孔底にたまる（図10.18(a)参照）．安定液が劣化している場合には，図10.19(a)のように1時間にスライムの沈積高さが2mに達したという観測記録もある．スライムの大半は，細砂ないし中粒砂であって，非常に緩い状態で沈積しているため，この上にコンクリートを打設しても先端支持力は小さい．対策としては，安定液の管理を入念に行って劣化した安定液は新しいものと取りかえること，同図(b)のようにスライムの除去を確実に行うことなどである．スライムの除去は，掘削完了後のみでなく，コンクリート打設の直前にもトレミー管などを通じて行う必要がある．

（ⅶ）　オールケーシング工法の場合，中間層が粘性土であると空掘りに近い状態で掘り進む．砂質土の支持層に被圧水が存在すると，掘削孔下部の未掘削土の土かぶり圧がこの被圧水の水圧に耐えられなくなって，被圧水が孔底から噴出するに至る（図10.18(b)参照）．このような事態になると，掘削孔下部の支持層内部は透水圧のためボイリング（3.3.1項参照）を生じ，かく乱状態となる．ボイリングが収まった後も，この部分の相対密度は大幅に低減しており，杭の先端抵抗はあまり期待できない．対策としては，掘削途中でケーシング内へ注水して被圧水頭以上に孔内の水頭を保ちつつ，水中掘削するといった方法以外にない．

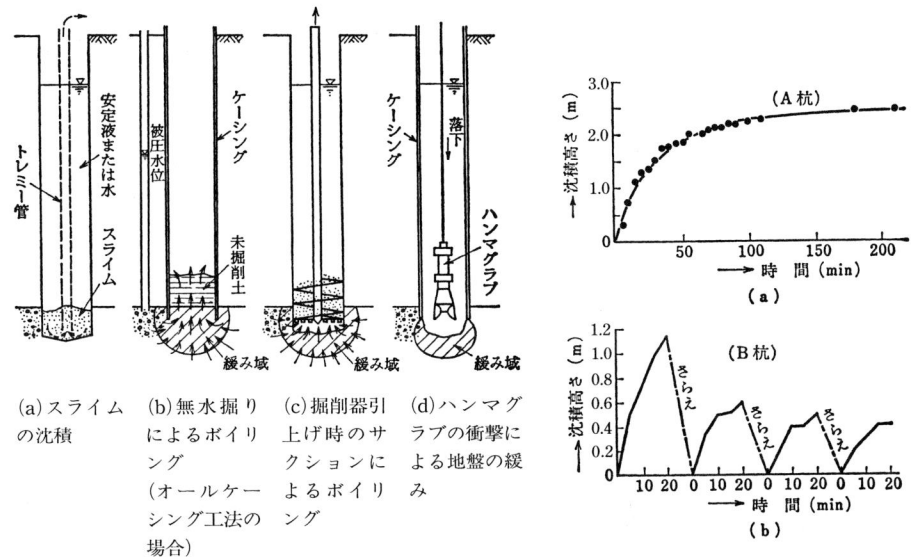

図 10.18 場所打ちコンクリート杭先端部の施工上の問題点

(a) スライムの沈積
(b) 無水掘りによるボイリング（オールケーシング工法の場合）
(c) 掘削器引上げ時のサクションによるボイリング
(d) ハンマグラブの衝撃による地盤の緩み

図 10.19 スライムの沈積高さ～時間曲線

(viii) 掘削器で孔底の土を掘りとった後，急激に引き上げると，掘削器下面が真空状態に近くなるため，サクション作用が生ずる（図10.18(c)参照）．その程度は，地盤との密接度の高い掘削器ほど，そして引き上げ速度が速いほど著しい．したがって，孔底が軟弱粘土層の中にある場合には，粘性土が回り込んで孔底が盛り上がるといった現象が起こり，滞水した支持層内ではボイリングを引き起こして先端地盤を緩めてしまう．対策としては，掘削器をゆっくりと慎重に引き上げることが大事である．

(ix) オールケーシング工法の場合，ハンマグラブの衝撃掘削による先端支持地盤の乱れを考えねばならない．図10.18(d)に示した．一般にはあまり考慮が払われていないが，文献[14]によると，孔底の緩み域の深さは約0.8mであったという報告がある．緩み域の土砂を取り除くか締固めること，かつ孔底を平らに仕上げることが，施工上の対策として必要である．

10.2 杭基礎設計の基本事項

10.2.1 杭基礎設計の原則

杭基礎を設計するに当たっての原則は，基礎全般に関して述べた8.2節および8.3節に含まれている．すなわち，(a)杭に作用する荷重が杭の（許容）支持力を

超えないこと，ならびに，(b)その荷重の下における杭の変位量が，許容（限界）変位量を超えないことである．これらの条件をともに満たす支持力を，設計で採用することになる．ただし，実際の設計は建築基準法施行令に基づく国土交通省告示1113号により行われる．なお，杭基礎に関する設計では，以下の事項に留意する必要がある．

（ⅰ）杭の許容支持力を決定するに当たっては，地盤の破壊に基づく極限支持力に対して式(8.1)を満たすほか，杭に生ずる応力度が杭体の許容応力度を超えないことを確かめなければならない．

（ⅱ）杭基礎の支持力は，原則として杭のみによるものとし，基礎スラブ底面における地盤の支持力を加算してはならない．ただし，摩擦群杭と基礎スラブを一体的に扱うパイルド・ラフト基礎としてとくに検討すれば，加算することもできる．

（ⅲ）地盤沈下を生ずる地帯にあっては，杭に生ずる負の摩擦力を検討して，杭基礎の安全性を確かめなければならない．また建物が地盤から浮き上がる現象のあることに注意しなければならない（10.3.6.a項参照）．

（ⅳ）地震時に液状化を生ずる可能性のある地盤では，液状化層の範囲，場合によっては液状化層の上部の地層をも含む範囲にわたって，杭の摩擦抵抗ならびに水平抵抗が消失もしくは大幅に低下することを考慮しなければならない．式(8.5)のF_lが0.5〜0.75あるいはそれ以下になると，地盤は液体状態となり[15]，図10.20の状態が想定される．杭の摩擦抵抗は消失し，また支持地盤の有効鉛直圧$\bar{p}$が減少するので，杭の先端抵抗も低下することを考慮する必要がある．杭の水平抵抗については，基準水平地盤反力係数k_{ho}（10.4.4項参照）をN_a値（式(8.4)参照）と関係づけて，図10.21[16]の係数βを乗じて低減する．

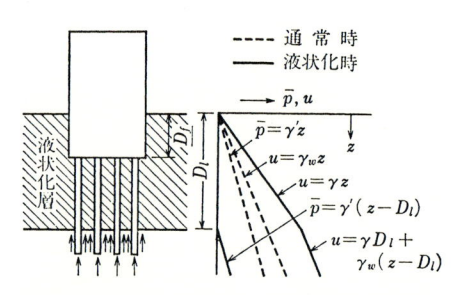

図10.20 液状化を起こした状態（地下水位＝地表面と仮定）

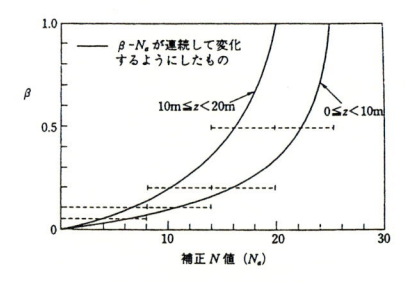

図10.21 地盤反力係数の低減率[16]

10.2.2 杭材料の許容応力度

10.2.1項の(ⅰ)における杭体の許容応力度については,杭の種類および応力度の種類に応じて,表10.2のように定められている[17]．

表10.2の(a)および(b)において,コンクリート関係の各種応力度の安全率が上部構造の安全率3に比べて大きく,場所打ちコンクリート杭ではコンクリートの打設の仕方によって4〜4.5,既製コンクリート杭では4となっていることがわかる．これは,杭の施工が地盤中において行われるため,上部構造に比べると施工条件および管理条件がはるかに難しいこと,地盤から杭が受ける土圧や水圧その他の影響の程度が不明確であること,上部構造を安全に支持するという杭の機能が重要であることなどによるものである．ただし,これらの杭内に含まれる鉄筋やPC鋼材については,材料としての信頼性が高いので,上部構造なみの許容応力度をとってよい．

PC杭およびPHC杭においてはプレストレスが導入されているので,有効プレストレス σ_e (N/mm^2) を考慮して,次式によって縁応力度を検討する．

$$-f_b \leq \frac{N}{A_e} + \sigma_e + \frac{M}{I_e}r \leq f_c \tag{10.1}$$

ここに,　f_b：コンクリートの許容曲げ引張り応力度 (N/mm^2)
　　　　　f_c：コンクリートの許容圧縮応力度 (N/mm^2)
　　　　　N：設計用軸方向力 (N)（圧縮力を＋,引張力を－とする）
　　　　　M：設計用曲げモーメント (N·mm)
　　　　　A_e：コンクリート換算断面積 (mm^2)（PC鋼材をも考慮する）
　　　　　I_e：杭断面の重心軸に関するコンクリート換算断面2次モーメント (mm^4)（PC鋼材をも考慮する）
　　　　　r：杭の半径 (mm)（曲げ圧縮側を＋,曲げ引張側を－とする）

なお,せん断力に対する断面応力度の検討は,上部構造のプレストレスコンクリートに準じて斜張応力度によって行う[18]．

表10.2(c)の鋼管杭の許容応力度は,上部構造の場合と同等である．ただし,地盤中にあるための腐食しろとして1mmを鋼管杭の外周から除き,残りの肉厚断面を有効断面とみて許容応力度を適用する．なお,圧縮および曲げに対しては,肉厚が薄い場合の局部座屈を考慮して F^* が適用される．

以上の表には,SC杭が含まれていない．取扱いとしては,鋼管内側に高強度コンクリートが打設されているので鋼管の局部座屈は生じないと考えて,表10.2の F^* を F と置き換えている．またコンクリートについては,圧縮応力度のみを有

10. 杭基礎の設計

表 10.2 杭材料の許容応力度など

(a) 鉄筋コンクリート杭

杭の種類		コンクリートの設計基準強度 F_c (N/mm²)	長期許容応力度 (N/mm²)			短期許容応力度 (N/mm²)
			圧縮	せん断	付着	
場所打ちコンクリート杭*	水または泥水がある状態で，コンクリートを打設するもの	18 以上	$\dfrac{F_c}{4.5}$ かつ 6 以下	$\dfrac{F_c}{45}$ かつ $\dfrac{3}{4}\left(0.49+\dfrac{F_c}{100}\right)$ 以下	$\dfrac{F_c}{15}$ かつ $\dfrac{3}{4}\left(1.35+\dfrac{F_c}{25}\right)$ 以下	圧縮および付着については長期の2倍，せん断お よび斜張応力度については長期の1.5倍．
	水または泥水がない状態で，コンクリートを打設するもの		$\dfrac{F_c}{4}$	$\dfrac{F_c}{40}$ かつ $\dfrac{3}{4}\left(0.49+\dfrac{F_c}{100}\right)$ 以下	$\dfrac{3}{40}F_c$ かつ $\dfrac{3}{4}\left(1.35+\dfrac{F_c}{25}\right)$ 以下	
遠心力鉄筋コンクリート杭および振動づめコンクリート杭（RC 杭）		40 以上	$\dfrac{F_c}{4}$ かつ 11 以下	$\dfrac{3}{4}\left(0.49+\dfrac{F_c}{100}\right)$ かつ 0.7 以下	$\dfrac{3}{4}\left(1.35+\dfrac{F_c}{25}\right)$ かつ 2.3 以下	

＊：場所打ちコンクリート杭の主筋（異形鉄筋）は 6 本以上，かつ設計断面積の 0.4% 以上とする．

(b) プレストレストコンクリート杭

杭の種類	コンクリートの設計基準強度 F_c (N/mm²)	長期許容応力度 (N/mm²)			短期許容応力度 (N/mm²)
		圧縮	曲げ引張り*	斜張応力度（文献[18] 参照）	
遠心力プレストレストコンクリート杭（PC 杭）	50 以上	$\dfrac{F_c}{4}$ かつ 15 以下	$\dfrac{\sigma_e}{4}$ かつ 2 以下	$\dfrac{0.07 F_c}{4}$ かつ 0.9 以下	圧縮・曲げ引張りについては長期の 2 倍．斜張応力度については長期の 1.5 倍．
遠心力高強度プレストレストコンクリート杭（PHC 杭）	σ_e によって A，B，C 種の区別があるので詳細は告示 1113 号，文献 17）を参照のこと				

＊：σ_e：有効プレストレス (N/mm²)．

(c) 鋼管杭

杭の種類	長期許容応力度 (N/mm²)				短期許容応力度 (N/mm²)
	圧縮	引張り	曲げ	せん断	
鋼管杭	$\dfrac{F^*}{1.5}$	$\dfrac{F}{1.5}$	$\dfrac{F^*}{1.5}$	$\dfrac{F}{1.5\sqrt{3}}$	長期の 1.5 倍

F：鋼材の許容応力度の基準強度 (N/mm²)．
F^*：$0.01 \leq t/r \leq 0.08$ の場合 $F^* = F(0.80 + 2.5\, t/r)$，$t/r > 0.08$ の場合 $F^* = F$．
r：杭の半径 (mm)，t：腐食しろを除いた鋼材の厚さ (mm)．

10.3 杭の鉛直支持力

表 10.3 杭の中心間隔

杭 の 種 類			中 心 間 隔
打込み杭	既製コンクリート杭		$2.5d$ 以上かつ $0.75\,\mathrm{m}$ 以上
	鋼管杭	開端	$2.0d$ 以上かつ $0.75\,\mathrm{m}$ 以上
		閉端	$2.5d$ 以上かつ $0.75\,\mathrm{m}$ 以上
埋 込 み 杭			$2.0d$ 以上
場所打ちコンクリート杭	拡底なし		$2.0d$ 以上かつ $(d+1\,\mathrm{m})$ 以上
	拡底あり		$(d+D)$ 以上かつ $(D+1\,\mathrm{m})$ 以上

d：杭頭部の径または幅．
D：場所打ちコンクリート杭拡底部の最大径（図 10.17 参照）．

効とし，長期 $F_c/4$ で，短期は長期の 2 倍が採用されている．

10.2.3 杭の最小中心間隔

杭の配置を計画する場合，各杭の中心間隔（杭間隔ともいう）をどの程度にするかが問題となる．中心間隔が小さすぎると，ある杭を施工するときの土の移動・乱れ・締固めなどが隣接杭に支持力上の影響を与えることが考えられ，場合によっては打込み杭が傾斜したり曲がりを生じたりして，隣接杭に衝突し破損することもある．また群杭全体としての支持力も杭間隔によって影響を受ける．一方，杭間隔が大きいほどフーチングの幅が大きくなって，不経済である．このような問題をあわせ考えて，杭の最小間隔は従来から経験的に定められてきた．現在では，表 10.3 に示すような値が妥当と考えられている[19]．

10.3 杭の鉛直支持力

10.3.1 杭の鉛直支持力の機構

a．杭の鉛直荷重〜沈下性状　杭頭に鉛直方向の荷重を加えた場合の荷重〜沈下量曲線（load–settlement curve）は，図 10.22 に示すとおりであって，荷重 P の増加とともに杭頭の沈下量 S_0 は増大し，ついには極限荷重（ultimate load）P_u に至る．この間にあって，曲線の曲率が最大となる点の荷重を降伏荷重（yield load）P_y と呼ぶ．荷重〜沈下量曲線の勾配，降伏荷重や極限荷重の大きさなどは，地盤条件，杭の施工法，杭の寸法などによって，大幅に変化するものである．

このように杭が鉛直荷重を受けた場合の地盤の抵抗のあり方を考えてみる．図 10.23(a) は，一様な土質の中間層を貫いて支持層にまで達している支持杭が，鉛直荷重を受けた状態を示すもので，深さ z における杭の軸力を R，杭の沈下量を

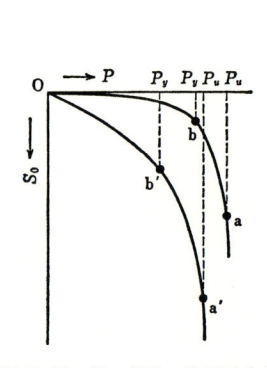

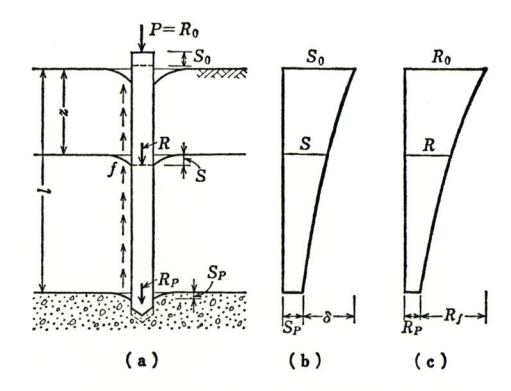

図10.22 杭の荷重～沈下量曲線　　**図10.23** 杭軸に沿った沈下量と軸力の分布

S とする．杭周の地盤は杭の沈下に対して抵抗するから，杭周面には単位面積当たりの摩擦力 f が上向きに生ずる．また杭には，軸力による圧縮歪み ε が生ずる．したがって，次式が成立つ．

$$R = P - \int_0^z f\psi dz \tag{10.2}$$

$$S = S_0 - \int_0^z \varepsilon dz \tag{10.3}$$

ここに，ψ：杭の周長

ゆえに，杭軸にそった沈下量 S および軸力 R の分布は，およそ同図(b)および(c)のように深さとともに減少する．地表部における杭の軸力を R_0 とし，支持層表面での軸力を R_p，沈下量を S_p で表すと，次式の関係がある．

$$P = R_0 = R_f + R_p \tag{10.4}$$

$$S_0 = \delta + S_p \tag{10.5}$$

ここに，R_0：地表面における杭の軸力（kN）

$R_f \left(= \int_0^l f\psi dz \right)$：摩擦抵抗（kN）

R_p：先端抵抗（kN）

$\delta \left(= \int_0^l \varepsilon dz \right)$：杭の圧縮量（m）

S_p：杭の先端沈下量（m）

このような杭の荷重に対する抵抗機構を理論的に考えるには，図10.24のようなモデルを想定するのがよい．杭を弾性体とみなし，杭周にそってせん断抵抗ばねが，杭先端には先端抵抗ばねが設けられていると考える．深さ z での摩擦力 f

は，その位置での S に比例するものであり，また杭の先端抵抗 R_p は S_p に比例した反力として生ずる．

歪み計をとりつけた杭の載荷試験の結果からは，図 10.25 の曲線 Oab のような $f \sim S$ 曲線が求まるのであって，f の最大値に達するまでの沈下量 S は，5～10 mm 程度あるいは杭径の 1% 程度とみられている．また R_p と S_p の関係は，先端地盤の密度や堅さによって影響されるが，図 10.26 の Oab 曲線のように想定される．極限値 R_{pu} に達するまでの沈下量 S_p は，打込み杭においては杭径の 10%，場所打ち杭では杭径の 30% とする意見もある[20]．

以上から，杭の荷重～沈下特性は図 10.24 のモデルにおいて，図 10.25 および図 10.26 の特性を考慮すればよいことがわかる．このような考え方によって，Seed および Reese[21] は以下の理論式 (10.6) を導いた．

深さ z における杭体の小区間を示した図 10.27 において，つり合い条件から，

$$R + dR + f\psi dz = R \quad \therefore \frac{dR}{dz} = -f\psi$$

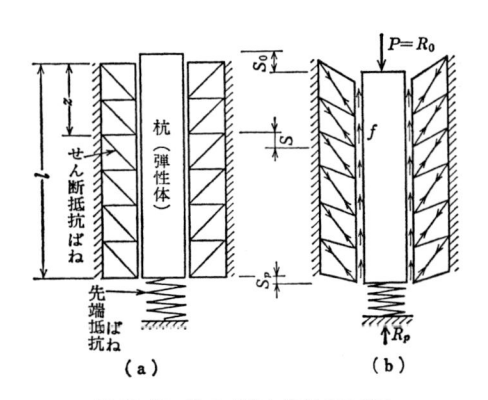

図 10.24 杭の支持力機構のモデル

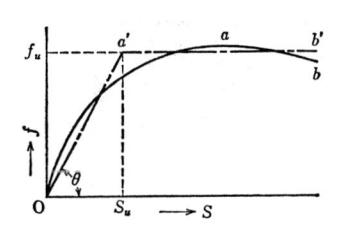

図 10.25 杭周面摩擦力度 f ～沈下量 S 曲線

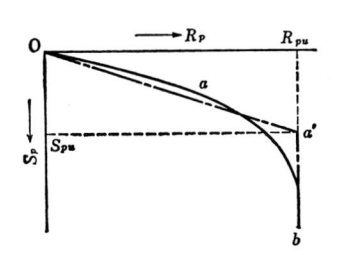

図 10.26 先端抵抗 R_p ～先端沈下量 S_p 曲線

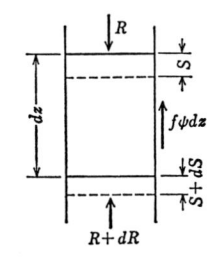

図 10.27 杭の小区間

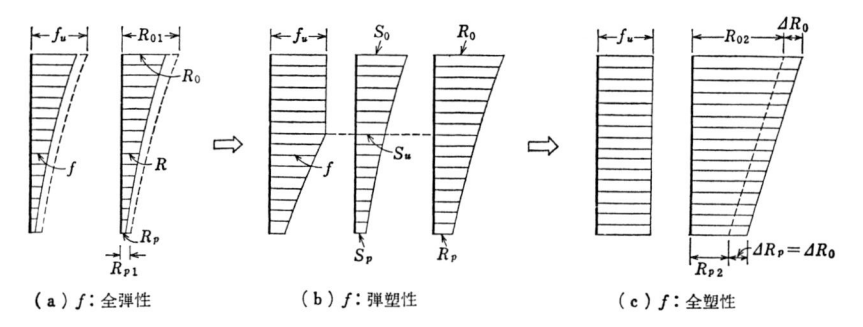

(a) f：全弾性　　(b) f：弾塑性　　(c) f：全塑性

図 10.28　杭軸に沿った摩擦力度分布と軸力分布の推移[22]

また沈下量と歪みの関係から

$$-\frac{dS}{dz}=\varepsilon=\frac{R}{AE} \quad \therefore \frac{d^2S}{dz^2}=-\frac{dR}{dz}\frac{1}{AE}$$

したがって次式を得る．

$$\frac{d^2S}{dz^2}-\frac{f\psi}{AE}=0 \quad (10.6)$$

この式を，杭頭および杭先端の境界条件を考慮して解けばよい．山肩[22]は，$f \sim S$ 関係を図 10.25 の Oa′b′ のように弾塑性的，$R_p \sim S_p$ を図 10.26 の Oa′ のように弾性的と仮定して解を求めた．結果として，図 10.28 に示すように，杭軸にそった f の分布は荷重の増大につれて全弾性から弾塑性，全塑性へと移行してゆき，それに伴って杭頭の荷重～沈下量の関係は図 10.29 のように推移することがわかった．

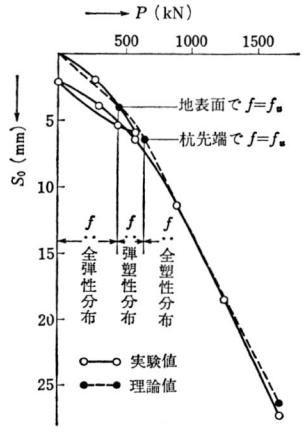

図 10.29　荷重～沈下量曲線の実験値と理論値の比較[22]

荷重がさらに増加すると，ついには極限荷重 P_u に達し，次式が成立する．

$$P_u=R_u=R_{pu}+R_{fu} \quad (10.7)$$

ここに，R_u：杭の極限支持力（kN）

$R_{pu}=q_d A_p$：先端抵抗の極限値（kN）

$R_{fu}=\int_0^l f_u \psi dz$：摩擦抵抗の極限値（kN）

q_d：杭先端の極限支持力度（kN/m²）

A_p：杭先端の全断面積（m²）

f_u：摩擦力度の極限値（kN/m²）

【演習問題 10.1】　直径 $d=0.5\,\mathrm{m}$，肉厚 $t=0.012\,\mathrm{m}$，根入れ長 $L=30.0\,\mathrm{m}$，先端閉端，杭頭の突出がない鋼管杭について，以下の各状態における杭頭荷重 P_0 と杭頭沈下量 S_0

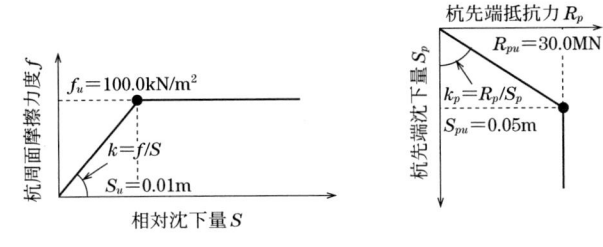

図10.30 杭周面摩擦力度 f ~相対沈下量 S 関係(左)と
杭先端抵抗力 R_p ~杭先端沈下量 S_p 関係(右)

関係を式 (10.6) の微分方程式に基づいて計算せよ．ただし，杭根入れ全長にわたる杭周面摩擦力度 $f(\mathrm{kN/m^2})$ ~相対沈下量 $S(\mathrm{m})$ の関係および杭先端抵抗力 $R_p(\mathrm{MN})$ ~杭先端沈下量 $S_p(\mathrm{m})$ の関係は，それぞれ図10.30に示す弾塑性モデルが適用できるとし，鋼管杭の弾性係数 E は $210,000(\mathrm{MN/m^2})$ として計算せよ．

状態 (1)：杭頭での杭周面摩擦力度 f が極限値 f_u に達したとき．

状態 (2)：杭頭から杭先端まで杭根入れ全長の杭周面摩擦力度 f が極限値 f_u に達したとき．

状態 (3)：杭先端抵抗力 R_p が極限値 R_{pu} に達したとき．

b. 極限先端支持力に関する考え方 杭の先端の極限支持力 R_{pu} については，かなり以前から塑性論の立場で研究されてきた．現在の段階でも，まだ極限支持力の大きさを実用的に定量化できるところまでには至っていないが，先端地盤の破壊機構を理解する上で，これらの考え方の推移を簡単に紹介しておく[23]．

Terzaghi[24] は，圧縮性の高い地盤を貫いて堅い地盤に打ち込まれた杭の先端支持力として，図9.3(c)における D_f が大きくなった場合を想定して，図10.31のように考えた．この考え方からは，式 (9.8) において基礎の短辺幅 B を杭径の d とし，荷重の傾斜角 $\theta=0$ のときの円形断面としての係数 ($\alpha=1.2$, $\beta=0.3$) を採用し，かつ $3q_a=q_d$ とすると，次式が求まる．

$$q_d = 1.2cN_c + 0.3\gamma_1 dN_\gamma + \gamma_2 D_f N_q \tag{10.8}$$

上式のうち右辺第2項は一般に小さいので無視してよい．一方，杭先端を通る平面FH上の円柱状の土柱内の応力には，杭周の摩擦抵抗 f や周辺地盤との間のせん断抵抗 τ からの影響が考えられる．Terzaghiは，土柱の底面がもち上がるためこれらの影響が加わると考え，同式の第3項について半経験的な形状係数を求めた．このような破壊形式については，後にBerezantzevら[25] の研究があるが，杭の貫入に伴いFH面下部の地盤が部分的に沈下するため，図10.31の τ が逆向きに作用し上載圧が減少するとして，Terzaghiとはまったく異なった見解を示した．

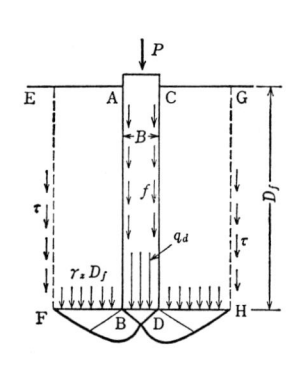

図10.31 TerzaghiおよびPeckによる杭先端支持力の考え方

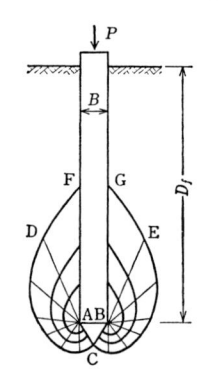

図10.32 Meyerhofによる杭先端部の破壊すべり線

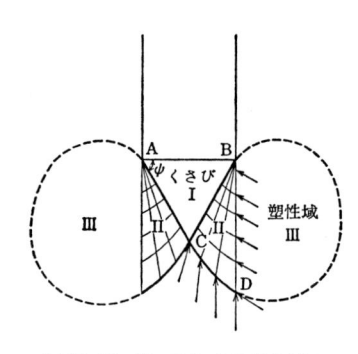

図10.33 Vesićによる杭先端の破壊状態図[20]

Meyerhof[26]は，彼の支持力理論において，根入れが十分大である場合の杭先端部の破壊機構を，図10.32のように考えた．杭先端の弾性くさびABCに対数らせん状のすべり領域が連続し，杭側面に向かって閉じる破壊形である．この結果として，次式を提案した．

$$q_d = cN_c + \frac{1}{2}\gamma BN_\gamma + K_s\gamma D_f N_q \tag{10.9}$$

ここに，K_s：破壊領域内の杭体周面上の土圧係数

ただし支持力係数 N_c, N_γ, N_q は，図9.4とは異なった値をMeyerhofが提案しているが，ここでは省略する．この考え方は，理論的にはすぐれているが，かなり過大な支持力値を与えること，模型実験などにおいて杭周にまで及ぶようなせん断すべり線が観測されないことなどから，実用面では不適当と考えられている．

Vesić[20]は，模型実験の結果および杭先端の地盤破壊に球空洞押拡げ理論を適用した結果として，図10.33のような破壊機構を考えた．同図において，Ⅰは高度に圧縮された円錐状のくさびであって，比較的緩い砂の場合には，このくさびが他のはっきりした滑り線を生ずることなく，貫入していく．比較的密な砂の場合は，放射線状のせん断域Ⅱを生じて，側方の塑性域Ⅲを圧縮しつつ貫入する．この破壊形は，BCP委員会[27]が行った実杭(ϕ200 mm)の先端部の掘り出し調査においても確かめられた．高野・岸田[28]も模型実験を行った結果として，同様な破壊形を提案している．したがって，図10.33の破壊形が現在最も妥当と考えられるが，この破壊機構を十分実用的な支持力式に結びつけるまでには至っていない．なお，この系統の破壊機構はパンチングせん断破壊と呼ばれている．

以上のような先端地盤の破壊形を追求する研究とは別に，杭先端の極限支持力度 q_d とサウンディングによる測定値との関連を調べる研究も行われてきた．この関係では，Van der Veen[29) が以下のような注目すべき提案を行っている．彼は q_d とコーン抵抗値とを比較検討した結果として，杭下端より下方へ $1d$，上方へ $3.75d$ の範囲のコーン抵抗値の平均値を q_d として採用すべきであるとした．この後を受けて，Meyerhof[30) も砂質土の場合杭先端から下へ $1d$，上へ $4d$ の間の土質定数の平均をもって q_d と関連づける提案を行っている．

なお，日本建築学会「基礎構造設計指針」[31) においては，打込み杭では上記 Meyerhof の提案を採用しているが，埋込み杭および場所打ち杭では上 $1d$ および下 $1d$ の平均がよいとする近年の研究成果を採用している．

c. 極限摩擦抵抗について　式 (10.7) における極限摩擦抵抗 R_{fu} を求めるためには，杭周地盤の各地層について摩擦力度の極限値 f_u を知る必要があり，次式のように考えられている（図 10.34 参照）．

$$f_u = c_a + K\sigma_v \tan\delta \tag{10.10}$$

ここに，c_a：杭と土との間の粘着力（adhesion）（kN/m²）
　　　　K：土圧係数（coefficient of earth pressure）
　　　　σ_v：有効鉛直圧（kN/m²）
　　　　δ：杭と土の間の摩擦角（度）
　　　　$\tan\delta$：杭と土の間の摩擦係数

しかし現実には，土質，杭の施工法，杭の材質および粗面度など影響因子が多くて各定数を定めにくい面がある．設計上では，粘性土と砂質土に分けて以下のように取り扱っている．

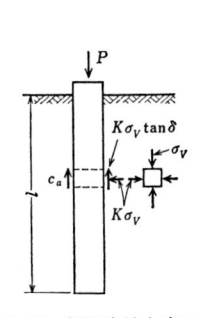

図 10.34　極限摩擦力度の構成

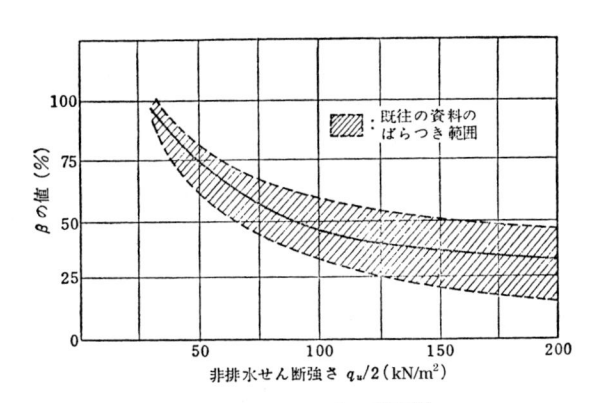

図 10.35　β と $q_u/2$ の関係[33)

粘性土の場合は，上式右辺の第1項をとる．杭の施工後十分な時間（およそ1か月）が経過し，非排水状態で杭に載荷される場合には，

$$f_u = c_a = \beta \frac{q_u}{2} \quad (\text{kN/m}^2) \tag{10.11}$$

ここに，β：土の強度に対する低減係数

とする．βについては数多くの提案[32],[33]があるが，ここでは図10.35を引用しておく．粘土が硬くなるにつれて，粘着力c_aは非排水せん断強度より小さくなり，杭と土との境界面ですべりが起こることを示している．杭の材質や施工法などと無関係の表現ではあるが，かなりバラツキがあることがわかろう．排水状態の場合は，排水せん断試験によるせん断抵抗角を求めて，有効応力解析を行う必要があるが，この方面の研究はあまり進んでいない．

砂質土の場合は，式(10.10)右辺の第2項をとり，次式となる．

$$f_u = K \sigma_v \tan \delta \tag{10.12}$$

Kは初期の地中応力状態，杭の施工法などによって大きく影響される．埋込み杭や場所打ち杭では静止土圧K_nにほぼ等しく，打込み杭の場合は受働土圧K_pにまでも達するとみられている．またδとしては，土の内部摩擦角ϕと関連づけて次式の値が提案されている．

$$\left.\begin{array}{l} 鋼杭\qquad\qquad\quad : \delta = \left(\frac{1}{2} \sim \frac{3}{4}\right)\phi \\ 既製コンクリート杭 : \delta = \left(\frac{3}{4} \sim 1\right)\phi \end{array}\right\} \tag{10.13}$$

以上は，式(10.10)の考え方に基づくものであった．これに対して，標準貫入試験のN値とf_uを直接に関連づけようとする研究も数多くあり，主として杭の載荷試験結果に基づいて提案されてきた．これらの提案値には幅があり，およそ次式に示す範囲にある．

$$f_u = \frac{10}{5} N \sim \frac{10}{3} N \quad (\text{kN/m}^2) \tag{10.14}$$

10.3.2 杭の許容鉛直支持力の決定法

杭の許容鉛直支持力は，地盤の鉛直支持力に安全率（例えば，長期は1/3および短期は2/3）を考慮した許容値と，杭体の許容軸力の小さい方で決められる．ここに，杭の鉛直支持力の決定法としては，杭の載荷試験を行う場合と行わない場合とに分類できるが，杭の鉛直支持力を決める上で最も信頼性の高いのは，実際に施工した杭に載荷試験を行い，その結果に基づいて決定することである．その

理由は杭の支持力理論が実状を定量的に説明できる段階ではないこと，地盤各層の力学的性状が複雑であり，かつ杭を施工することによって地盤に及ぼす影響が不明確であるため，土質定数や諸係数を精度よく選ぶことが難しいことなどによるものである．したがって，鉛直支持力の決定は載荷試験を行う場合の方が優先される．とくに埋込み杭および場所打ち杭については，打込み杭以上に不明確な点が多いので，載荷試験を行うことを原則とすべきである．杭の載荷試験を行う方法については，10.3.3項を参照されたい．

載荷試験から長期許容支持力を決定するには，10.3.3項で示す極限荷重（第2限界荷重ともいう）P_u の1/3，降伏荷重（第1限界荷重ともいう）P_y の1/2および表10.2に示す杭体の許容圧縮応力度に杭の最小断面積を乗じた値の内の最小のものを原則として採用する．

他方，杭の載荷試験を行わない場合の許容支持力算定式については，10.3.4項において解説する．

10.3.3 杭の鉛直載荷試験 (pile load test)

現場において施工された実物杭に鉛直方向の載荷を行い，荷重〜沈下性状や支持力などを検討するための試験法であって，杭の許容鉛直支持力を決定するための最も確実な方法である．わが国では，地盤工学会の基準[34]に準拠して行われている．杭の鉛直載荷試験は，押込み試験，先端載荷試験あるいは衝撃載荷試験などがあるが，最も一般的な試験方法は押込み試験である．

a．実施要項 以下，押込み試験を行うに当たっての要項を概説しておく．

（ⅰ）杭の施工後，載荷試験を行うまでの放置期間：打込み杭の場合，施工によって杭周辺の土を乱し，強度低下を生ずることがある．乱した土の安定化・強度回復などをはかるため，砂質地盤では5日間以上，粘性土地盤では14日間以上の期間をおくことを原則とする．場所打ち杭の場合は，コンクリートが十分硬化するまでの期間をおく．埋込み杭の場合，施工法のいかんによって適宜考える必要がある．

（ⅱ）計画最大荷重：載荷予定の最大荷重としては，予想される杭の極限支持力以上，または設計荷重に安全係数を考慮した荷重以上とする．

（ⅲ）載荷装置：加力装置，載荷梁および反力装置からなる．試験杭に鉛直下向きに加力するためには，図10.36(a)に示すように，その力とつり合う反力が必要である．反力装置としては，反力杭または地盤アンカー方式，実荷重載荷方式，反力杭と実荷重併用方式などがある．現在では，ほとんどの場合反力杭または地

盤アンカー方式(反力杭の代わりに地盤アンカーを使用する方式)が使用されている. 反力杭方式で基準点を仮設杭に設ける場合の概要を図 10.36 に示す. 載荷梁と杭頭の間には, 加力装置として油圧ジャッキが使用される. 載荷装置全般を通じて, 計画最大荷重に対して十分に安全であるように設計しなければならない. なお降雨, 風, 日射などによって実験の遂行に支障を生じないよう, 装置全体を天幕で覆う必要がある.

(iv) 計測事項:通常, 荷重の大きさ, 試験杭の沈下量, 経過時間が主要な計測事項であって, 試験管理の目的で反力杭の浮き上がり量も同時に測定する. 荷重の大きさは, ジャッキの油圧計またはロードセルによる. 変位量は, 基準点の間にかけ渡した基準梁に試験目的に応じた仕様のダイアルゲージまたは変位計をセットして, 杭頭

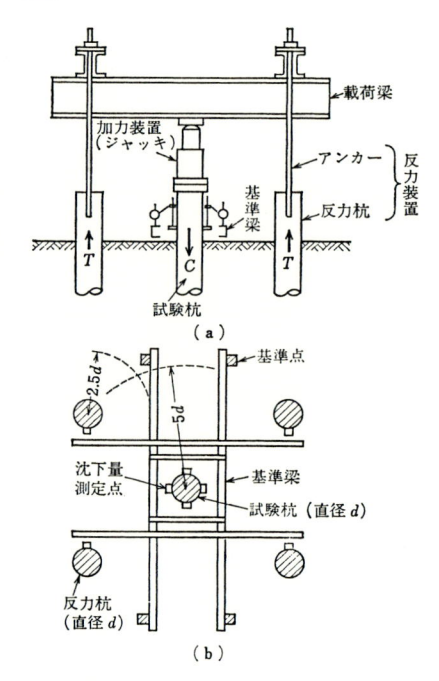

図 10.36 杭の鉛直載荷試験装置

部で測定する. 基準点は, 実験中に変位を生じないことが必要で, 仮設杭ではなく本杭に設ける場合は, 試験杭および反力杭から各杭径の 2.5 倍以上離す必要がある (図 10.36(b) 参照). また基準梁は十分な曲げ剛性をもったものでなければならない. 試験杭に設けるダイアルゲージまたは変位計は, 対象位置の 4 点であることを原則とする. 計測時間は, (v) に述べる各荷重階に関してあらかじめ定めておく.

以上は, 通常の試験における計測事項に関するものであるが, それ以外に杭体の歪み分布や先端沈下量などをも計測すると, 地中部の杭の挙動の解析が可能となる. このような特殊計測法については, 文献[35]~[38] を参照されたい.

(v) 試験方式:図 10.37 に一例を示すように, 1 サイクルと多サイクル試験がある. 荷重階の数は 8 段階以上とし, 原則として計画最大荷重を均等に分割するのがよい. 各荷重階での荷重保持時間は, 図 10.37 中の荷重階の記号に対応して示している.

b. 試験結果の図示　　荷重～沈下量～時間の記録は, 図 10.38 のように図示する. 諸曲線のうち, 荷重～沈下量曲線は各荷重階の荷重と最後の沈下量測定値

10.3 杭の鉛直支持力

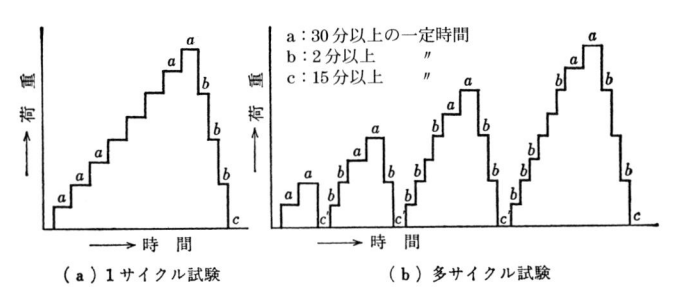

図10.37 杭の鉛直載荷試験の試験方式

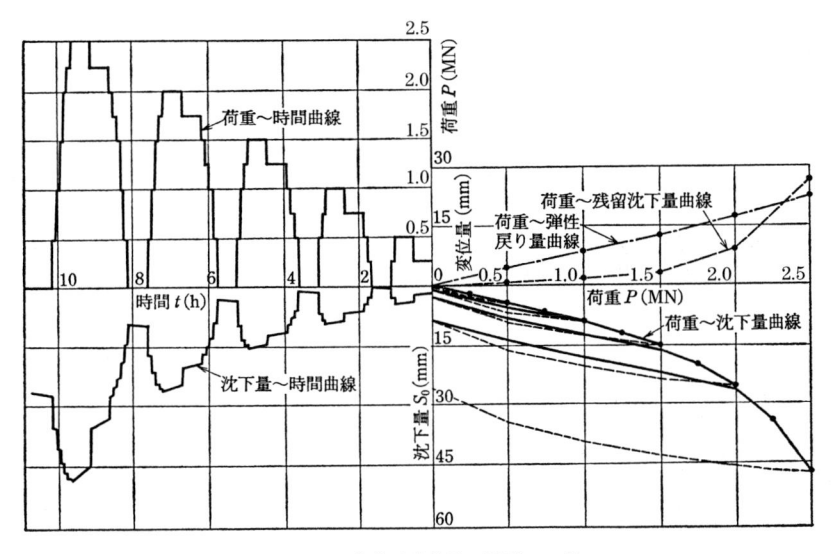

図10.38 載荷試験結果の図示の一例

との関係を示す．多サイクル試験では，各サイクルでの最大荷重の荷重階の終了後，荷重を除荷して0荷重階に戻すが，この0荷重階での最後の沈下量測定値を残留沈下量 S_{0R} と呼ぶ．また除荷前の最大荷重階での最後の沈下量測定値から S_{0R} を減じた値を弾性戻り量 S_{0E} と呼ぶ．除荷前の最大荷重階の荷重値に対してこれらをプロットしたものが，荷重〜残留沈下量曲線および荷重〜弾性戻り量曲線である．なお記録のうちでは，新規荷重階における荷重と沈下量の関係曲線が最も重要であるので，別途に図10.39の例のように図示しておくのがよい．

また次に述べる降伏荷重の判定に資するため，$\log P \sim \log S_0$ 図，$S_0 \sim \log t$ 図および $S_0/\Delta \log t \sim P$ 図を描く．図10.40〜10.42を参照されたい．$\log P \sim \log S_0$ 図は，図10.39における $P \sim S_0$ 曲線の関係を両対数紙上に描いたものである．また

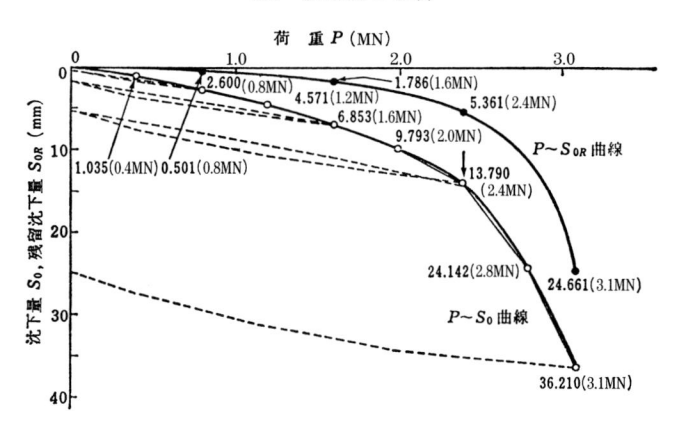

図 10.39 荷重 P〜沈下量 S_0 および残留沈下量 S_{0R} 曲線[39]

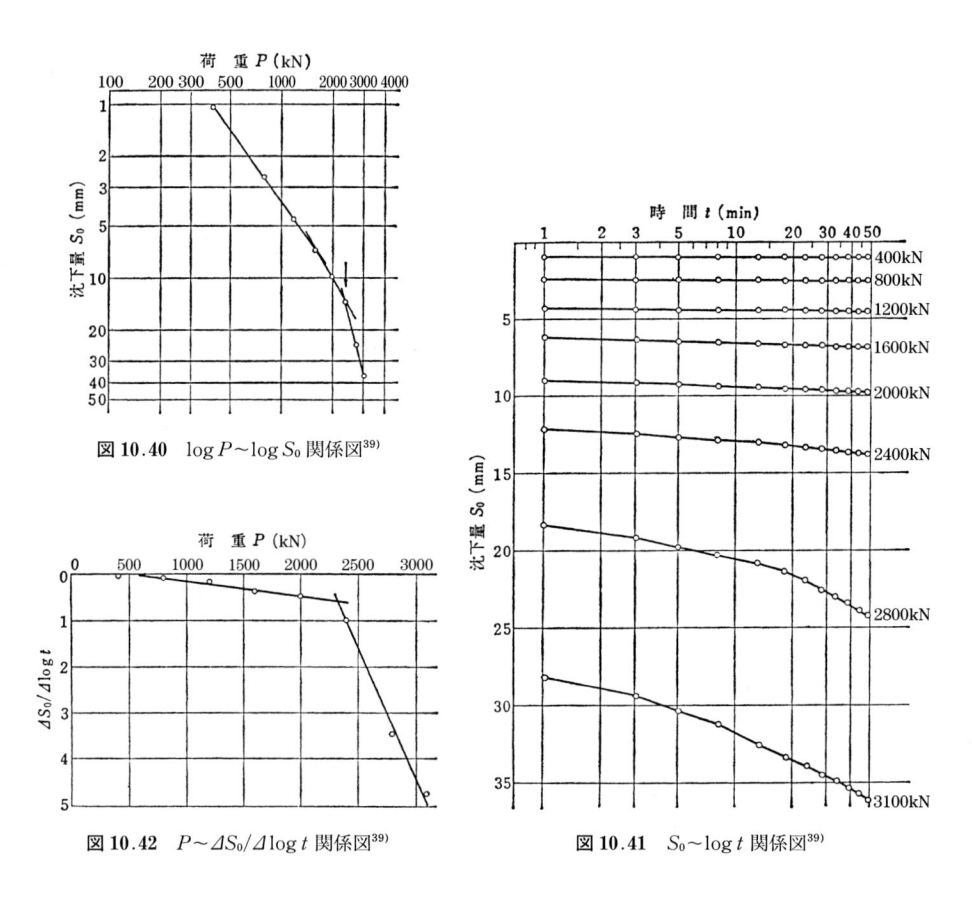

図 10.40 $\log P$〜$\log S_0$ 関係図[39]

図 10.42 P〜$\Delta S_0/\Delta \log t$ 関係図[39]

図 10.41 S_0〜$\log t$ 関係図[39]

$S_0\sim\log t$ 図は，各荷重階での荷重保持時間 t と沈下量 S_0 との関係を片対数紙上に示したものであり，各 $S_0\sim\text{lot} t$ 曲線の勾配と荷重 P との関係が，$\varDelta S_0/\varDelta\log t$ $\sim P$ 図である．ここに $\varDelta\text{lot} t$ としては，通常図 10.41 の各記録の最初と最後の計測時間の対数値の差をとるものとする．

c．鉛直支持力の判定　　極限荷重は，荷重～沈下量曲線が沈下量軸と平行に垂れ下がる状態での荷重と定義されている(図 10.22 参照)．現実的には，載荷試験中に荷重～沈下量曲線を順次描いていけば，ついにある荷重階でダイアルゲージが安定せず，沈下がどんどん進行するといった状態に到達するので，曲線形状とにらみ合わせて判断できる．しかし試験経費や載荷装置の関係で，極限荷重に達する以前の段階で試験を終了している場合が多い．このような場合，得られている荷重～沈下量曲線から外挿して，極限荷重を推定する以外にない．なお，実務的に安全側の処置として，ある限度の沈下量または沈下量杭径比の値を定めて，沈下量がこれらの値に達したときの荷重をもって極限荷重とすることが，設計上一般的になっている[31],[32] (10.3.4.a 項参照)．

降伏荷重の判定には，以下の方法が適用される[39]～[42]．

・判定法 i（$\log P\sim\log S_0$ 法）：$\log P\sim\log S_0$ 図上において，測定値を結ぶ直線が急折する点を見出し，この点の荷重をもって降伏荷重とする（図 10.40 参照）．

・判定法 ii（$S_0\sim\log t$ 法）：図 10.41 において，$S_0\sim\log t$ の関係が低荷重の場合の直線状から，沈下量が増加する方向へ向かって凹形の曲線状を示すようになる限界（曲線状を示さない場合は直線状の勾配が急増するようになる限界）に当たる荷重をもって，降伏荷重とする．

・判定法 iii（$\varDelta S_0/\varDelta\log t\sim P$ 法）：図 10.42 において，直線が急折する点の荷重をもって，降伏荷重とする．

判定法 i による折曲り点は，図 10.43 に示すように普通目盛での $P\sim S_0$ 曲線が，ある曲線 $S_0=C_1P^{n_1}$ 上から他の曲線 $S_0=C_2P^{n_2}$ 上へ移行する点を表すものであって，地中における杭の支持力特性に何らかの変化が生じたことを表す．しかし，この折曲り点は1つとは限らず，2～3個現れることがある．判定法 ii と iii は，地盤の粘弾性的な特性を表すものであって，これらの判定法による特性点は地盤がクリープ破壊する荷重点に当たるという解釈が有力である．載荷試験では，通常杭材の破損が起こることは少なくて，地盤としての支持力性状が調査される．したがって，判定法 i でまず折曲り点を検出し，これらの荷重値のうちで判定法 ii および iii の現象を伴ったものをもって，降伏荷重と判定するのがよい．例えば，図 10.40 の例では，1600 kN および 2400 kN の折点荷重が検出されているが，図

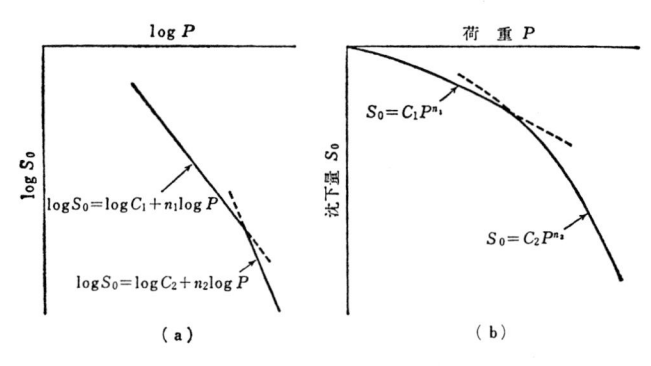

図 10.43 $\log P \sim \log S_0$ 曲線と $P \sim S_0$ 曲線の対応関係

10.41 および図 10.42 の限界となる荷重はそれぞれ約 2400 kN, 2330 kN であるので, これらの値に近い 2400 kN をもって降伏荷重とする. なお, 降伏荷重をもとの荷重〜沈下量曲線 (図 10.39) の上にプロットした場合, 曲率最大の点 (矢印の点) に当たっていることがわかる.

10.3.4 杭の鉛直支持力計算式

杭の載荷試験を行わない場合の鉛直支持力計算式としては, 表 10.4 の 3 種類がある. これらのうちでも最も信頼度の高いものは, 実際の現場載荷試験結果から導かれた標準貫入試験などの結果に基づく計算式である.

本項では, まず施工法の相違によって打込み杭・埋込み杭・場所打ち杭の支持力にどのような影響が生じうるかについて解説し, ついで表 10.4 の諸計算式について説明する.

a. 施工法が杭の支持力に及ぼす影響 打込み杭の場合, 杭は打撃力によって土を排除しながら地盤中に貫入していく. 粘性土地盤では, 杭周からおよそ $1d$ (d : 杭径) 位の範囲の土がかく乱されて強度低下を起こすが, 打設終了後時間の経過とともに, しだいにもとの強度に回復してゆく. また砂質土地盤では図 10.44 に示すように a の範囲にわたって土がせん断破壊され, b の範囲の土が締固まると考えられている. 緩い砂の場合は $a=4d$ および $b=(6 \sim 8)d$ の値が Meyerhof

表 10.4 杭の許容支持力計算式の種類

	打込み杭	埋込み杭	場所打ち杭
静力学的支持力計算式	○	−	−
標準貫入試験などの結果に基づく計算式	○	○	○
杭打ち試験結果による支持力計算式	○	−	−

10.3 杭の鉛直支持力

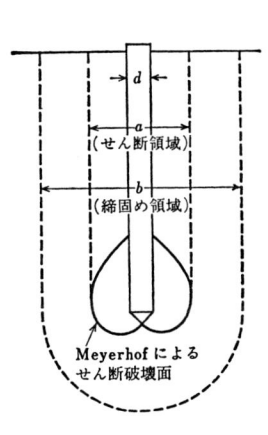

図 10.44 打込み杭のせん断領域と締固め領域

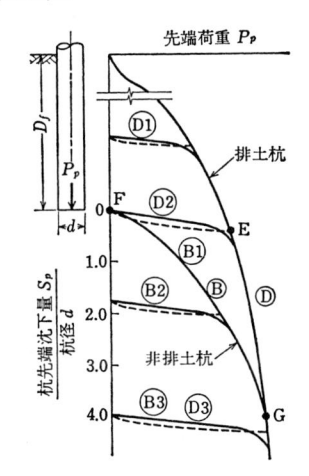

図 10.45 杭先端の荷重 P_p 〜沈下量 S_p 関係の模式図[43]

によって，密な砂の場合，$a=3d$ および $b=5d$ の値が Kerisel によって示されている．

図 10.45 は，岸田・高野[43] による杭先端の荷重〜沈下量関係の模式図であって，図中の排土杭（displacement pile）とは閉端の打込み杭を意味する．同図の⓪曲線は，地表面から土を押しのけながら打込み杭を貫入させた場合の荷重と貫入量の関係であって，打込みが終わると杭先端は例えば F 点に位置する．したがって杭の先端は，その根入れ深さに対応する除荷前の⓪曲線上の E 点の荷重を，先行荷重として受けていることになる．図 4.2(a) および図 4.3(a) で述べたように，地盤の再載荷時の変形はかなり弾性的である．杭の載荷試験における荷重〜沈下量曲線は，打込み杭の場合，杭の受ける荷重履歴からは再載荷に当たるわけであって，杭の打込み深さに応じて①，②，③曲線のように表される．極限支持力はこれらの曲線が⓪曲線と一致したときの荷重とみなされよう．この説明による極限支持力は，図 10.22 の a 点に対応するとみてよい．

以上より打込み杭の場合，地盤は締固められて支持力を増す傾向にあること，さらに打込み過程においてすでに先端支持力が大きな先行荷重を受けていることなどから，大きな支持力が期待できることがわかろう．

次に，埋込み杭および場所打ち杭について考える．図 10.45 の非排土杭（non-displacement pile）とは，原位置の土が杭体に置き換わったと想定した場合の杭，したがって土を押しのけずに設置された理想化された埋込み杭や場所打ち杭を表

すものと考えられる．根入れ深さが D_f の非排土杭の場合は，打込み杭の場合に想定した先行荷重を受けていないので，載荷時の杭先端の荷重～沈下量曲線はF点から始まる㉝曲線で表すことができよう．したがって同じ根入れ深さの打込み杭の⑫曲線に比べると，沈下量が大きく，局部破壊的な曲線形状を示すことが理解される．

現実の場所打ち杭の施工では，このような非排土杭としての特性のほか，10.1.4項で述べたように，掘削することによって杭周や杭先端の地盤を緩めること，とくに図 10.18 に関連して説明したような先端支持力にとっての重大な弱点を生ずるおそれのあることを，あわせて考えねばならない．埋込み杭についても，工法のいかんによって場所打ち杭と同様の施工上の弱点のあることを考える必要がある（10.1.3 項参照）．

なお，非排土杭の沈下量が大きくて，局部破壊的な荷重～沈下量曲線形状を示すことから，10.3.3.c 項で述べたように，現実の設計では極限支持力を沈下量や沈下量杭径比で規定しようとしており，沈下量が杭径の 10% に達したときの支持力をもって極限支持力としている．

b．静力学的支持力計算式　　塑性論の立場から静力学的に導かれた支持力の理論式であって，古くから多くの式が提示されてきた．しかし，いくつかの仮定に基づく式であること，式中の係数が定量化しにくいことなどから，実用にたえる式は数少ない．ここでは 10.3.1 項で紹介した Terzaghi と Peck の考え方による先端支持力度の式 (10.8) と，摩擦力度の式 (10.10) を組み合わせた次式をあげておく．

$$\left.\begin{aligned}R_u &= R_{pu} + R_{fu} \\ R_{pu} &= (1.2cN_c + \gamma_2 D_f N_q) A_p \\ R_{fu} &= \int_0^{D_f} (c_a + K\gamma z \tan\delta) \psi dz\end{aligned}\right\} \quad (10.15)$$

ここに，R_u：鉛直支持力（kN）

　　　N_c, N_a：支持力係数（図 9.4 参照）

　　　A_p：杭先端の全断面積（m²）

既出の記号や定数の求め方などについては，式 (10.7)～(10.13) を参照されたい．

以上のほか，杭先端が硬質粘土中にある場合については，Skempton[44] が理論値と実験値をあわせ考慮した半経験式として，円形断面の杭に対する次式を提案している．

$$R_{pu} = 9cA_p \tag{10.16}$$

c. 標準貫入試験などの結果に基づく計算式 杭の載荷試験結果などに基づいて，杭周面に作用する摩擦力度 f_u や杭先端の極限支持力度 q_d と，標準貫入試験の N 値，コーンの貫入抵抗 q_c あるいは粘性土の一軸圧縮強度 q_u などとの関連を求める調査研究も従来から数多く行われており，10.3.1.b 項および c 項にも一部紹介しておいた．これらの調査や研究の目指す方向は，杭の支持力機構を理論的に解明することよりも，支持力度を定量的に追求することにあるといえる．したがって実用的には，静力学的支持力計算式よりも確実性が高いとみてよかろう．以下，建築基礎用として文献[31],[32]で採用されている鉛直支持力 R_u(kN) の計算式などを紹介する．なお，建築基礎構造の設計上の規定となる国土交通省告示 1113 号においても，杭の支持力に対して，以下に示す算定式と類似の式が定められている．その詳細については，同告示を参照されたい．

打込み杭　$R_u = \xi A_p + (2.0\,\overline{N_s}L_s + \beta\overline{C_u}L_c)\phi$ (10.17)

埋込み杭　$R_u = \xi A_p + (2.5\,\overline{N_s}L_s + 0.8\,\overline{C_u}L_c)\phi$ (10.18)

場所打ち杭　$R_u = \xi A_p + (3.3\,\overline{N_s}L_s + \overline{C_u}L_c)\phi$ (10.19)

ここに，ξ：杭先端支持力度（kN/m²）

A_p：杭先端の全断面積（m²）（開端杭でも閉鎖断面積をとる）

$\overline{N_s}$：杭周地盤中，砂質部分の実測 N 値の平均（$\overline{N_s} \leq 50$）

L_s：同上，砂質部分にある杭長さ（m）

$\overline{C_u}$：同上，粘土質部分の非排水せん断強さ C_u の平均（ただし $C_u = q_u/2$．打込み杭および場所打ち杭の上限は 100 kN/m²，埋込み杭の上限は 125 kN/m² とする）

L_c：同上，粘土質部分にある杭長さ（m）

ϕ：杭の周長（m）

これらの式の右辺第 1 項は先端支持力，第 2 項は杭周地盤中の砂質土部分の摩擦抵抗，第 3 項は粘土質部分の摩擦抵抗を表す．これらの式の意義や適用上の留意事項について以下に述べておく．

（ⅰ）杭先端支持力度 ξ(kN/m²) としては，杭先端地盤が砂質土の打込み杭，埋込み杭および場所打ち杭に対してそれぞれ $300\overline{N}$，$200\overline{N}$，および $100\overline{N}$ で与えられ，杭先端地盤が粘性土の場合はいずれの杭工法とも $6C_u$ で与えられる．ただし，先端地盤の違いに関係なく，打込み杭，埋込み杭および場所打ち杭に対して，それぞれ 18000，12000 および 7500(kN/m²) の上限値が定められている．

（ⅱ）杭先端地盤が砂質土の場合の $\overline{N}$ の実測 N 値からの算定範囲は，10.3.1

項で述べたように，Van der Veen[29]や Meyerhof[30] の提案に準じたものであり，文献[31]の打込み杭に関しては，図10.46が採用されている．他方，埋込み杭[45]および場所打ち杭[46]に関しては，多くの実験結果を統計的に検討し，$\bar{N}$ の算定範囲を杭先端から下へ $1d$～上へ $1d$ の範囲とする計算式となっている[31]．

(iii) 埋込み杭の式の適用域は，中掘り工法やプレボーリング工法で沈設した後，ハンマによる打止め打撃やセメントミルクによる固結など，有効な根固め処理を行った杭が対象となる．

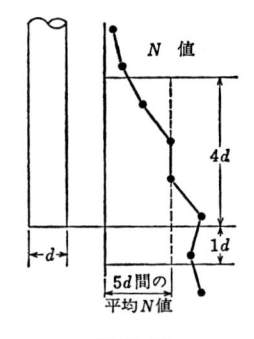

図10.46 先端抵抗 N 値 $\bar{N}$ の求め方

(iv) 場所打ち杭の式は，オールケーシング，アースドリルおよびリバースサーキュレーション工法による円形断面の杭で，施工管理が入念に行われたものに対して適用する．なお，図10.17に示す拡底場所打ち杭は，杭先端面積として拡底部有効面積を採用してよい．また，壁杭 (10.1.4項参照) についても，同様の取扱いがなされている[47]．

(v) N 値の測定値がなくて，コーンの貫入抵抗値 q_c が測定されている場合，打込み杭の先端支持力は $0.7q_c(\mathrm{kN/m^2})$ で算定してよい[31]．ただし，q_c 値は杭先端下へ $1d$～上へ $4d$ の範囲の平均値を用いる．

(vi) 打込み開端鋼管杭の場合，杭内部に進入した土が杭先端部を閉塞し，先端支持力に影響を与え，その度合いを閉塞効率と呼称している．閉塞効率の詳細については，文献[31]を参照されたい．

(vii) 打込み杭の粘土質部分の杭周面摩擦力度に関する低減係数 β は，過圧密比（＝非排水せん断強度/有効上載圧）による粘着力係数 α_p と杭の細長比（＝根入長さ/杭径）による長さ係数 L_F との乗算で定義されており，これらの具体的な値はそれぞれ図10.47の(a)および(b)に示すように定められている[48]．

d. 杭打ち試験結果による支持力計算式（杭打ち式） ハンマによって杭に与えられる打撃エネルギーと，杭の貫入に要する仕事量とが等しいという条件から，杭の貫入抵抗を算定し静的支持力を推定しようとするものであって，杭打ち式 (pile-driving formula) という名で呼ばれている．いままでに各種各様のものが提案されてきたが[49]，これらの基本となるものは，極限打込み抵抗に関する Hiley の式である．

[Hiley の式] $W_H > eW_P$ において

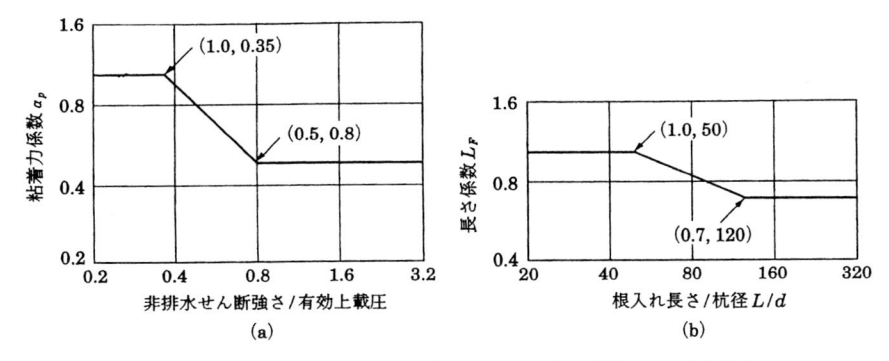

図 10.47 低減係数 β における粘着力係数 α_p と長さ係数 L_F の具体的値

$$R_{du} = \frac{e_f F}{S + (C_1 + C_2 + C_3)/2} \times \frac{W_H + e^2 W_P}{W_H + W_P} \quad (10.20)$$

ここに，R_{du}：極限打込み抵抗（kN）

W_H：ハンマ（ラム）の重量（kN）

W_P：杭の重量（ヤットコ，キャップなど杭頭装着物を含む）（kN）

F：打撃エネルギー（kN·m），（ドロップハンマの場合 $F = W_H H$，ディーゼルハンマの場合 $F = 2 W_H H$）

H：ハンマ（ラム）の落下高さ（m）

S：杭の最終貫入量（m）（ドロップハンマでは5打，他のハンマでは20打の平均値）

C_1：杭の弾性一時圧縮量（m）

C_2：地盤の弾性一時圧縮量（m）

C_3：クッションの弾性一時圧縮量（m）

e_f：ハンマの効率（自由落下のドロップハンマの場合 $e_f = 1.0$，ロープ付巻上げ式ドロップハンマの場合 $e_f = 0.75$，その他実状による）

e：反発係数（鋼杭またはコンクリート杭で良好なクッションの場合 $e = 0.5$）

従来からの数多くの提案式は，ほとんどが式(10.20)の諸定数に仮定あるいは近似化を行ったものである．ここでは，わが国で最も一般的に用いられている旧建設大臣告示式を示しておく．

[旧建設大臣告示式]

$$R_a = \frac{F}{5S + 0.1} \quad (10.21)$$

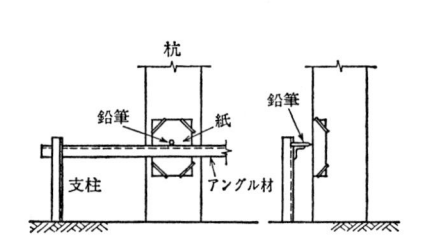

図 10.48 杭打込み時の沈下記録のとり方 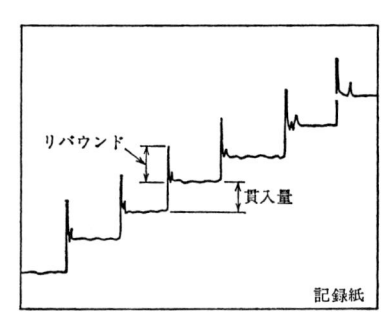　　　　**図 10.49** 杭の打込み時の沈下記録

ここに，R_a：杭の長期許容支持力（kN）

　他の記号は，式 (10.20) と同じである．なお杭の沈下量 S は，図 10.48 に示すように杭の側面にとりつけた記録紙上に鉛筆を走らせることによって，図 10.49 のような打込み記録をとり，この図上から求める．

　杭打ち式は，動的な貫入抵抗から静的な許容支持力を推定しようとするところに，基本的な無理がある．例えば，打撃時の貫入抵抗のほとんどが杭の先端抵抗であって，摩擦抵抗は無視できる程度である[50),51)]のに対して，静的な載荷を行った場合の支持力は摩擦抵抗がかなり大きく作用するといった相違がある．載荷試験の結果から求めた許容支持力に対する杭打ち式の計算値の近似度について，すでに数多くの検討が行われてきた．その結果，わが国の地盤では式 (10.20) が最も近似度がよいと判断されている．なお吉成[52)]は，既製コンクリート杭の打撃応力の研究に基づき，同杭に関する杭打ち式の提案を行っている．

　以上のような許容支持力を推定する手段としてのほか，杭打ち式は，1本1本貫入抵抗を確かめることによって，各杭を先端地盤にほぼ同等の条件で打止めることができるといった施工管理上のメリットがある．この面での評価の方がむしろ大きいと考えられる．

10.3.5　群杭の鉛直支持力

a．単杭と群杭との定性的な比較　　10.3.1〜10.3.4 項は，主として単杭に関しての説明であった．現実の杭基礎としては，「一柱一杭」といわれるものがあるが，一般に数本以上の杭群によって構成されていると考えて，群杭（pile group）としての考察も必要である．

　杭周面の摩擦抵抗については，本来群杭の場合のあり方を考えておかねばならない．杭周辺の地盤は，摩擦抵抗と等しい大きさの下向きの荷重を受けて沈下す

る．単杭の場合の周辺地盤の変形機構として，図10.50のようなせん断ひずみ分布の考え方[53]がある．杭から離れるにつれて，せん断応力 τ は2次元的に減少するので，同図のような沈下量分布となる．沈下の影響範囲はおよそ $10d$ までと考えてよい．建築基礎の場合，実用に供されている群杭の杭間隔は最小 $2.0d$（表10.3参照）から最大でおよそ $6d$ 程度と考えられるから，群杭基礎では地盤中の τ が重合し，単杭の場合に比べて数倍の地盤の沈下が発生する．図10.23から推測されるように，摩擦抵抗は杭と地盤との相対的な沈下差に比例するものであるから，群杭基礎の摩擦抵抗はかなり低下することを考えねばならない．周辺地盤が軟弱で圧縮性が大きい場合，この低下の度合いは大きい．

図10.51は，単杭および群杭の周面摩擦力の地盤中への応力伝達状況の想定図であって，群杭による地中応力は単杭による応力を重合させて描いてある．これらの図から，群杭間にはさまれた地盤は地中応力によって高度に圧縮されること，杭先端位置の水平面上では垂直応力が増加し，かつ群杭中央部に集中すること，伝達応力は地盤の深部にまで及ぶことなどが推測される．この結果，施工による土性の変化がないものと仮定すると，群杭を構成する杭1本当たりの支持力は単杭よりも低下し，同時に沈下量も増大することが，定性的に推察される．

これらの群杭の傾向は，地盤の土性，杭の施工法，杭の諸元（長さ，径，間隔，本数），群杭全体の配置など多くの因子によって影響されるものであり，また実物実験が困難であることなどもあって，定量的にはまだよくわかっていない面が多い．しかし，従来からの経験によって，一般的には次のように考えられている．

（ⅰ）非常に密なあるいは硬い基盤に支持された支持杭の場合：各杭の中間層による摩擦抵抗は当然ながら減少するが，支持層内での応力集中は先端支持力に

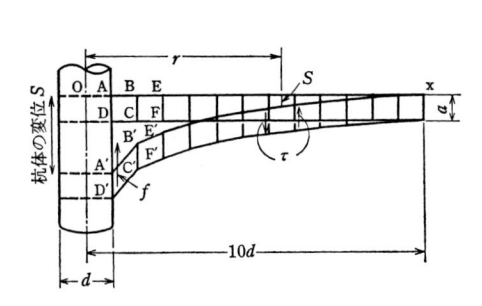

図10.50 摩擦応力 f と周辺地盤の変形の関係[53]

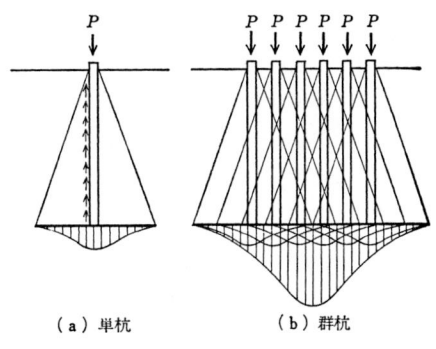

図10.51 単杭および群杭の場合の地中応力伝達状況の想定図

大きな影響を及ぼさないものとみなしている．したがって設計上は，群杭による支持力の低下はないものと便宜的に想定している．

(ⅱ) 砂質土中に打ち込まれた締固め杭の場合：杭間隔がおよそ $6d$（d：杭径）以下であると，打込みによる土の締固め効果がある．したがって，杭1本当たりの平均支持力は単杭より増大し，沈下量も減少する傾向がある．

(ⅲ) 粘性土中の摩擦杭の場合：群杭の効果は，支持力の減少および沈下量の増加として現れ，杭間隔が小さいほどその程度は著しい．

したがって，(i)および(ⅱ)の場合は（群杭の支持力）＝（単杭の支持力）×（杭本数）として設計しているのが一般である．しかし，(ⅲ)の場合，群杭効果を考えた設計が必要となる．以下では，粘性土中の群杭に限って解説する．

b. 粘性土中の群杭の支持力　　次式によって，群杭効率（efficiency of pile group）E を定義する．

$$E = \frac{群杭の極限支持力}{n \times 単杭の極限支持力} \quad (\leq 1.0) \qquad (10.22)$$

ここに，n：群杭中の杭本数

群杭効率を求めようとする試みは，模型実験によってたびたび行われてきた．以下には，Whitaker の実験結果を引用しておく．

Whitaker[54] は，模型杭（$d=3.2$ mm）を用いて粘性土中における群杭に関する一連の実験を行った．実験に供した模型群杭の形式は，図10.52 に示す自立群杭（free standing pile group）と群杭基礎（pile foundation）の2種である．10.2.1項で述べたパイルド・ラフト基礎は，基本的にはこれらの実験の群杭基礎に対応していると考えてよい．自立群杭の実験の結果，2つの型の破壊――ブロック破壊（block failure）と貫入破壊（penetration failure）――があることがわかった．ここにブロック破壊とは，群杭の外周内の杭と土とが一体となって沈下し破壊する状態であり，また貫入破壊とは，土がそのまま残ってすべての杭が土中へ貫入する破壊状態を表す．

図10.53 の点線は，杭長 L が $48d$ で杭配列が 3×3，5×5，7×7，9×9 本の正方形である自立群杭の場合の実験結果であって，中心間隔係数 R/d（R：杭の中心間隔）が小さい領域の急勾配部がブロック破壊，R/d が大きい領域のゆるい勾配部が貫入破壊である．次に群杭基礎の実験結果では，図10.53 の破線のようにブロック破壊の計算値（図中の実線）と同じような性状を示し，R/d の小さい領域における自立群杭とほとんど一致していることから，ブロック破壊状態が生じていると推測できる．

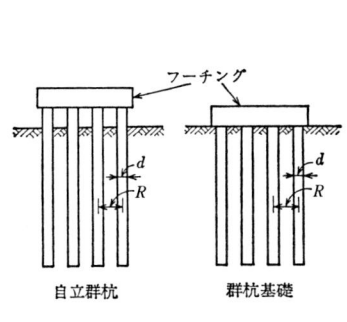

図 10.52 自立群杭と群杭基礎

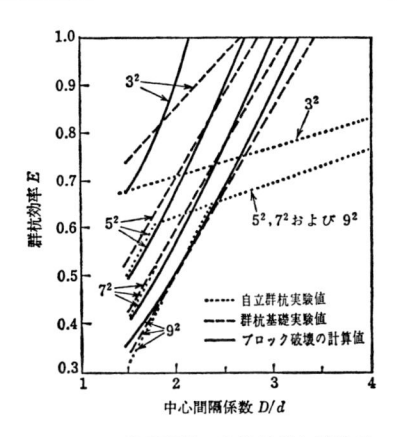

図 10.53 模型群杭の実験結果と群杭効率の計算値との比較[54]

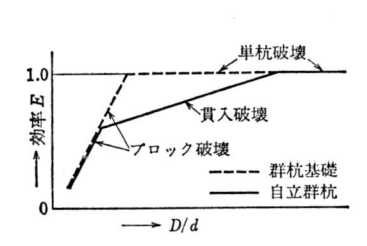

図 10.54 群杭の D/d と効率 E との関係

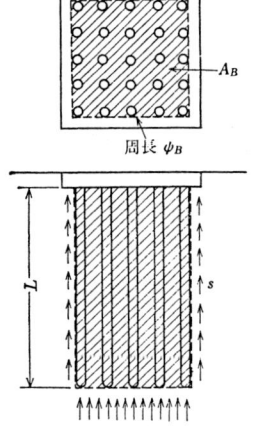

図 10.55 群杭のブロック破壊の計算の説明

以上から，群杭の破壊状態は杭間隔によって，図10.54のような2～3段階に変化するものと考えることができる．したがって，群杭としての鉛直支持力は，このような杭間隔による破壊状態の変化を考慮して定めるべきであって，以下にこれらの計算式を示しておく．

（i） ブロック破壊に対する鉛直支持力：TerzaghiとPeck[55]は，図10.55の斜線部で示すようにブロックの外周面に働く摩擦抵抗およびブロック底面の支持力の和をとることを提案した．杭1本当たりの鉛直支持力は，次式によって求められる．

$$R_c = \frac{\{(q_u - \bar{p})A_B + \phi_B Ls\}}{n} \tag{10.23}$$

ただし

$$\bar{p} = \bar{\gamma}L + n\frac{W_P}{A_B}$$

ここに, R_c：群杭の影響を考慮した杭1本当たりの鉛直支持力 (kN/本)

q_u：ブロック下端面を基礎荷重面とみなしたときの鉛直支持力度 (kN/m²)

$\bar{p}$：ブロック下端面に作用する杭と土の単位面積当たりの重量 (kN/m²)

A_B：群杭の外周を結んだ面で囲まれたブロックの平面積 (m²)

ϕ_B：ブロックの周囲長さ (m)

L：土中に埋まる杭長さ (m)

s：杭に接する土の平均せん断抵抗 (kN/m²)

n：杭群の本数

$\bar{\gamma}$：杭間の土の平均重量 (kN/m³)

W_P：杭1本の重量 (kN)

この式によるものではないが，同様な計算式による極限支持力の計算結果が図10.53の実線で示されており，実験値と比較的よく合っている．

　(ii)　貫入破壊に対する鉛直支持力：Whitakerの実験結果から，次に示すConverse-Labarre(1)および(2)式の計算値の平均値によく合うことがわかった．

$$E = 1 - \frac{\phi}{90}\left[\frac{(m-1)l + (l-1)m}{lm}\right] \tag{10.24}$$

ここに, l：杭列の数

m：列中の杭の本数

Converse-Labarre(1)式の場合　$\phi = \tan^{-1} d/R$ (度)

Converse-Labarre(2)式の場合　$\phi = \tan^{-1} d/2R$ (度)

したがってϕの2通りを式(10.24)に適用して求めたEの平均値をとり，単杭の鉛直支持力に掛ければ，群杭1本当たりの鉛直支持力が求まる．

　(iii)　単杭の鉛直支持力：10.3.4項で示した計算式を用いる．

以上の(i)～(iii)の式によって，与えられた杭間隔に対する計算値を求める．図10.53の関係から，自立群杭の場合は，(i)，(ii)，(iii)の計算値の最小値を採用し，群杭基礎の場合は(i)および(iii)の計算値の小さい方の値を採用すれば

よいことがわかる．

c．粘性土中の群杭の沈下量　Whitakerの模型群杭による実験では，沈下量比（settlement ratio）を「群杭と単杭が，それぞれの破壊荷重に対して同じ割合の荷重を支持しているときの単杭の沈下量に対する群杭の沈下量の比」として定義し，図10.56のような実験結果を示している．ただし破壊荷重の1/2の荷重における即時沈下量比である．単杭に比べて群杭の沈下量がかなり大きいことがわかる．

定量的には検討されていないが，図9.15に示したように，摩擦杭の杭先端より$L/3$の高さにおける基礎荷重面を想定して，沈下量を算定するといった方法によるべきであろう．

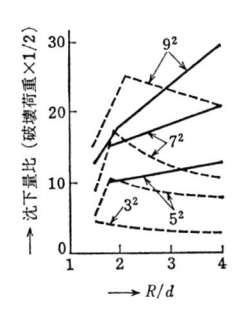

図10.56
沈下量比とR/dの関係（破線：自立群杭，実線：群杭基礎）[54]

10.3.6　地盤沈下地帯における問題

地盤沈下地帯（8.5節参照）において，支持杭で支持された建築物がある場合，杭は先端支持層によって沈下が抑制されるので，建築物の沈下量は地盤沈下量に比べてはるかに少ない．このため時間の経過とともに，建築物が地盤に対して相対的に浮き上がるという現象が生じ，また同時に，杭には負の摩擦力と呼ばれる下向きの摩擦力が発生して，そのために杭体が破損したり，建物が不同沈下するといった現象が生じてくる．以下，これらの現象や対策などについて概説しておく．より詳しくは，文献[56],[57]を参照されたい．

a．建物の浮き上がり現象　外部的に現れる現象は，地盤に対する建物の浮き上がりであって，この結果，次のような障害が発生する．

（i）地盤面と建物床面の段差による機能上の障害

（ii）1階土間コンクリート床の垂れ下がり

（iii）フーチング下部における杭の抜け上がり

（iv）配管類の道路〜建物間での破損（ガス管の破損は爆発事故につながる）

図10.57　地盤沈下による建物の浮き上がり現象の例

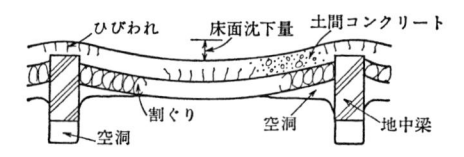

図10.58 地盤沈下による床面の垂れ下がり 　　**図10.59** 地盤沈下による杭頭部の地上への露出

図10.57は，ある団地において道路面と建物床面との間に1mあまりの段差が生じたために，階段を増設した例である．図10.58は，無筋の土間コンクリートの1階床が，下部地盤との間にすき間を生じたため，床荷重によって垂れ下がりを生じた状況図である．また図10.59は，フーチング下部においてPC杭の杭頭が露出している一例であって，地震時における杭の水平耐力が低下することを考慮しなければならない（10.4.3項参照）．

これらの基礎工学的対策はd項に一括して述べるが，それ以外に1階床スラブはあらかじめ鉄筋コンクリート造の構造床として計画しておくべきこと，埋設管類は共同溝方式とし，建物下部への導入部には沈下差の生ずることを考慮したフレキシブルな継手を設けておくことなどの配慮が必要である．

b．負の摩擦力の発生機構と不同沈下現象　　図10.60に負の摩擦力の発生機構を示した．当初，杭頭に荷重 P を受けてつり合っていた状態から，地盤沈下

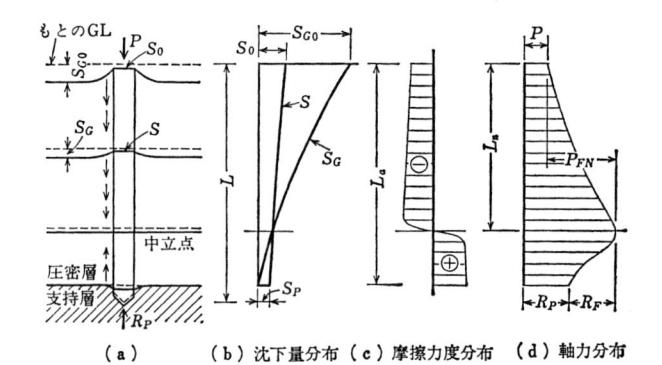

（a）　　（b）沈下量分布　（c）摩擦力度分布　　（d）軸力分布

図10.60 負の摩擦力の発生機構説明図

が生じた場合を考える．杭から十分離れた位置での任意深さにおける地盤沈下量を S_G とする．S_G はその点以下の圧密層の沈下の累積であるから，同図(b)に示すように，圧密層下端において0であり，地表面に向かって漸増するような分布形を示す．しかし支持杭の近傍では，このような地盤の自由沈下が拘束されるから，杭周で盛り上がったような沈下量の分布となり，杭には下向きの摩擦力すなわち負の摩擦力 (negative skin friction) が作用する．このように新たに加わる負の摩擦力によって，杭には沈下量 S が生ずるが，その分布は同図(b)に示したとおりである．S_G および S の分布を比較すると，杭の上部では $S_G > S$ の関係，杭の下部では $S_G < S$ の関係にあることがわかる．$S_G = S$ の位置を中立点と呼ぶ．中立点以下の $S_G < S$ の範囲では，図10.24(b)の関係によって上向き，すなわち正の摩擦力が作用するが，中立点以上の $S_G > S$ の範囲では，図10.24(b)と逆の関係にあって，下向きすなわち負の摩擦力が作用することがわかる．沈下量差が5〜10 mm程度になると摩擦力は最大値に達するので，地盤沈下量の通常の大きさから考えると，正負の各摩擦力度はいずれも最大値に達しているとみて差支えない．中立点では摩擦力度は0である．

同図(d)に杭の軸力分布を示した．最大軸力は中立点において生じ，$(P + P_{FN})$ の大きさをもつこと，中立点以下では正の摩擦力のため軸力が減少し，圧密層下端位置において先端抵抗 $R_P = P + P_{FN} - R_F$ に達することがわかる．ここに，負の摩擦力によって中立点に生ずる軸力の増加量を P_{FN}，正の摩擦力域における摩擦抵抗を R_F としてある．先端抵抗 R_P は，通常の地盤沈下のない状態での値（図10.23参照）に比べてはるかに大きいものとなる．

このような負の摩擦力に伴う杭の軸力を実測した例は，現在ではかなりの数にのぼっており，図10.61にその一例[58]を示した．実測地点の地盤はおよそ40 mにわたる沖積層の堆積であり，この沖積層の年間沈下量は80 mmであった．試験杭は $\phi 609.6$ mm，肉厚9.5 mmの鋼管杭であって，杭頭の荷重は0である．歪み計によって杭の軸力が測定された．同図の測定値は打込み後1年10か月経過時のものであって，図10.60(d)の特性をよく表している．

負の摩擦力が増加するにつれて，杭の先端荷重は増大する．建物敷地内の地盤において圧密層の厚さがほぼ一様であり，杭の先端支持力が十分大きくて先端荷重の増大にも耐えうる場合には，杭が多少沈下したとしても目立った不同沈下は生じず，上部機構を十分支持することができよう．しかし，杭の先端支持力が十分ではなく，かつ次のような条件の場合には，負の摩擦力が不均等に作用することによって，建物に不同沈下を生ずるおそれがある．

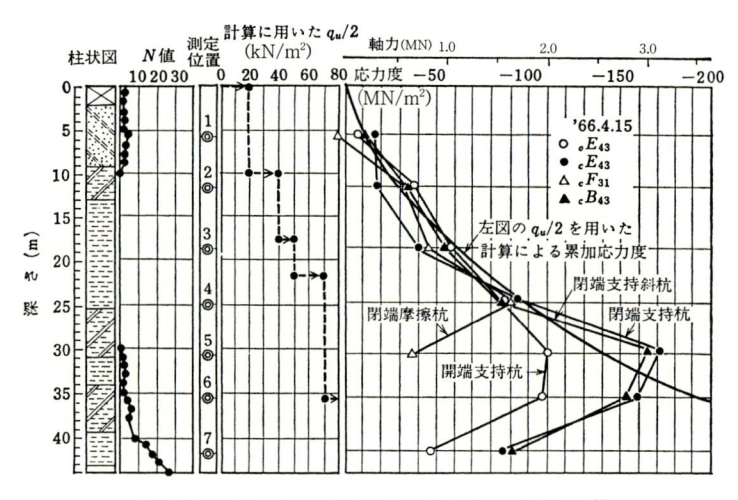

図 10.61 地盤沈下地帯における負の摩擦力の実測例[58]

① 建物敷地内で圧密層の厚さに大きな変化のある場合
② 異種の杭基礎を併用した場合
③ フーチングによって杭本数のアンバランスが著しい場合
④ 建物を増築した場合

これらのうち, ②は特に注意すべき問題であり, ④については増築部の建物を既設部から切り離すなどの対策が必要である. 現実には, ①の場合が問題であって, 場合によっては建物の生命に関わるような不同沈下現象を生ずることにもなる[59].

c. 負の摩擦力に対する検討法 b項に述べたような負の摩擦力の発生機構についての研究が始まったのは, 1960年頃からであって, J. Ahu[60], P. Habib[61] をはじめとする理論的な研究[58),62),63)]他があいついで現れた. しかし, わが国において負の摩擦力の検討法が杭の設計にとりいれられたのは, 文献[64]が最初であり, 現在もこの設計法に準拠した設計がなされている. ここでは, 同文献による検討法を解説しておく.

図10.59に示したような杭の軸力分布の特性から, 中心点における杭材の応力度の検討ならびに中立点以下の杭の支持力の検討が必要であることがわかる. これらの2点について, 次式による検討を行う.

$$\frac{P+P_{FN}}{A_P} \leqq {}_s f_c \tag{10.25}$$

10.3 杭の鉛直支持力

$$P + P_{FN} \leq \frac{R_{up} + R_F}{1.2} \quad (10.26)$$

ここに，P：長期荷重（kN）
　　　　P_{FN}：負の摩擦力によって中立点に生ずる軸力（kN）
　　　　A_P：杭の実断面積（m²）
　　　　$_sf_c$：杭材料の短期許容圧縮応力度（kN/m²）
　　　　R_{up}：杭先端の極限支持力（kN）
　　　　R_F：杭周囲の正の摩擦力による支持力（kN）

単杭の P_{FN} および R_F は次式によって算定する．

$$P_{FN} = \lambda \phi \int_0^{L_n} \tau dz \quad (10.27)$$

$$R_F = \lambda \phi \int_{L_n}^{L} \tau dz \quad (10.28)$$

ここに，λ：杭先端の形状による係数
　　　　ϕ：杭の周長（m）
　　　　τ：杭周面の摩擦力度（kN/m²）
　　　　L_n：杭頭から中立点までの距離（m）
　　　　L：杭の全長（m）

　式 (10.25)〜(10.28) のもつ意義，適用域，定数値などについて，以下に解説する．まず負の摩擦力の検討を要するのは，地盤沈下を生じている地域およびその可能性のある地域で，15 m 以上にわたって圧密する層ならびにその影響を受ける層（圧密層の中間や上部にある砂質土層）があり，これらの層を貫いて設置される支持杭の場合とする．荷重 P は長期荷重であって，地震時などに生ずる短期荷重に対しては検討を要しない．実測結果によると，短期的な荷重の増減量は杭上部の摩擦抵抗によって抵抗され，中立点の軸力にまで影響を及ぼさないからである．

　式 (10.25) においては表 10.2 に示す杭の短期許容圧縮応力度を採用し，また式 (10.26) においては中立点以下の抵抗力に対する安全率を 1.2 としている．これらの理由は，荷重 P に対して P_{FN} がかなり過大となって，杭の長期許容応力度や安全率を 3 とする長期許容先端支持力などによる設計では，従来の設計の実状とかなりかけ離れてくること，P_{FN} が大きくなって杭の先端荷重が増大し杭が沈下すると，杭と地盤の沈下差が減じて負の摩擦力が軽減されること，従来の建物の障害は杭の圧縮応力度が短期許容値を超過した場合に多く発生していることなどを勘案した現実的な処置である．

摩擦力度 τ については以下のようにする．粘性土の場合，本来は排水せん断実験を行って $\tau = K\bar{\sigma}_v \tan\delta'$（$\bar{\sigma}_v$：鉛直方向有効応力，$\delta'$：杭と土の摩擦角）によって定めるべきものである．しかし圧密過程の現象であるため，試験条件として $K\bar{\sigma}_v$ が定めにくいこと，特殊な試験法によらねばならないことなどの難点がある．そこで，負の摩擦力の実測結果に基づいて $K\tan\delta'$ を求めることとし，$\bar{\sigma}_v$ については地盤が正規圧密に達した状態（負の摩擦力が最大となる）を考えることとして，次の値を提唱している．

$$\text{盛土による地盤沈下の場合} \quad : \tau = (0.3 \sim 0.5)\bar{\sigma}_v \quad (10.29)$$

$$\text{水位低下などによる地盤沈下の場合} : \tau = 0.3\bar{\sigma}_v \quad (10.30)$$

ただし，$\bar{\sigma}_v = \sum \bar{\gamma}_i H_i$（$\bar{\gamma}_i$：$i$ 層の有効単位体積重量，H_i：i 層の層厚）とする．盛土地盤の場合には，$\bar{\gamma}$ は地下水位以上で γ_t，地下水位以下で γ' をとる．しかし透水層の水位低下による沈下の場合には，圧密層内の間隙水圧は静水圧とはならない．ゆえに，本来は圧密層中の間隙水圧を測定して $\bar{\gamma}$ を求めるべきであるが，実用的には $\bar{\gamma} = \gamma_t - 0.8\gamma_w$ で近似してよいとしている．なお砂質土に関しては，安全を見込んで次の値を採用する．

$$\text{負の摩擦力の場合}：\tau = 30 + 2N \quad (\text{kN/m}^2) \quad (10.31)$$

$$\text{正の摩擦力の場合}：\tau = 2N \quad (\text{kN/m}^2) \quad (10.32)$$

中立点深さ L_n は，地盤沈下の深さ方向分布，杭の先端形状および剛性，先端地盤の堅さなどに関係するため，定量的に定めにくい．そこで負の摩擦力の実測資料をもとにして，実用的には表 10.5 の値を推奨している．また係数 λ は，杭の施工法によって杭周の摩擦力度が受ける影響を考慮したものであって，表 10.6 のような値が提案されている．

一方，群杭に対する実用的な検討法としては，遠藤の方法[58]が採用されており，以下の手順によって行う．

① 式 (10.27) によって，単杭としての P_{FN} を求める．

② 次式によって，P_{FN} に等しい重さの土の円形柱状体（長さ L_n）の半径——等価重量負担半径

表 10.5 中立点深さ L_n の値

杭 の 支 持 状 態	L_n
不完全支持杭（先端 N 値 < 20）	$0.8 L_a$
通常の砂または砂礫層中への支持杭	$0.9 L_a$
岩盤または硬質土丹層への支持杭	$1.0 L_a$

L_a：圧密層下底までの深度 (m)

表 10.6 先端形状係数 λ の値

杭 の 種 類			λ
打込み杭	閉端		1.0
	開端	既製コンクリート杭 < ϕ600 mm	1.0
		≧ ϕ600 mm	0.8
	鋼 管 杭		0.6
場 所 打 ち 杭・埋 込 み 杭			1.0 ~ 0.6

r_e を求める．

$$r_e = \sqrt{\frac{P_{FN}}{\pi L_n \bar{\gamma}_{ave}} + \frac{d^2}{4}} \quad (\text{m}) \tag{10.33}$$

ここに，$\bar{\gamma}_{ave}$：中立点までの土の有効単位体積重量の平均値（kN/m^3）
　　　　d：杭の直径（m）

③　この r_e を用いて，図 10.62 に示すように，各杭の周囲に円を描く．円の重なり部分は分割して各杭の負担範囲を定め，その範囲の面積 A_{Gi} を求める．

④　A_{Gi} と円の面積 A_s との比 $\beta_i = A_{Gi}/A_s$ を求め，次式によって各杭の P_{FNi} を算定する．

$$P_{FNi} = \beta_i P_{FN} \tag{10.34}$$

⑤　この P_{FNi} を式(10.25)および式(10.26)の P_{FN} に代入して検討する．この場合，R_F は式(10.28)によってよい．

以上による群杭の β_i 計算値に対して，実測値はほとんどが下まわっているようである．これは近似計算によるものでもあり，実用的な安全側の設計法と考えられる．

d. 地盤沈下地帯における対策　a～c 項に述べてきたことから，地盤沈下地帯において支持杭を採用する場合には，次のような諸点に留意すべきであることがわかる．

（ⅰ）　十分な先端支持力を確保すること：打込み杭が最も信頼度が高い．やむをえず場所打ち杭や埋込み杭を採用する場合は，10.3.4.a 項，10.1.3 項および 10.1.4 項の特性を理解して，先端支持力の確保に努める必要がある．

（ⅱ）　負の摩擦力に対する検討あるいは低減対策をたてること：上記の c 項による検討を行って安全性を確かめなければならない．必要ならば，積極的に負の摩擦力を低減する対策をたてることが望ましい．この低減方法としては，既製コンクリート杭または鋼管杭の周面にアスファルト性のすべり層（slip layer）を塗布する方法が有効であり，SL 杭と呼ばれている．負の摩擦力が作用する中立点までの深度の全域あるいは一部にわたって最小 6 mm 厚のすべり層を塗布し，その上に保護層を設けたものである．こ

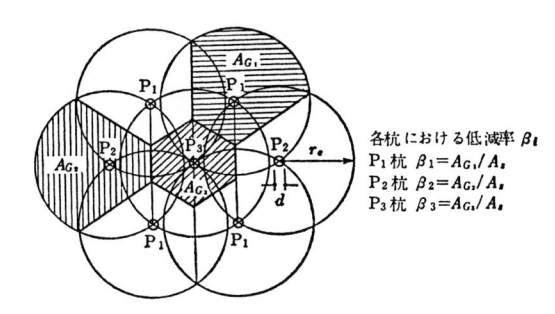

図 10.62　群杭における負の摩擦力の負担範囲の求め方[64]

のすべり層は，その粘弾性的な性質によって，杭の打込み施工中に受ける急激なせん断変形に対しては，強く抵抗して杭とともに貫入するが，非常に緩慢な地盤沈下によるせん断変形に対しては，流動性をもっている．したがって負の摩擦力を低減する効果があり，塗布部分の設計用の負の摩擦力度をおよそ $2.0\,\mathrm{kN/m^2}$ としてよいことが認められている[7]．

(iii) 将来の杭頭突出長さの最大値を推定して，水平耐力を検討すること：杭頭に水平力が作用する場合，地表面から杭が突出するほど，抵抗力が低下する．ゆえに地盤沈下の最終値を算定し，この値を杭頭突出長さの最大値と考えて，10.4 節により検討する必要がある．

以上のほか支持杭を用いず，建物を地盤沈下とほぼ同等に沈下させる方式が考えられる．支持杭を用いて建物を浮き上がらせたり，負の摩擦力を発生させることが必ずしも得策ではないからである．このような考え方から，9.4.3項で解説したように，摩擦杭を採用する方法，直接基礎として浮基礎的に設計する方法，またこれらに地盤改良を併用する方法などが考えられる．

10.4 杭の水平抵抗

10.4.1 杭の水平抵抗の機構

基礎に作用する水平外力は，地震力や風圧など短期的なものが一般である．したがって本節では，短期の水平外力を対象とした杭の水平抵抗(lateral resistance of pile) について述べる．杭基礎の場合，水平力はフーチングを通じて杭頭に作用する．杭頭の条件としては，杭頭が地表面より突出しない場合と突出する場合，またフーチングに対する埋込みが少なくてピン支持（自由）と考えられる場合と，埋込みが十分で固定支持と考えられる場合とがある．

図 10.63 の実線は，水平荷重 H と杭頭の水平変位量 y_0 との一般的な関係曲線を示すものであって，H の増加につれて曲線の勾配は次第に増大し，a 点において極限状態に達する．杭の根入れが小であって，かつ杭の曲げ強度が十分大であれば，根入れの全域にわたって地盤が破壊し，杭は転倒して抜け上がる．このような極限状態を示す杭を「短い杭」と呼んでいる．杭の根入れが十分であれば，根入れ全域にわたる地盤の崩壊は生じず，杭体に曲げ破壊を生じて極限状態となる．一般にはこのような根入れの場合がほとんどであって，「長い

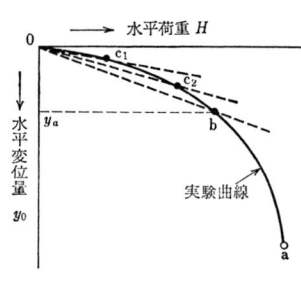

図 10.63 杭の水平荷重〜水平変位量曲線

10.4 杭の水平抵抗

(a) 水平変位量 y　　**(b)** 地盤反力 p　　**(c)** 曲げモーメント M

図 10.64 杭軸にそった水平変位量，地盤反力および曲げモーメントの分布

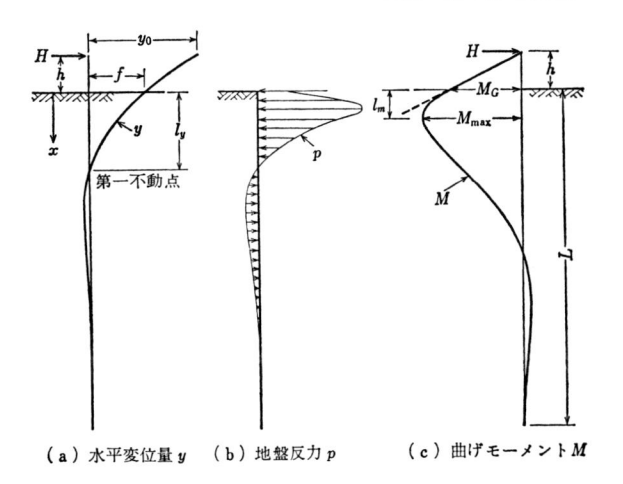

図 10.65 弾性支承梁の考え方

杭」と呼ぶ．

「長い杭」の比較的小さい荷重のもとでの水平変位量 y，地盤反力 p，曲げモーメント M などの分布を図 10.64 に概念的に示した．ただし杭頭が突出し，かつ自由端の場合の例である．同図より，y，p および M 分布のいずれもが，深さとともに正負の値をとりつつ，急激に減衰していくことがわかる．

このような杭の挙動を説明づけるため，杭を弾性体とみなし，杭と地盤との間には図 10.65 のようにばねが配置されているものと仮定した弾性支承梁の理論式が用いられている．

$$\frac{d^2}{dx^2}\left(EI\frac{d^2y}{dx^2}\right)+pB=0 \tag{10.35}$$

ここに，E：杭の弾性係数 (kN/m^2)
　　　　I：杭の断面 2 次モーメント (m^4)
　　　　x：地表面よりの深さ (m)
　　　　y：深さ x における杭の水平変位量 (m)
　　　　p：単位面積当たりの水平地盤反力 (kN/m^2)
　　　　B：杭の直径 (m)

杭の断面が一様であれば，杭頭が突出している場合，次式のようになる．

$$地上部：EI\frac{d^4y_1}{dx^4}=0 \qquad (0\geqq x\geqq -h) \tag{10.36}$$

地中部：$EI\dfrac{d^4y_2}{dx^4}+pB=0 \quad (x \geqq 0)$ \hfill (10.37)

ここに，h：杭の突出長さ（m）

したがって，式(10.35)～(10.37)において水平地盤反力 p の特性を規定し，杭頭および杭先端の境界条件，地上部と地中部の連続条件を満たすようにして，解を求める．

問題は p の定め方であって，p は一般的に次式の形で表現されるとしている．

$$p = k_h x^m y^n \tag{10.38}$$

ここに，k_h：水平地盤反力係数（kN/m^{m+n+2}）

m および n の値は，地質によって異なり，以下の値をもつとされている．

    砂質地盤の場合 m：1に近い，n：0.5～0.7

    粘土質地盤の場合 m：0に近い，n：0.7～1.0

10.4.2　杭の水平抵抗に関する理論の概要

過去80年以上にわたって，式(10.38)における m および n の様々な値を採用した式(10.35)の解が発表されてきた[65]～[67]．$n=1$ の場合は線形関係であって，m のとり方のいかんにかかわらず荷重～水平変位曲線は直線状となり，図10.63の実状と合わない．しかし取扱いの簡便さから，実務的には，$n=1$ かつ $m=0$ とおき杭長さを無限大と仮定した Chang の方法が多く用いられている（10.4.3項参照）．他方，$n \neq 1$ とする非線形仮定では，より実験曲線に近い解が得られるが，取扱いが複雑な点に難がある．

水平荷重を次第に増加させた場合の地盤の動きを観察すると，図10.66(a)に示すように，地表面近傍の土は塑性すべりを生じて斜め上方または水平側方へと移動していくことがわかる．すなわち，p～y 関係は初期の弾性状態から塑性へと移行し，かつその塑性域は次第に下方に拡がっていく．弾塑性地盤反力法は，このような現実の現象に則して p～y 関係を同図(b)のように弾塑性的に考える方式のものであり，式(10.35) または式(10.37)において塑性域（上部）と弾性域（下部）を連続させて解けばよい．p の降伏値 p_y については種々の提案がなされており，その一例として Broms の提案する p_y 分布[68]を，図10.67の(a)，(b)に示しておく．弾性地盤反力法

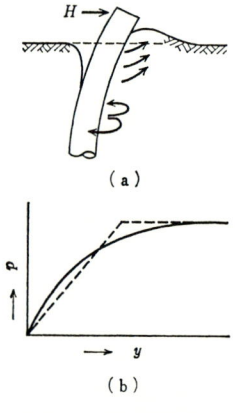

図10.66　水平地盤反力の塑性化

と比べて合理性があり，かつ現象をよりよく説明できる．

最近ではさらに研究が進み，文献[69]では，水平地盤反力 p を式 (10.38) において $m=0$, $n=1$ とするが，k_h は下式で示す非線形水平地盤反力係数を用いることを推奨している．

$$0.0 \leq \bar{y} \leq 0.1 : k_h = 3.16 k_{h0}$$

$$0.1 \leq \bar{y} \quad : k_h = \frac{k_{h0}}{\bar{y}^{1/2}} \quad \text{ただし } p = k_h y \leq p_y \quad (10.39)$$

ここに，k_{h0}：基準水平地盤反力係数 (kN/m^3)（水平変位量が 1 cm のときの水平地盤反力係数）

p_y：塑性域の水平地盤反力 (kN/m^2)

$\bar{y}$：水平変位を cm 単位で表したときの数値（無次元数）

ただし，上式 (10.39) の水平地盤反力係数は，変位の平方根に反比例する表現となっているため，式 (10.35) は非線形微分方程式となり，これを解くには数値解析によるほかはない．このような問題に対する基本的な扱いについては，次項で説明する．

また，上式における p_y については，Broms の提案をもとにして図 10.68 に示すような群杭の影響が，図 10.67 の (a)，(c) に示す κ, μ, λ によって考慮されている．群杭の最前方に位置する杭は，単杭と同じ（$\kappa=3.0$, $\mu=1.4$, $\lambda=9.0$）であるが，群杭としての影響を大きく受ける加力方向列の後方杭については，杭間隔を考慮した下式によって異なる p_y 分布値が与えられる．

砂質土：$\kappa = (0.55 - 0.007\phi)\left(\dfrac{R}{B} - 1.0\right) + 0.4 \quad$ ただし $\kappa \leq 3.0 \quad (10.40)$

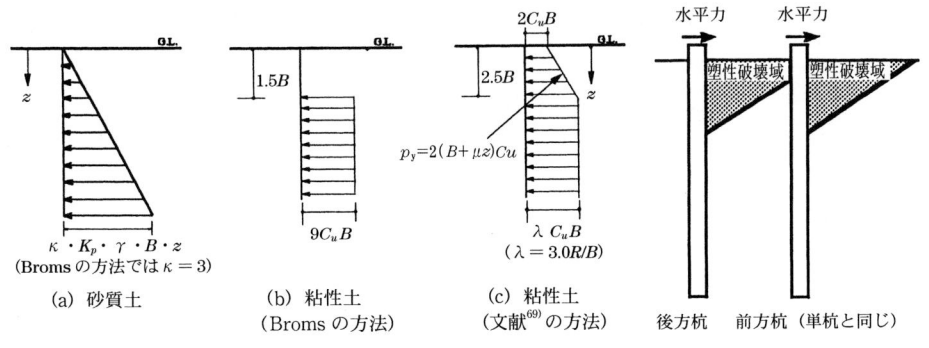

図 10.67 Broms の方法および文献[69]の方法における塑性域の水平地盤反力分布

(a) 砂質土 (Broms の方法では $\kappa = 3$), $\kappa \cdot K_p \cdot \gamma \cdot B \cdot z$

(b) 粘性土（Broms の方法）, $9 C_u B$, $1.5 B$

(c) 粘性土（文献[69]の方法）, $2 C_u B$, $2.5 B$, $p_y = 2(B + \mu z)C_u$, $\lambda C_u B$ ($\lambda = 3.0 R/B$)

図 10.68 群杭の塑性地盤のモデル化

後方杭　前方杭（単杭と同じ）

粘性土：$\dfrac{R}{B} < 3.0$ の場合：$\mu = 0.6\dfrac{R}{B} - 0.4$, $\lambda = 3.0\dfrac{R}{B}$

$\dfrac{R}{B} > 3.0$ の場合：$\mu = 1.4$, $\lambda = 9.0$
　　　　　　　　　　　　　　　　　　　　　　　　　　(10.41)

ここに，ϕ：内部摩擦角（度）
　　　　R：杭中心間隔
　　　　B：杭径

なお，式(10.39)における基準水平地盤反力係数 k_{h0} については，10.4.4項で詳述する．

以上のほか，杭に塑性ヒンジが生じて極限状態に至った場合を対象とした極限設計法が Broms[68] によって提案され，文献[69]にも採用されている．Bromsの方法に関する詳細については，これらの文献を参照されたい．

10.4.3 杭の水平抵抗の計算式

前述のように，文献[69]で推奨されている杭の水平抵抗の計算法は，式(10.35)が非線形微分方程式となり，例えば文献[70]で示されているように，多層に区分した解析モデルについて与えられた収斂条件を満足するまで繰り返し計算を行わなければならない．しかし，この計算法の基本としては，図10.69に示すような多層地盤中の杭頭突出杭において，各層が式(10.42)の水平地盤反力（前出の式(10.38)で $m=0$, $n=1$）をもつ問題の解法を理解しておけばよい．

$$p = k_h y \quad (10.42)$$

以下，この計算法の誘導について概説するが，説明を簡単にするため，杭は全長にわたって一様断面と仮定する．

まず，杭の突出部では水平地盤反力は $p=0$ であるので，式(10.36)の一般解は，次式で与えられる．

$$y = a_0 + a_1 x_0 + a_2 x_0^2 + a_3 x_0^3 \quad (10.43)$$

ここに，$a_0 \sim a_3$：積分定数

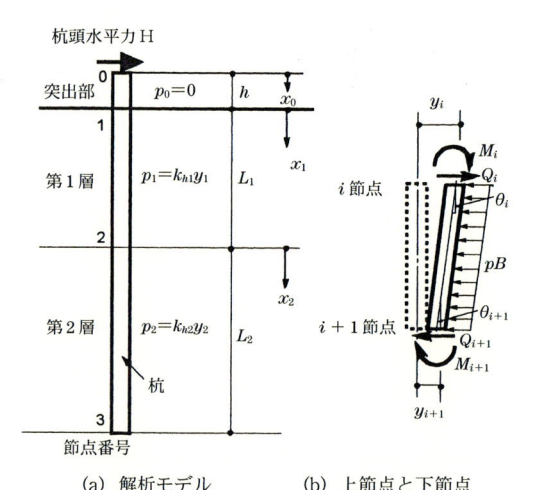

図10.69　杭の水平抵抗解析法説明図
(a) 解析モデル　(b) 上節点と下節点の物理量関係

10.4 杭の水平抵抗

上式をもとに，たわみ角 $\theta(=-dy/dx)$，曲げモーメント $M(=-EId^2y/dx^2)$ および，せん断力 $Q(=-EId^3y/dx^3)$ などの各物理量を表せば，下式のようになる．

$$\begin{aligned}\theta &= -(a_1+2a_2x_0+3a_3x_0^2)\\ M &= -2EI(a_2+3a_3x_0)\\ Q &= -6EIa_3\end{aligned} \qquad (10.44)$$

式 (10.43) および式 (10.44) により，各物理量と積分定数の関係をマトリックス表示すると，式 (10.45) を得る．これを式 (10.46) のように簡易表示する．ここに，$\{y_0\}$ は節点 0（杭頭）における物理量ベクトルおよび $\{a_0\}$ は積分定数ベクトルを表している．

$$\begin{bmatrix}y_0\\ \theta_0\\ M_0\\ Q_0\end{bmatrix}=\begin{bmatrix}1 & x_0 & x_0^2 & x_0^3\\ 0 & -1 & -2x_0 & -3x_0^2\\ 0 & 0 & -2EI & -6EIx_0\\ 0 & 0 & 0 & -6EI\end{bmatrix}\begin{Bmatrix}a_0\\ a_1\\ a_2\\ a_3\end{Bmatrix} \qquad (10.45)$$

$$\{y_0\}=[A_0]\{a_0\} \qquad (10.46)$$

式 (10.45) において，$x_0=0$ とした杭頭の各物理量と積分定数 $a_0 \sim a_3$ との関係は，式 (10.47) のように表すことができる．ただし，$[A_0]^{-1}$ は $[A_0]$ の逆マトリックスを表している．

$$\{a_0\}=[A_0]^{-1}\{y_0\} \qquad (10.47)$$

式 (10.45) において $x_0=h$（h：杭頭突出長さ）とすると，地表面位置での物理量と積分定数との関係式となる．この式の $\{a_0\}$ に式 (10.47) を代入すれば，地表面における物理量 $\{y_1\}$ は杭頭での物理量 $\{y_0\}$ を用いて次式のように表される．

$$\{y_1\}=[C_0]\{y_0\} \qquad (10.48)$$

ここに，$[C_0]$ は 4×4 のマトリックスとなる．

次いで，図 10.69 の第 1 層において層内の水平地盤反力係数 k_{h1} を一定と仮定すれば，式 (10.37) の一般解は下式のように表される．

$$\begin{aligned}y &= e^{\beta_1 x_1}\{A_0\cos(\beta_1 x_1)+A_1\sin(\beta_1 x_1)\}\\ &\quad + e^{-\beta_1 x_1}\{A_2\cos(\beta_1 x_1)+A_3\sin(\beta_1 x_1)\}\end{aligned} \qquad (10.49)$$

ここに，$\beta_1=[k_{h1}B/4EI]^{1/4}$

　　　$A_0 \sim A_3$：積分定数

なお，層内で一定の k_{h1} 値を定める方法としては，式 (10.39) でこの層の上・下節点における平均水平変位を用いるなどの方法が考えられる．

上式をもとに，突出部における計算手順と同様の計算で，地表面の物理量 $\{y_1\}$

と第1層下端面での物理量$\{y_2\}$との関係式が求められる．この計算を第2層にも適用すれば，杭先端における物理量$\{y_3\}$は，下式のように杭頭の物理量$\{y_0\}$と関係づけることができる．

$$\{y_3\}=[C_2][C_1][C_0]\{y_0\} \quad (10.50)$$
$$=[D]\{y_0\}$$

ちなみに，上式の右辺第1項の$[D]$は，4×4マトリックスとなる．

杭頭突出部および各地層の条件を考慮して得られた式(10.50)に対して，杭頭部および杭先端部における境界条件（既知の物理量）を与えれば，杭頭部と杭先端部における残りの未知物理量を決定でき，他の節点における各物理量も計算できる．なお，この具体的な計算法については，文献[71]などを参考にされたい．現実の杭基礎における境界条件として考えられる条件を，以下に示しておく．

(i) 杭頭

自由：$M_0=-EI\dfrac{d^2y}{dx^2}=0, \quad Q_0=-EI\dfrac{d^3y}{dx^3}=-H$ (10.51)

固定：$\theta_0=-\dfrac{dy}{dx}=0, \quad Q_0=-EI\dfrac{d^3y}{dx^3}=-H$ (10.52)

(ii) 杭先端

自由（杭先端が軟弱層中にある場合）：

$M_p=-EI\dfrac{d^2y}{dx^2}=0, \quad Q_p=-EI\dfrac{d^3y}{dx^3}=0$ (10.53)

ピン（杭先端が支持層中に若干根入れされている場合）：

$y_p=0, \quad M_p=-EI\dfrac{d^2y}{dx^2}=0$ (10.54)

固定（杭先端が支持層中に十分根入れされている場合）：

$y_p=0, \quad \theta_p=-\dfrac{dy}{dx}=0$ (10.55)

以上の一連の計算は，ある与えられた杭頭水平荷重Hに対する収斂計算の一過程であるので，式(10.39)を用いた場合は収斂条件を満足するまでこのような繰り返し計算を行う必要がある．このようにして，文献[69]で提案されている解析は可能であるが，計算はかなり複雑であって，実際には計算機を利用することになる．このため，同文献では杭の水平抵抗に関する設計法として以前より用いられているChangの方法が，補助的解析法として採用されている．

Changの方法は，式(10.42)の水平地盤反力をもつ一様地盤に対する一般解(10.49)に，杭を無限長と仮定する等の条件を与えたものである．無限長杭の場

10.4 杭の水平抵抗

表 10.7 Chang の方法による杭頭突出杭の解

杭頭条件	突 出 あ り・自 由 端	突 出 あ り・固 定 端
状 態 図		
一 般 式	$y_1 = \dfrac{H}{6EI\beta^3}\{\beta^3 x^3 + 3\beta^3 h x^2 - 3\beta(1+2\beta h)x + 3(1+\beta h)\}$	$y_1 = \dfrac{H}{12EI\beta^3}\{2\beta^3 x^3 - 3(1-\beta h)\beta^2 x^2 - 6\beta^2 h x + 3(1+\beta h)\}$
	$y_2 = \dfrac{He^{-\beta x}}{2EI\beta^3}\{(1+\beta h)\cos\beta x - \beta h \sin\beta x\}$	$y_2 = \dfrac{He^{-\beta x}}{4EI\beta^3}\{(1+\beta h)\cos\beta x + (1-\beta h)\sin\beta x\}$
	$\theta_1 = \dfrac{H}{2EI\beta^2}\{\beta^2 x^2 + 2\beta^2 h x - (1+2\beta h)\}$	$\theta_1 = \dfrac{H}{2EI\beta^2}\{\beta^2 x^2 - (1-\beta h)\beta x - \beta h\}$
	$\theta_2 = \dfrac{-He^{-\beta x}}{2EI\beta^2}\{(1+2\beta h)\cos\beta x + \sin\beta x\}$	$\theta_2 = -\dfrac{He^{-\beta x}}{2EI\beta^2}(\beta h \cos\beta x + \sin\beta x)$
	$M_1 = -H(x+h)$	$M_1 = -\dfrac{H}{2\beta}\{2\beta x - (1-\beta h)\}$
	$M_2 = \dfrac{-He^{-\beta x}}{\beta}\{\beta h \cos\beta x + (1+\beta h)\sin\beta x\}$	$M_2 = \dfrac{He^{-\beta x}}{2\beta}\{(1-\beta h)\cos\beta x - (1+\beta h)\sin\beta x\}$
	$Q_1 = -H$	$Q_1 = -H$
	$Q_2 = -He^{-\beta x}\{\cos\beta x - (1+2\beta h)\sin\beta x\}$	$Q_2 = -He^{-\beta x}(\cos\beta x - \beta h \sin\beta x)$
杭 頭 部 ($x=-h$)	$M_0 = 0, \quad Q_0 = -H$	$M_0 = \dfrac{H(1+\beta h)}{2\beta}, \quad Q_0 = -H$
	$y_0 = \dfrac{H}{6EI\beta^3}\{2(1+\beta h)^3 + 1\}$	$y_0 = \dfrac{H}{12EI\beta^3}\{(1+\beta h)^3 + 2\}$
地 表 部 ($x=0$)	$M_G = -Hh, \quad Q_G = -H$	$M_G = \dfrac{H(1-\beta h)}{2\beta}, \quad Q_G = -H$
	$y_G = f = \dfrac{H}{2EI\beta^3}(1+\beta h)$	$y_G = f = \dfrac{H}{4EI\beta^3}(1+\beta h)$
地中部曲げモーメント最大点 ($x=l_m$)	$l_m = \dfrac{1}{\beta}\tan^{-1}\dfrac{1}{1+2\beta h}$	$l_m = \dfrac{1}{\beta}\tan^{-1}\dfrac{1}{\beta h}$

[注] $x=l_m$ の点の y, M, Q などは,一般式に l_m の計算値を代入して求めること.一般式の添字 1 および 2 は,それぞれ突出部および地中部を表す.

合，式 (10.49) に基づく変形 y が $x=\infty$ で 0 である条件より $A_0=A_1=0$ となる．例えば杭の突出がある場合，前述した杭頭の境界条件および地表面位置での物理量 (y, θ, M, Q) が連続である条件を与えて，式 (10.49) の残りの積分定数 A_2, A_3 および式 (10.43) の 4 積分定数を決定できる．このようにして求められた杭頭突出杭の解を表 10.7 に示した．なお，突出無しの杭の場合は，同表中で $h=0$ とすればよい．

【演習問題 10.2】 式 (10.48) におけるマトリックス $[C_0]$，式 (10.50) 中のマトリックス $[C_1]$ の各要素を導け．

10.4.4 基準水平地盤反力係数の定め方

杭の水平載荷試験結果から求められる水平地盤反力係数 k_h は，水平変位の増加に伴って減少し（図 10.74 参照），式 (10.39) のように基準水平地盤反力係数 k_{h0} を介して水平変位量 y の平方根にほぼ反比例する性状を示す[72]．なお水平載荷試験結果による k_{h0} の値としては，一般的に地表面位置で杭が 1 cm 水平変位したときの水平地盤反力係数が採用されており，式 (10.39) の k_{h0} とは厳密には定義が異なるが，設計上は同じものとして扱われている．

a. 杭の水平載荷試験を行わない場合[69] 基準水平地盤反力係数 k_{h0} 値の評価は，次式による．

$$k_{h0} = \alpha \zeta E_0 \left(\frac{B}{0.01}\right)^{-3/4} \tag{10.56}$$

ここに，α：評価法によって決まる定数（m^{-1}）
　　　　ζ：群杭の影響を考慮した係数（単杭の場合 $\zeta=1$）
　　　　E_0：変形係数（$\mathrm{kN/m^2}$）
　　　　B：杭径（m）

上式において変形係数 E_0 は，下記のいずれかの方法によって評価するが，対象とする地層の土性に適した方法であるかどうかを考慮して，右欄に示すように定数 α が定められており，とくに (iii) の N 値で粘性土を評価する場合には精度が悪くなるので，他より小さな α 値としている．

（ i ） ボーリング孔内で測定した地盤の変形係数　　　：粘性土 $\alpha=80$
　　　　　　　　　　　　　　　　　　　　　　　　　　：砂質土 $\alpha=80$
（ ii ） 一軸または三軸圧縮試験から求めた地盤の変形係数　：粘性土 $\alpha=80$
（iii） 対象土層の平均 N 値より $E_0=700 \cdot N$ で推定した場合：粘性土 $\alpha=60$
　　　　　　　　　　　　　　　　　　　　　　　　　　：砂質土 $\alpha=80$

また，係数 ζ は群杭の影響を考慮しており，加力方向の杭列における杭中心間隔 R が杭径 B の6倍以内であれば，以下のような式 (10.57) により求めることになる．

$$\zeta = 0.15\frac{R}{B} + 0.10 \qquad (10.57)$$

b．杭の水平載荷試験による方法　k_{h0} を求めるのに最も確実な方法である．通常，実杭について杭頭自由かつ突出杭の状態で試験を行う．以下，文献[73]を参考として，水平載荷試験を行う上での要項を述べておく．

（ⅰ）試験地盤面は実際のフーチング底面の深さとする．試験杭より $5B$（B：杭径）以上の範囲にわたって，地表面を平坦に均すものとする．したがって，掘削法面や山留め壁なども試験杭から $5B$ 以上離す．

（ⅱ）杭の施工後から試験までの放置時間は，10.3.3.a 項の（ⅰ）に準ずる．

（ⅲ）計画最大荷重は，設計水平耐力よりできるだけ大きい方が望ましい．しかし試験杭を実杭として使用する計画の場合は，杭体を損傷しない程度にとどめる必要がある．

（ⅳ）水平載荷装置は，図 10.70 に示すように，他の実杭を反力杭として利用する．反力杭は試験杭から $5B$ 以上離すことが望ましい．装置全般を通じて，計画最大荷重の120%以上の加力能力をもつよう設計する．

（ⅴ）計測事項は，通常，荷重の大きさ，杭頭部の水平変位量および経過時間などである．杭体に歪み計を設置しておいて，曲げ歪みを測定すればなおよい．

（ⅵ）加力によって地盤も水平変位を生ずるので，基準梁を支持する基準点は試験杭および反力杭からできるだけ遠く離すのが望ましい．

（ⅶ）試験方式は，正負交番載荷または1方向載荷のいずれかとし，載荷速度

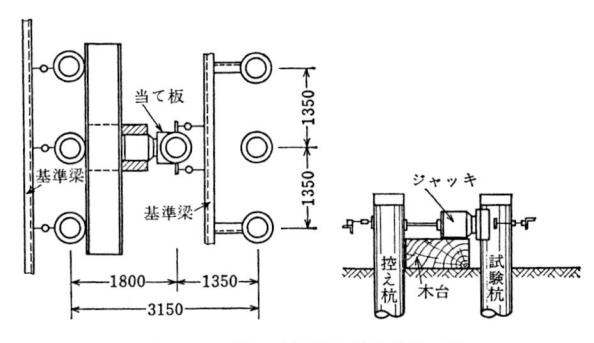

図 10.70　杭の水平載荷試験装置の例

一定の多サイクル方式（または1サイクル方式）とする（図10.72参照）．正負交番載荷では，試験杭の前後にジャッキを各1台用意して，正負2方向の交番加力を行う．荷重階は8段階以上の均等割りとする．荷重保持時間は，増荷時，減荷時の各荷重段階とも3分とし，一方向載荷多サイクル方式の0荷重階では15分とする．

　以上によって行われた水平載荷試験の結果から，荷重H〜水平変位量y_0曲線および図10.71に準じた荷重H〜時間t曲線を描く．図10.72には，荷重〜水平変位量曲線の一例を示した．図10.39と同様に，図10.72の測定値を両対数紙上にプロットして$\log H$〜$\log y_0$の関係を示したのが図10.73である．鋼管杭の場合

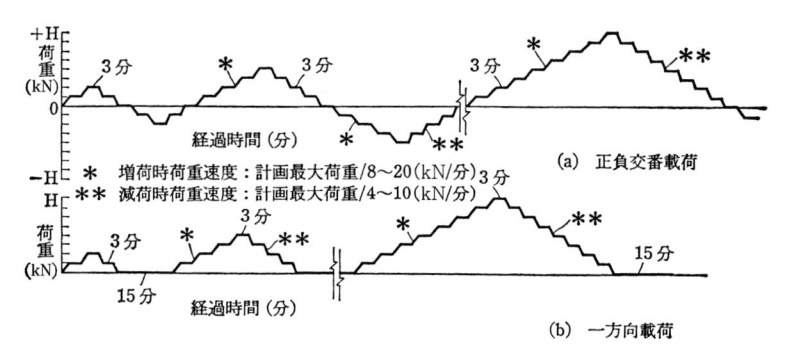

図10.71　杭の水平載荷試験の試験方法（多サイクル）

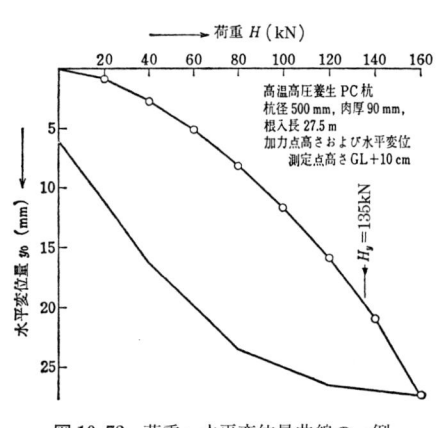

図10.72　荷重〜水平変位量曲線の一例

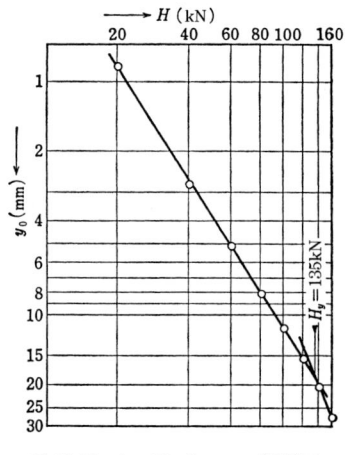

図10.73　$\log H$〜$\log y_0$の関係図

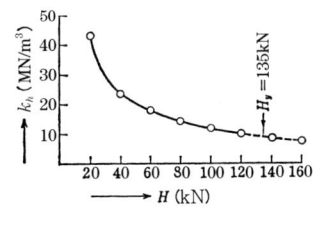

は，$\log H \sim \log y_0$ 曲線は直線状で一般に折点が現れないが，コンクリート杭(既製杭および場所打ち杭)の場合には，同図のような折点が発生して降伏現象を示すことがある．この現象は，最大曲げモーメントがひび割れモーメントに到達し，以後この断面の曲げ剛性が急激に低下することによるものである．

図 10.74 は，図 10.72 の $H \sim y_0$ 曲線に表 10.7 の

図 10.74 $H \sim k_h$ 曲線

Chang の解を適用して β を逆算して得た H と k_h の関係曲線であって，加力点高さが低いことから $h=0$ とみなし，次式によっている．

$$\beta = \sqrt[3]{\frac{H}{2EIy_0}} \tag{10.58}$$

$$k_h = \frac{4EI}{B}\beta^4 = \frac{2\beta H}{By_0} \tag{10.59}$$

同図 10.74 から，設計用の k_h の値を選定することができる．ただし，$H > H_y$ の範囲については，杭の断面 2 次モーメントが変化しているので，破線で示してある．

10.5　杭の引抜き抵抗

10.5.1　杭の引抜き抵抗力の決定法

フーチングに作用する引抜き力は，通常，風や地震などの短期的荷重の場合に限られる．したがって，引抜き抵抗 (pulling resistance) としては，短期状態を対象とすればよい．

杭の引抜き抵抗力の定め方としては，引抜き試験を行う場合と行わない場合に分類される．このうち信頼性の高いのは，実杭について引抜き試験を行い，その結果によって判定する場合であって，鉛直支持力の場合と同様である．

引抜き試験の装置は図 10.75 に一例を示すとおりであって，試験要項は文献[74]に準ずるのがよい．試験方式は，一方向加力多サイクル方式とし，荷重段階は 8 段階以上とする．処女荷重階および 0 荷重階の荷重保持時間は 15 分，増荷時および減荷時の履歴荷重階では 5 分とする．降伏荷重および極限荷重の判定法は，載荷試験と同様である．杭体としての短期許容引張り応力度は，表 10.2 によって算定する．

10.5.2 単杭および群杭の引抜き抵抗力算定式

a. 単杭の引抜き抵抗力算定式 図 10.76 において，引抜き抵抗力 T は次式によって表される．

$$T = \int_0^L \pi d\tau_t dz + W_P \tag{10.60}$$

ここに，T：単杭の引抜き抵抗力（kN）
　　　　τ_t：杭周面に生ずる引抜き抵抗力度（kN/m²）
　　　　W_P：杭 1 本の自重（kN）（ただし地下水面以下の部分にあっては浮力を考慮する）

上式においては，W_P は杭に作用する引抜き力から差し引くことができると考えている．τ_t については鉛直支持力の場合の f_u と同等と考えられている．ゆえに，10.3.1.c 項の f_u の値をそのまま用いてよかろう．

b. 群杭の引抜き抵抗力算定式 群杭に引抜き力が作用する場合，すべての杭が地盤から抜き上がる状態と，図 10.77 に示すように群杭およびそれらの間の

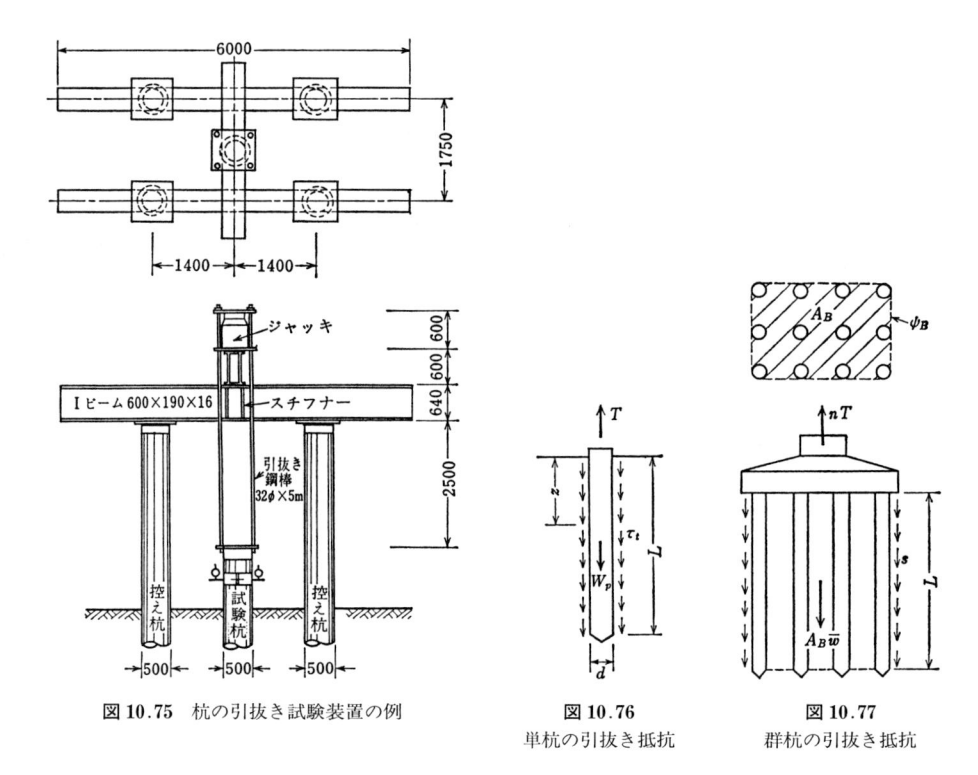

図 10.75 杭の引抜き試験装置の例

図 10.76
単杭の引抜き抵抗

図 10.77
群杭の引抜き抵抗

土が1つのブロックとなって抜き上がる状態の両者を考えて,小さい方の値を採用する.前者の場合は,群杭中の各杭はa項で述べた単杭の引抜き抵抗と同等の抵抗をもつと考えてよい.後者の場合には,群杭中の1本当たりの杭の引抜き抵抗力は,次式のとおりである.

$$T' = \frac{\psi_B L s + A_B \bar{w}}{n} \tag{10.61}$$

ここに,T':群杭の影響を考慮した杭1本当たりの引抜き抵抗力(kN)
　　　ψ_B:群杭の外側の杭表面を結んだ面で囲まれたブロックの周長(m)
　　　A_B:同上のブロックの断面積(m²)
　　　L:杭の長さ(m)
　　　s:土のせん断強さ(kN/m²)
　　　$\bar{w}$:群杭下端面に作用する杭と土の単位面積当たりの重量(kN/m²)
　　　　（ただし地下水面以下にあっては浮力を考慮する）

11. 擁壁と山留めの検討

11.1 擁壁の種類と検討事項

　地表面の高低段差を保持するため，その境界に設けられる壁状の構造物を擁壁（retaining wall）という．擁壁の種類は細かく分類することができるが，代表的なものは次の2種類とみてよい．

　重力擁壁（gravity retaining wall）：背面土圧に対して，擁壁自体の重量で安定を保っているもの．土木用としては，大規模なものがある（図11.1(a)）．

　逆T形（またはL形）擁壁（cantilever retaining wall）：背面土圧に対して，擁壁の自重と擁壁底板上の土の重量とで安定を保っているもの（図11.1(b)）．

　なお，間知石（けんちいし）やコンクリートブロックなどの組積構造擁壁（図11.2参照）は，壁に曲げモーメントによる引張り応力が生じないよう，擁壁の自重と土圧との合力線が断面内を通るように壁に傾斜をつけたもので，広義の重力擁壁とみられる．

　5.4.1項で述べたように，擁壁は背面に作用する土圧によって変位を生じやすい構造であって，背面土圧としては土の塑性すべり状態を考慮した主働土圧を想定する．この場合，擁壁の背面地盤には排水処理（11.2節参照）を行うことを前提として，水圧は作用しないものとしている．したがって，目詰り等を生じない

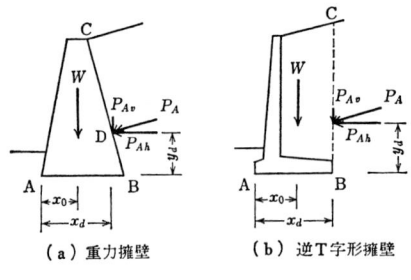

（a）重力擁壁　　　（b）逆T字形擁壁

図11.1　擁壁の代表的な種類

図11.2　組積造擁壁

よう管理することが肝要である．

擁壁の設計にあたっては，種々の限界状態に対して，a.擁壁の転倒に関する検討，b.擁壁の水平移動に関する検討，c.擁壁底面の支持力に関する検討，d.擁壁を含む斜面の崩壊に関する検討を行う．

以下，これらの項目について概説する．詳細は，文献[1]等を参照されたい．

a． 擁壁の転倒に関する検討　　常時において，擁壁のフーチング底面の前端（図11.1のA点）を中心として，擁壁を前方へ回転させようとする転倒モーメント M_A および擁壁の自重または（擁壁＋擁壁底板上の土）の重量などによって逆向きに作用する抵抗モーメント M_R が作用している．使用限界状態においては，M_R の M_A に対する安全率 F_S が次式を満たすように設計する．

$$F_S = \frac{M_R}{M_A} = \frac{W x_0}{P_{Ah} y_d - P_{Av} x_d} \geq 1.5 \tag{11.1}$$

ここに，W：擁壁または（擁壁＋底板上の土）の単位長さ当たり重量（kN/m）

　　　x_0：A点から W の作用点までの距離（m）

　　　P_{Ah} および P_{Av}：背面土圧合力 P_A の水平および垂直成分（kN/m）

　　　x_d および y_d：P_A の作用点DのA点からの水平・垂直距離（m）

上式において，P_A としてはRankineの土圧（5.4.2項参照）またはCoulombの土圧（5.4.3項参照）を適用してよい．この場合，土質，擁壁背面の垂直度，背面地盤表面の傾度，擁壁背面と土との摩擦を考慮するか否かの条件などによって，P_A は異なる．終局，損傷限界においては，地震時慣性力等も考慮して $F_S \geq 1$ を目標とする．

b． 擁壁の水平移動に関する検討　　使用限界状態においては，背面土圧の水平成分 P_{Ah} に対して，フーチングの水平抵抗力 R_H が1.5以上の安全率をもつように設計する．直接基礎の場合，根切り底に敷砂利などの地業が設けられているので，コンクリートと土の間のせん断抵抗よりも土のせん断抵抗を採用する方が実状に近いと考えられており，次式により安全性を確認する．

$$F_S = \frac{R_H}{P_{Ah}} = \frac{\mu(W + P_{Av}) + c A_e}{P_{Ah}} \geq 1.5 \tag{11.2}$$

ここに，R_H：フーチングの単位長さ当たりの水平抵抗力（kN/m）

　　　μ：摩擦係数．この場合 $\tan\phi$ としてよい（ϕ：内部摩擦角）．シルトや粘土を含まない砂質土の場合 0.55（$\phi \fallingdotseq 29°$），シルトを含む砂質土の場合 0.45（$\phi \fallingdotseq 24°$）

　　　A_e：フーチング底面の接地圧が0の部分（浮き上がり部分）を除いた単

位長さ当たりの面積 （m²/m）

なお粘着力 c は $q_u/2$ をとってよい．

　水平抵抗要素としては，上に述べたフーチングの摩擦抵抗のほか，擁壁前面の受働土圧が考えられるが，基礎の根入れがとくに深い場合のほかは考慮しないものとする．この理由は，擁壁前面の土が根切り工事の際に乱されやすいこと，雨水や排水などで洗掘されやすいこと，図 5.16 に関して述べたように受働土圧が有効に働くまでには水平変位がかなり進行することなどによるものである．したがって受働土圧を考慮する場合には，フーチング底面以下に突起を設けるなどの特別の考慮が必要である．終局，損傷状態においては，地震時慣性力を考慮して $F_s \geqq 1$ を目標とする．

c．擁壁底面の支持力に関する検討　擁壁底面の接地圧は，地盤の支持力に対して安全でなければならない．図 11.3 に示す関係から，フーチングの図心線 G に作用する軸力 N および曲げモーメント M は，

$$\left. \begin{array}{l} N = W + P_{Av} \\ M = W \cdot e' + P_{Av} \cdot B/2 - P_{Ah} y_d \end{array} \right\} \quad (11.3)$$

となる．ただし圧縮力を正とし，W の偏心距離 e' は同図の符号をとるものとする．M は通常負の値であるから，接地圧は台形または三角形分布となる．したがって，9.5 節と同様の計算式が適用できる．

　許容支持力設計では，最大接地圧 σ_{max} に対する極限支持力度 q_d の安全率が次式を満たすものとしていた．

$$F_s = \frac{q_d}{\sigma_{max}} \geqq 3 \quad (11.4)$$

d．擁壁を含む斜面の崩壊に関する検討　擁壁があると否とにかかわらず，地表面に高低差のある斜面では，すべり破壊を生ずることがある．粘着性の土の場合，すべり面は円弧状に近いことから，この現象を円弧すべり（circular slip）と称している．

　このような斜面全体の安定性を検討する方法は，以下のような手順による．図 11.4 を参照されたい．

　（ⅰ）まず擁壁を含む地盤を，鉛直平面で縦に区分する．通常，等間隔に区分するのがよい．

　（ⅱ）擁壁前面の頭部 E 点付近に任意の点 O を仮定し，O を中心とし任意の半径 r をもった円弧すべり面を描く．

　（ⅲ）円弧すべり面の内側にある各区分の土および擁壁の重量を計算する．同

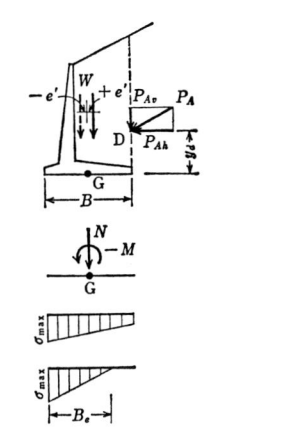

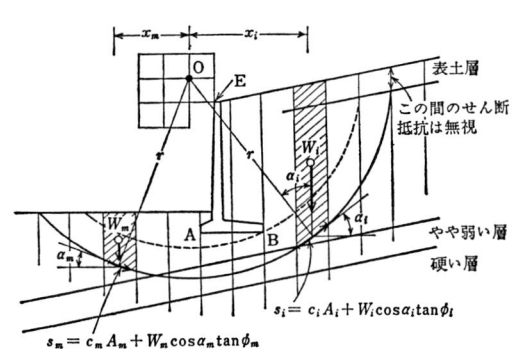

図 11.3 擁壁底面の支持力の検討　　**図 11.4** 擁壁を含む斜面の安定性の検討

図では，O点より右側の任意の区分の重量を W_i，O点より左側の任意の区分の重量を W_m で表してある．

（iv）円弧すべり面に沿った区分 i のせん断抵抗 s_i を，式 (5.1) より計算する．

（v）Oを中心とするすべりモーメント M_0 はO点より右の土の重量によるものであって，これに対する抵抗モーメント M_r はO点より左側の土の重量および全円弧すべり面のせん断力の作用によるものである．したがって次式が成り立つ．

$$M_0 = \sum_i W_i x_i \, (\mathrm{kN \cdot m/m}) \tag{11.5}$$

$$M_r = \sum_m W_m x_m + r\left(\sum_i s_i + \sum_m s_m\right) \tag{11.6}$$

ここに，x_i, x_m：O点から W_i または W_m の作用点までの水平距離(m)

ただし，上式においてサフィックス i についてはO点より右側の全区分，m についてはO点より左側の全区分について，それぞれ加え合わすものとする．M_0 に対する M_r の安全率 F_s を次式によって求める．

$$F_s = \frac{M_r}{M_0} \tag{11.7}$$

（vi）（ii）におけるO点を移動させて，以上の操作を繰り返す．

（vii）種々の仮定，地盤定数のばらつきを考慮して，以上により求めた F_s の最小値が，1.5以上となることを目標とする．

11.2　擁壁の設計に当たっての注意事項

以上に述べた擁壁の設計における注意事項やその他の留意事項について，以下

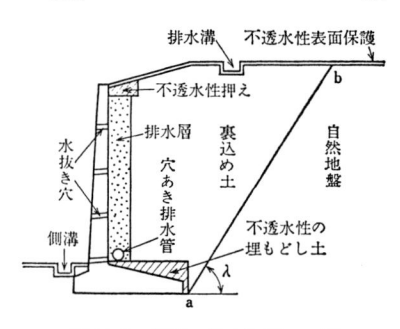

図 11.5 擁壁の排水処理の一例

に説明しておく.

(a) 擁壁の施工に当たっては，図 11.5 に示すように擁壁と背面の自然地盤との間に裏込め土 (back fill) をつめる．したがって，自然地盤が堅くて傾斜角度 λ が直角に近い場合は別として，土圧計算に用いる定数（γ_t, c, ϕ 等）は裏込め土によるところが大きい．ゆえに原則として，施工後の状態を想定して裏込め土の土質試験を行い，これらの定数を定めるべきである．

(b) すでに述べたように，11.1 節の背面土圧には水圧が考慮されていない．降雨などによって背面土に水が浸透すると，γ_t の増加やせん断強度の低下などが生じ，さらには擁壁背面に水圧が作用するに至って，側圧が設計値をかなり上まわるようになる．集中豪雨や長期間の降雨によって，擁壁が変位したり，崩壊事故を生じた例も多い．このため，擁壁およびその周辺地盤には十分な排水処理を施すのが原則となっている．

(c) 11.1 節の検討は主として長期的な土圧に対して述べた．地震時に対しては，水平および垂直方向の震度を考えて，静的に等価な（地震時）土圧を求める方法がある[2]．

(d) 擁壁は，変位を生じやすく，かつ安全率の低い構造体であることをよく認識しておく必要がある．したがって背面地盤には，擁壁の変位に基づく沈下が生じやすい．ゆえに擁壁背面に造成された宅地においては，およその見当として，底面の後端（図 11.5 の a 点）からひいた 45°の傾斜線が地表面と交わる位置よりも後方，かつ自然地盤である範囲に建物の基礎をおくといった配慮が必要である．

11.3 掘削の方法

基礎フーチングを設けるための一時的な根切り工事 (excavation) において，根切り深さが浅い場合は掘削側面を支持せずに素掘りすることが可能である．この場合，鉛直な側面をもった素掘り深さの理論的な限界は，Rankine の主働土圧合力（式 (5.19)）を 0 とおいた次式によって求められる．

$$H_c = \frac{4c}{\gamma}\sqrt{N_\phi} \quad (=2z_0) \tag{11.8}$$

ここに，H_c は素掘りの限界深さという．

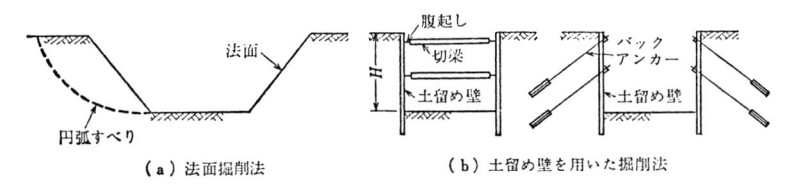

図11.6 深い根切り工事の方法
(a) 法面掘削法　(b) 土留め壁を用いた掘削法

したがって粘性土地盤では，上式において $\phi=0$，すなわち $N_\phi=1$ とおけばよい．現実には，背面地盤にひび割れを生じて崩壊を生ずる可能性があるので，適当に安全率をみて H_c より小さい素掘り深さを定め，かつその上限を 3 m 程度に抑えるべきであろう．粘着力をまったくもたない砂地盤では，$c=0$ したがって $H_c=0$ となり，鉛直な素掘りは不可能である．

より深い根切り工事に対しては，法面掘削の方法と山留め壁（土留め壁ともいう）を用いた掘削法がある．法面掘削（図11.6(a)参照）は，地盤が比較的よくて，根切り深さが通常 3～6 m までの場合に採用可能である．しかし必要な根切り部分の周囲に，空地の余裕が十分ある場合に限られること，掘削土量が多いこと，埋め戻し土の保管を要することなどのため，市街地では採用できない場合が多い．法面の設計に当たっては，図11.4に準じた斜面の安定に関する検討が必要である．一方，山留め壁を用いた掘削法は，根切り工事において主流をなす工法であり，文献[3] が参考となろう．

11.4　山留め壁の目的と種類

地下階築造などのための深い根切り工事を行う場合，周辺地盤の崩壊を防ぐために設ける仮設の壁を山留め壁といい，根切りの進行に伴って切梁（strut）やバックアンカー（back anchor）などの支保工を設けて支持する（図11.6(b)参照）．ただし，わが国では切梁を用いる場合がほとんどである．

山留め壁の背面には，土圧あるいは（土圧＋水圧）が作用する．土圧と水圧とは，土質条件や排水条件などによって分離できる場合と分離できない場合があるので，（土圧＋水圧）を総合して側圧（lateral pressure）と呼んでいる．山留め壁や支保工に破損が生ずると，水および土砂が逸流したり，山留め壁が崩壊するなどして，大事故につながる．また破損は生じなくても，側圧による山留め壁の変位が大きいと，周辺地盤に沈下や水平変位を生じて，隣接建物や道路を沈下させたり，埋設管の破損を起こす原因となる．したがって山留め壁および支保工は，十分な強度と剛性をもたねばならない．

図 11.7　親杭横矢板

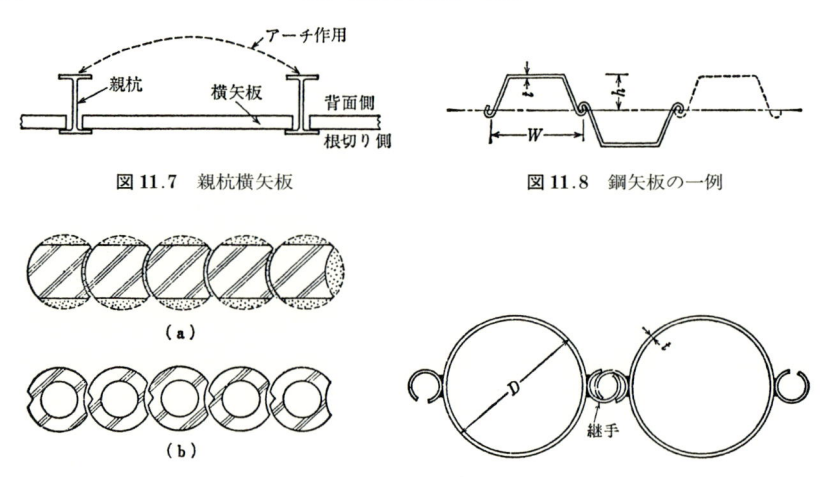

図 11.8　鋼矢板の一例

図 11.9　既製コンクリート杭柱列壁の例

図 11.10　鋼管矢板

a. 山留め壁の種類

（ⅰ）親杭横矢板（H piles and lagging）：図 11.7 に示すように，あらかじめ親杭（レール，Ⅰ型鋼，H 型鋼など）を 0.6～1.5 m 間隔で，打込み工法または埋込み工法で配置する．根切りの進行に伴って，根切り側から横矢板（厚さ 4 cm 以上の木製）を親杭間に挿入し，背面土との間に裏込めを行う．遮水性はない．

（ⅱ）鋼矢板（sheat pile）：図 11.8 に一例を示したように，継手をもった鋼製の矢板を組み合わせながら 1 列に打ち込み，水密性の山留め壁を造成する．近年，埋込み工法も開発された．掘削規模や土質に応じて，種々の断面や長さのものが選べる．およその断面は，図 11.8 のような U 型鋼矢板の場合，$W=400～600$ mm，$h=80～200$ mm，$t=8～24$ mm の範囲にわたっている．

（ⅲ）既製杭柱列壁：既製杭としては，既製コンクリート杭と鋼管杭がある．前者は，プレボーリングした孔内へ $\phi 300～350$ mm の杭を挿入し，ソイルセメントで固結させる工法によるもので，図 11.9 に示した．後者は鋼管矢板と呼ばれるもので，図 11.10 に示すような鋼管（主として，$\phi 700～1000$ mm，$t=9～22$ mm）を，継手をかみ合わせて 1 列に打ち込み，山留め壁を構成する．継手形式は多くの種類があり埋込み工法も開発された[4]．いずれも水密性が高い．

（ⅳ）ソイルセメント柱列壁：図 11.11 に示すように，複数本（通常は 3 本）の削孔混練軸を連動して回転させ，先端よりセメントミルクを注出しながら，掘進する．セメントミルクは原位置の土と混合かく拌されて，ソイルセメント状になる．施工順序は同図(a)のようであって，③は①と②の孔にラップさせて施

工する．セメントミルクが硬化する前に，H型鋼や鋼矢板を芯材として挿入する．この工程を繰り返して，連続壁を造成する．H型鋼の配置は，1つおきの隔孔配置，全数配置，これらの組み合わせ配置などがある．壁の最大厚さ（孔径）は45〜60 cmであって，遮水性が良い[5),6)]．

（v） 地中連続壁(cast-in-situ diaphragm wall)：図11.12に一例を示すように，安定液（ベントナイト泥水）を満たしながら長方形の1パネル分を掘削施工する．この過程を繰り返して，一連の山留め壁を造成する[7)〜10)]．掘削機は，バケット式，衝撃式，回転式（単軸・多軸ビット）など多種のものがあって，掘削方法は多様化している．初期は仮設の山留め壁としてのみ使用されたが，その後，各パネル間の継手法，連続壁と後打ちの地下構造体との間の継手法などの各種の開発が行われ，また全般的な技術の進歩がみられて，地下本体壁や壁杭としても利用できるようになった[10),11)]．厚さは50〜200 cmにわたって可能であるが，60〜80 cmのものが多い．1パネルの長さは，5 m前後のものが多い．

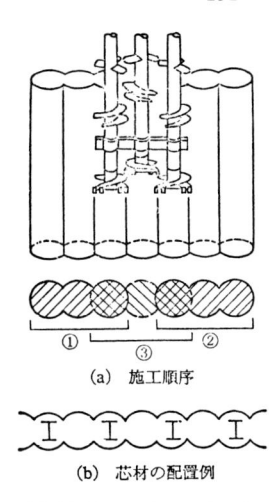

図 11.11 ソイルセメント柱列壁
(a) 施工順序
(b) 芯材の配置例

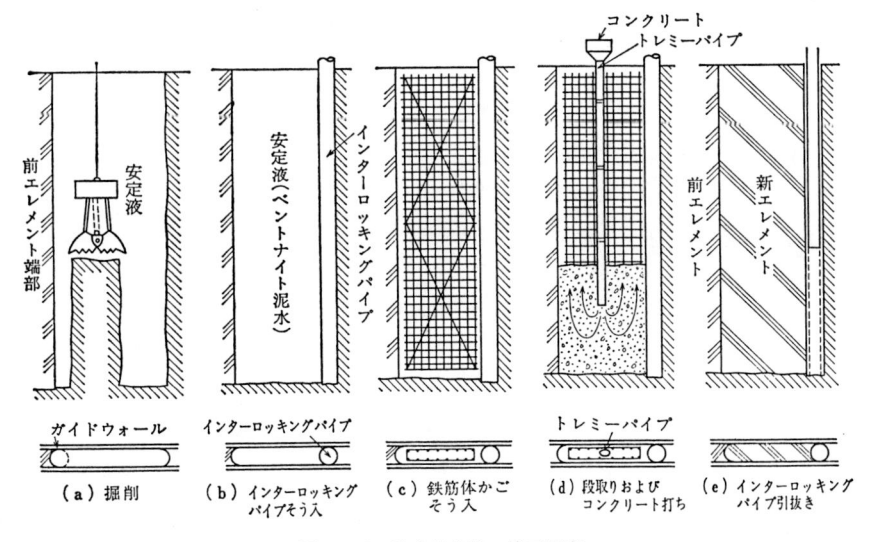

図 11.12 地中連続壁の施工順序
(a) 掘削
(b) インターロッキングパイプそう入
(c) 鉄筋体かごそう入
(d) 段取りおよびコンクリート打ち
(e) インターロッキングパイプ引抜き

b. 支保工 山留め壁を支持する腹起し,切梁および支柱によって構成される.腹起しは山留め壁に沿わせて水平方向に配置し,切梁支点間の側圧を受けて切梁に伝達させる.必要に応じて腹起しと切梁間には,ひうち梁を設ける(図 11.13 参照).支柱は,切梁などの自重を支持する目的のほか,切梁の座屈長を短く規制する目的ももっている.これらの支保工には,鉄骨が一般的に使用されている.

図 11.13 支保工の例(山留め壁はソイルセメント柱列壁,志賀 昭氏(大和建工)提供)

11.5 山留め壁に作用する側圧の特性

山留め壁に作用する側圧は,5.4 節で述べた擁壁に作用する土圧とは様子が異なり,より複雑に変化する特性がある.本節では,このような特性を示す原因について解説し,次節で述べる設計用側圧値の理解に資することとする.

a. 山留め壁全体としての変位形状による影響 擁壁の場合は,図 5.15 および図 5.17(a) に示したように,主として下部を中心とした回転的な変位を生じ,背面には Rankine の主働土圧が作用するとみてよいことを述べた.ゆえに背面土圧の中心は,砂地盤の場合,下端から $H/3$ のところに位置する.しかし山留め壁の場合は,上部から順に切梁を設置しながら根切りを進めていくので,全体としては,上部を中心とし下部が回転するような変位形状となる.このような変位形状の場合,背面土は Rankine の主働状態とはならない.

砂地盤において地下水位が十分低く,山留め壁には水圧は作用していないものとする.図 11.14 のように,剛な山留め壁が上端 a を中心として ab′ のように回転変位すると,背面土には対数らせん状のすべり線($r = r_0 e^{\theta\tan\phi}$)が生ずる.理論的な研究によると,このようなすべり線の場合,背面土圧の分布は同図(b)のような放物線状となり,土圧合力の作用点 $n_a H$ は $0.45H \sim 0.55H$ となる.Terzaghi および Peck の調査[12]によれば,実際の根切り工事での切梁軸力の測定結果においても,同様のことが確認されている.なお土圧の合力は,Rankine の土圧合力にほぼ等しいとみてよい.このように土圧が上部において増加するのは,上部の

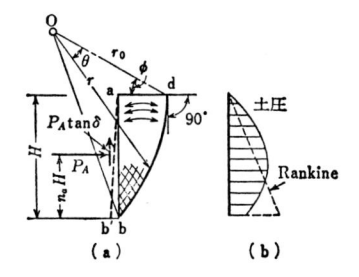

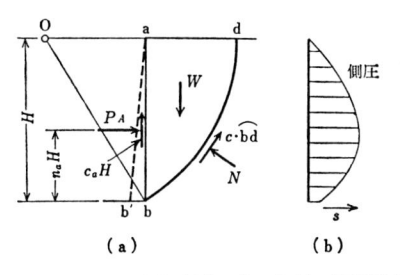

図 11.14 砂地盤掘削時のすべり線と土圧分布　　**図 11.15** 粘土地盤掘削時のすべり線と側圧分布

支点付近と背面の塑性化していない地盤との間にアーチ作用 (arching) が生ずるためであると考えられている．ここにアーチ作用とは，土圧が2つの剛性の高い境界面によって支持され，そのため土圧に再配分の起こる現象をいう．

粘土地盤の場合，背面土には円弧状のすべり線が発生する (図 11.15(a) 参照)．飽和した軟らかい～中位の粘土における根切り時の切梁軸力の測定結果から，Terzaghi および Peck[12] は $n_aH=0.3H \sim 0.5H$（平均は $0.39H$）であって，これに対応する側圧分布は放物線に近いと述べている．また側圧合力については，Rankine の主働土圧の合力（式 (5.19)）において，$\phi=0$ とおいた値

$$P_A = \frac{\gamma H^2}{2} - 2cH \tag{11.9}$$

にほぼ等しいことが示されている．このような土圧分布を生ずる原因として，Tschebotarioff[13] は，上部は変位が小さいため主働土圧以上の側圧となり，下部の側圧が減少するのは，底部境界面のせん断力によって，側圧が下方に伝達されることによるものと推察している．

b. 山留め壁のたわみ性による影響　砂地盤において剛性の低い山留め壁が用いられた場合，切梁の支点および底部地盤の根入れ部は，変位が拘束されるため中間部に比べてより剛である．したがって図 11.16 に示すように，隣接した支点同士あるいは支点と底部地盤根入れ部との間にアーチ作用が働き，土圧はこれらの支点部で増大する．同じ現象は，図 11.7 の親杭横矢板の場合にも，隣接した親杭同士の間に生じていることが考えられる．このようなアーチ作用による土圧の再配分は，山留め壁の剛性が小さく変位が大きいほど増大し，逆に山留め壁の剛性が大きく変形が小さいほど，減少するとみてよい．

c. 根切り工程による影響　根切り工事においては，図 11.17 にみられるように，上段から順次切梁を入れて山留め壁を支持しながら掘削を進めるという工程を繰り返す．鋼管矢板についての各種の計測結果[14]に基づいて，山留め壁およ

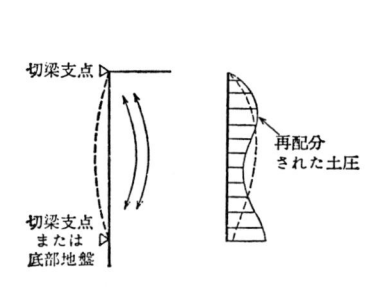

図 11.16 山留め壁のたわみに伴うアーチ作用

図 11.17 掘削過程と切梁設置および山留め壁の変位との関係

び支保工の横抵抗には，次のような現象のあることが指摘されている[15]．

（i）従来から，図 11.18 のような切梁軸力計算法があるが，図 11.17 に示す根切り工程や山留め壁の変位を無視したものであった．切梁軸力の実測結果は，これらの計算結果によるものと，一致しているとはいえない．

（ii）下段の切梁を入れた後は，掘削が進行しても，上段切梁の軸力はほとんど変化がないか，多少変動するにすぎない（図 11.19 参照）．このことは，下段切梁を入れる前の上段切梁の抵抗機構がそのまま残留することを意味する．

（iii）下段切梁支点以上の山留め壁の変位の大部分が，下段切梁を入れる前に生じた変位である（図 11.17 参照）．切梁の剛性が大きいほど，この近似度は高いとみてよい．

（iv）下段切梁支点以上の山留め壁の曲げモーメントも，下段切梁を入れる以前の値の大部分が残留したものである．また山留め壁全体を通じての曲げモーメントの分布形および大きさは，従来からあった図 11.18 のような仮定に基づく曲げモーメントの計算値とは，大きく異なっている．

以上により，土圧や切梁軸力の分布は，根切り工程，切梁の間隔および設置時期など，掘削工事の全体計画とも密接な関係があることがわかる．

d．根切り部分の平面形の影響　山留め壁の変位分布を平面的にみると，図 11.20 に示すように，各辺の中央で大きく隅角部で減少する傾向がみられる．両端の山留め壁に圧縮抵抗，周辺地盤にせん断抵抗が働いて変位を拘束する効果があるためである．したがって，根切り部の平面形および大きさに応じて，図示したような地盤内のアーチ作用やせん断抵抗が作用し，側圧の大きさに影響を及ぼすことが考えられる．

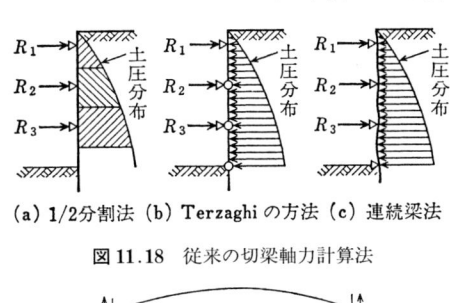

図 11.18 従来の切梁軸力計算法

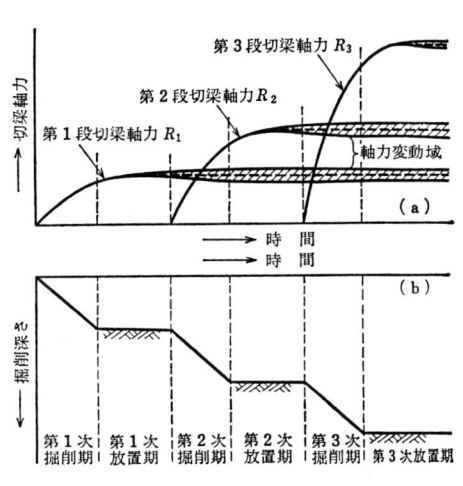

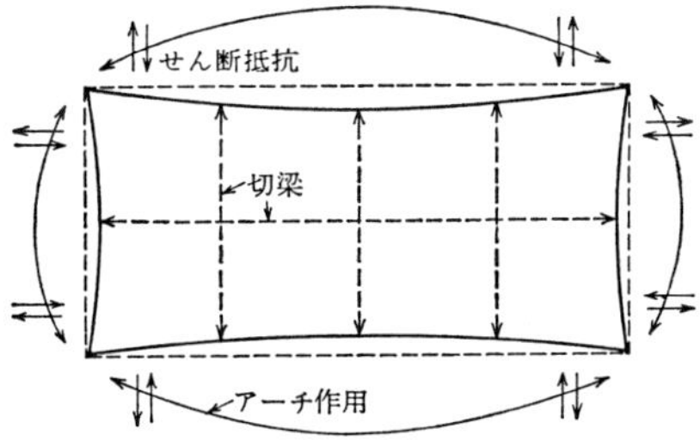

(a) 1/2分割法　(b) Terzaghi の方法　(c) 連続梁法

図 11.19 掘削深さと切梁軸力実測結果との関係の概念図[15]

図 11.20 山留め壁の平面的な変位分布形状

11.6　山留め壁の設計用側圧と支保工の応力算定

山留め壁に作用する側圧の設計値として，わが国で採用されているものは，Terzaghi および Peck の提案[16]による系統のものと，山留め壁にとりつけた土圧計の測定結果による系統のものとがある．前者は，親杭横矢板や鋼矢板の山留め壁の切梁軸力測定値から求めたものである．これらの山留め壁は比較的曲げ剛性が小さくて，11.5 節で述べた山留め壁の変位やたわみによる側圧への影響が大きいと考えられることから，たわみ性の山留め壁に対する側圧値と考えられる．一方後者は，主として地中連続壁にとりつけた土圧計の実測値によったものであって，山留め壁の変位やたわみは比較的小さく，剛性の比較的大きい山留め壁用とみてよい．

これらの設計用側圧を用いて山留め支保工の応力算定を行う場合も，設計用側圧が誘導されてきた過程を考えると，山留め壁の曲げ剛性の大きさの相違によって，算定法や適用域が異なってくる．すなわち，いずれの設計用側圧を採用するかは，支保工の応力算定法にも関係してくる．

a．Terzaghi および Peck によるみかけの設計用側圧　　Terzaghi および Peck[16] は，根切り工事における各切梁の軸力測定値を図 11.21 に示すように山留め壁面上の負担面積で除して，みかけの側圧分布を求めることとした．負担面積

は，切梁の水平方向の間隔 b と，同図に示した縦方向の分割寸法との積としている．

このようなみかけの側圧分布は，11.5節で述べた影響要因のほか，切梁の温度による伸縮の影響もあって，側圧値も分布形もかなり変化するものである．Terzaghi および Peck は，設計用の側圧値は数多くのみかけの側圧分布を包絡する

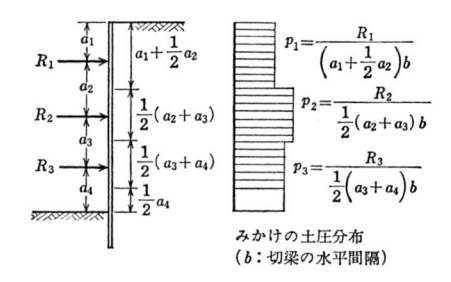

図 11.21　Terzaghi および Peck によるみかけの側圧分布の求め方

ようにして求めるべきであると考え，その結果として図 11.22 のような提案を行った．したがって，同図の側圧の合力は，11.5.a 項の説明とは異なって，Rankine の主働土圧値の合力よりも大きな値となっている．

砂の場合，山留め壁の水密性や壁背面で排水するかどうかによって，条件が変わってくる．背面土の地下水位が根切り面より下の場合は，側圧は土圧のみと考えてよいが，水密性の山留め壁で背面土の地下水を締め切る状態で根切りする場合には，同図(a) に水圧を考慮する必要がある．[　] 内の値は，$\phi \fallingdotseq 30°$ とおいた（近似）ものである．

軟らかい～中位の粘土の場合の K_A は Rankine の主働土圧合力の式 (5.19) において $\phi=0$，したがって $N_\phi=1$ とおき，これを $\gamma_t H^2/2$ で除した値

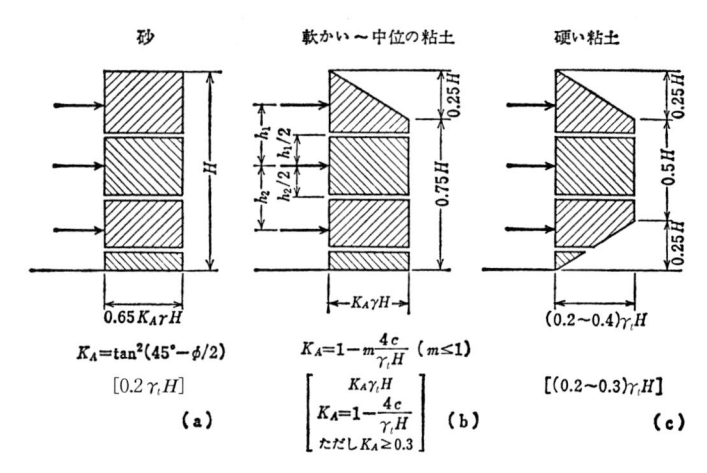

砂
$K_A = \tan^2(45° - \phi/2)$
$[0.2\gamma_t H]$
(a)

軟かい～中位の粘土
$K_A = 1 - m\dfrac{4c}{\gamma_t H}$ ($m \leq 1$)
$\begin{bmatrix} K_A\gamma_t H \\ K_A = 1 - \dfrac{4c}{\gamma_t H} \\ \text{ただし } K_A \geq 0.3 \end{bmatrix}$
(b)

硬い粘土
$(0.2 \sim 0.4)\gamma_t H$
$[(0.2 \sim 0.3)\gamma_t H]$
(c)

図 11.22　Terzaghi および Peck によるみかけの設計用側圧[12]
（[　] 内は近似値）

$$K_A = \left(\frac{\gamma_t H^2}{2} - 2cH\right) \bigg/ \frac{1}{2}\gamma_t H^2 = 1 - \frac{4c}{\gamma_t H} \qquad (11.10)$$

が目安となっている．根切り面以下も軟らかい粘土が続く地盤において，次式に示す安定数（stability number）

$$N_s = \frac{\gamma_t H}{c_b} \qquad (11.11)$$

ここに，c_b：根切り底面以下の粘土の平均せん断強さ

が4程度以上となると，根切り底の隅近くの粘土中に塑性域が生じて，図 11.15 の状態よりもすべり領域が広がり，側圧が増加する現象のあることを考えて，図 11.22(b) の係数 m が導入された．m の値は一般には 1.0 としてよいが，N_s が 4 を超えると 1.0 より小さくとることとしている．[ ]内では，わが国の地盤では $m = 1.0$ としてよいものと判断している[18]．

図 11.22 の設計用側圧は，図 11.21 の計算方式に従って切梁の軸力を求め，切梁の設計に役立てることができる．またこの切梁軸力を水平方向の切梁間隔に均して腹起しの応力を算定できるが，山留め壁の応力算定用としては，問題があるので注意を要する．

b．土圧計の実測結果に基づく設計用側圧　近年わが国では，場所打ちの地中連続壁の壁面に土圧計を設置することによって，側圧そのものを実測する試みが，数多く行われてきた．これらの実測結果によると，側圧分布はおおむね深さ z に1次的に比例する三角形状をなしていることがわかる（図 11.23 参照）．根切り工事開始前の静止状態では，式 (5.34) および式 (5.35) において静止土圧係数 $K_n = 0.5$ とおいた値に近いとみてよい．根切りの進行とともに山留め壁はやや根切り側に変位し，それに比例して側圧は減少する．

これらの土圧計による側圧の実測値を数多く集めて検討した結果，根切りの全期間を通じての設計用側圧として

$$p_z = K\gamma_t z \qquad (11.12)$$

ここに，p_z：深さ z (m) における側圧 (kN/m²)
　　　　K：側圧係数
　　　　γ_t：土の湿潤単位体積重量 (kN/m³)

とおき（図 11.24 参照），表 11.1 の側圧係数が示された[17]．

この提案において，地下水の条件とは無関係に，側圧を全圧力 $\gamma_t z$ に対して規定しているのは，山留め壁の変位に伴う間隙水圧の変動が複雑であって，土圧と間隙水圧を定量的に分離することが難しいからである．また p_z が $\gamma_t z$ に1次比例す

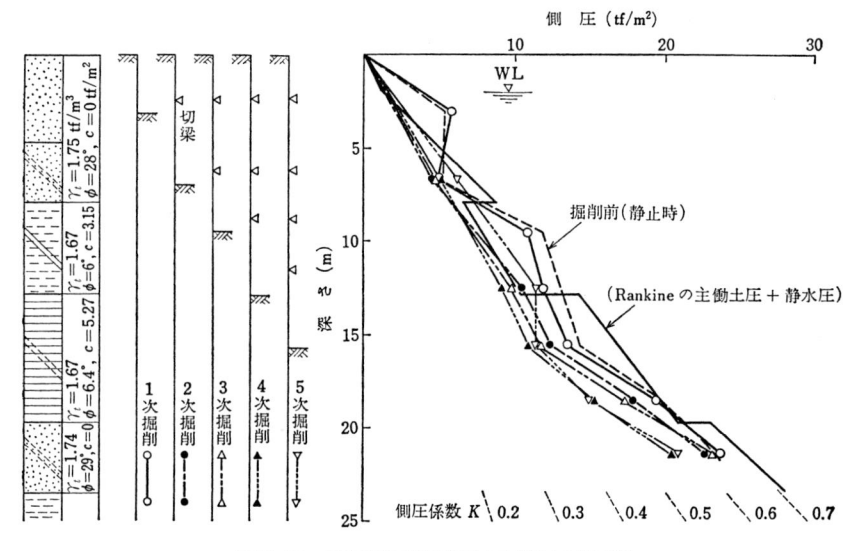

図11.23 地中連続壁に作用する側圧の測定例

表11.1 側圧係数の値[17]

地　盤		側圧係数
砂地盤	地下水位の浅い場合	0.3〜0.7
	地下水位の深い場合	0.2〜0.4
粘土地盤	沖　積　粘　土	0.5〜0.8
	洪　積　粘　土	0.2〜0.5

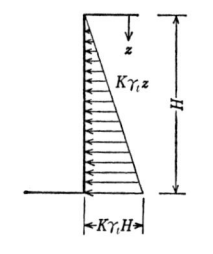

図11.24 設計用側圧分布

るとしたことも実測結果の近似によるものであって，11.5.a項で述べた土圧の放物線を示す傾向との関連はよくわかっていない．

　表11.1に提案された側圧係数の開きは大きい．これは，地盤条件，山留め壁および支保工の剛性，掘削工程の条件，排水条件など，側圧に影響する因子が多くて実測値にかなりのバラツキがあることによるものである．したがって，同表の値は一応の参考とし，各地方それぞれの地盤における側圧の実測結果や経験値などをも参照することが望ましい．また実測側圧に対してRankineの主働土圧（式(5.19)）が比較的妥当な値を示すことも知られている．ゆえに，Rankineの主働土圧分布の算定結果を，面積的に三角形分布と等しくおいて側圧係数を求め，この側圧係数を下まわらないようにするのがよかろう．

山留め壁の根切り面以下において受働側に作用する側圧には，根切りの進行に伴う土かぶり圧の減少によるマイナス効果と，山留め壁の変位が増大することによるプラス効果の2つの影響が考えられる．土圧計による実測結果では，その時点での根切り面以下 $1\sim 2\,\mathrm{m}$ の範囲の側圧は急激に減少するが，それ以深はほとんど低下せず，根切り前と大差がなくて，Rankine の受働土圧よりもはるかに大きな値を示すといわれる[17]．しかしまだこの値を定量化できる段階ではないので，安全側の値として Rankine の受働土圧を採用しておく以外にはなかろう．

c．山留め支保工の応力算定　山留め壁および支保工の応力算定法として，従来は，a 項に示したようなみかけの設計用側圧を採用して，切梁支点の変位を無視し，図 11.18(b) のように切梁支点でヒンジを仮定するか，あるいは同図(c) のように連続梁とみなす方法によっているのが一般的であった．しかしみかけの設計用側圧はたわみ性の山留め壁の切梁軸力値から求めたものであるから，切梁および腹起しについて図 11.21 の分担域を想定して応力算定するにしても，適用はたわみ性の山留め壁の場合に限られるべきであろう．

11.5.c 項で述べた鋼管矢板山留め壁に関する実測結果から，実測側圧は深さ z に比例する三角形分布形であって，みかけの設計用側圧の分布形は妥当でないこと，三角形側圧分布によって図 11.18 の方法で切梁軸圧を計算しても，実測結果と必ずしも一致しないこと，また山留め壁の曲げ応力を図 11.18 の方法で計算した結果も実測値とかなり相違することが指摘されている．よって，山留め支保工の抵抗機構は，図 11.17 のように掘削に伴って切梁を上段より順次設置していくといった施工過程を考慮して解かねばならないと考えられている[15]．

具体的な計算法としては，山留め壁を弾性床上の梁とみなして，杭の水平抵抗に関する理論式 (10.35) と同じ考え方を用いる方法がある．この場合，上記掘削過程に，11.5.c 項で示された単純化を導入し，不動点とした切梁軸力と主働・受働土圧分布を組み合わせて順次解析することができる．その詳細は，文献[15] に述べられている．

11.7　山留め壁の検討に当たっての留意事項

以上のほか，山留め壁を検討するに当たっての参考事項や注意事項などを，以下に列挙しておく．なお，文献[3] をも参照されたい．

a．山留め壁，腹起し，切梁などの仮設材の許容応力度　限界状態設計法は導入されておらず，日本建築学会の諸規準で定める長期許容応力度と短期許容応力度の平均値以下の値を採用するものとしている[3]．これらの仮設材，例えば鋼矢

板，H型鋼，木材などは，1つの工事のみに限らず，転用して再使用される場合が多い．したがって形状が変形したり，断面が欠損するなど断面性能が低下していることも考えられる．さらに，山留め壁に作用する荷重や支保工の部材応力などの評価の精度がよくないこと，一部の破壊が大きな事故につながる重要な仮設であることもあわせ考えた処置であると解釈される．

b. 地表面荷重による土圧増分の考慮 根切り部周辺の地表面上に隣接家屋や工事用資材などの荷重がある場合，設計用側圧に，これらの荷重による地中応力の水平成分を加算しなければならない．

c. 山留め壁の根切り面以下への根入れ長さの検討 山留め壁は，根切り工事中に沈下を生じないよう，ある程度堅いあるいは密な層に支持させることが必要である．さらに水平方向にも，山留め壁の根入れ部が根切り面以下の受働側の抵抗を十分受けて，安定状態を保ちうるだけの深さを確保しなければならない．このための根入れ深さは，後に述べるヒービングやボイリングに関する検討とも関係してくるが，便宜的に最下段切梁支点における背面および前面の側圧によるモーメントのつり合いを考えて定められている[3]．

d. 粘性土地盤におけるヒービングの検討 粘性土地盤におけるヒービング現象とは，山留め壁両側の土の自重差によって下層土がせん断破壊を生じ，根切り底がふくれ上がる現象をいう．このような現象は，通常軟弱な沖積粘土層において生じ，山留め壁外部の地盤の著しい沈下を伴うものであるから，ヒービングの検討は支持力と沈下の2面について行わなければならない[3],[12]．

e. 砂質土地盤における揚水工法と遮水工法について 最終根切り底面以上に地下水位がある場合，水処理の方法として，図11.25(a)，(b)に示す揚水工法と遮水工法がある．揚水工法としては，根切り深さが浅い小規模な工事の場合は釜場排水で，根切り深さが深い場合，山留め壁の外周部にウェルポイント（または深井戸）を配置する．

一方遮水工法の場合は，自然水圧がそのまま山留め壁に作用するから，山留め壁の止水性が大事である．山留め壁の継手部などに止水上の欠陥があって漏水を生ずると，しだいに欠陥部の周辺を侵食

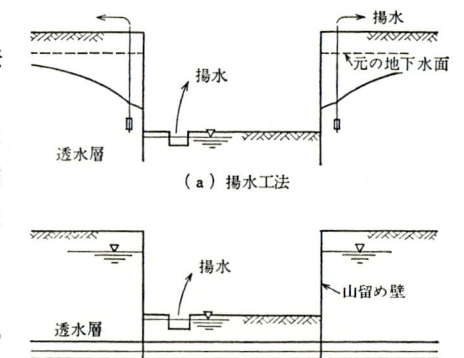

図11.25 揚水工法と遮水工法

して水の流量が増加していく．ついには土砂をまきこんだ逸流状態となって根切り側に流れこみ，周辺地盤や隣接建物を沈下させるような事故を発生するに至る．なお排水法については，11.8節を参照されたい．

f. ボイリング現象および盤ぶくれ現象の対策　砂質地盤において釜場排水を行う場合は，3.3.1項で述べたボイリング現象を起こすおそれがあるので，事前に検討を要する．ボイリングが避けられない場合は，山留め壁の外周部で揚水を行うか，山留め壁を不透水層に根入れして遮水するなどの変更を行う必要がある．

揚水工法，遮水工法のいずれの場合も，下部透水層の被圧水による盤ぶくれ現象について検討しておく必要がある．既に3.3.3項で述べたところであって，対策としては，深井戸を設けて下部透水層の被圧水位を低下させることが必要である．

g. 逆打ち工法　根切り部分の周囲に設けた土留め壁を仮設の切梁で支保しながら，内部地盤を掘削し，根切り底に達した後，基礎フーチングを施工して建物の構造体を順次上方へ向かって構築してゆく在来工法に対して，大規模な建物の場合，地下構造本体を支保工として山留め壁を支持しながら，根切り工事を進める工法を逆打ち工法という．

逆打ち工法は，地下構造本体で山留め壁を支保するので根切り工事の安全性が高いこと，山留め壁の変形が小さいこと，地下階と地上階の工事が並行して行えるので工期が短縮できることなどが長所といえる．一方，地下構造体の柱および壁のコンクリートが順次下部へと逆打ちになるので，打継ぎ部分の処置が難しいこと，先行柱の不同沈下は本体構造に影響を与えるので，先行柱にかかる荷重の制御が大事であること，地下階と地上階の工事が重なって錯綜することなどの難点がある．したがって，綿密な施工計画をたて，周到に施工管理を行う必要がある．

h. 計測管理について　既に述べてきたように，山留め支保関係の諸計算法はかなりの仮定に基づくものであり，また土質定数も大まかな推定値を採用して，事前の検討を行っているのが現状である．したがって根切り工事の実施に当たっては，切梁軸力，山留め壁の変形・曲げ応力，背面および前面の側圧，山留め壁外周地盤の沈下などの計測管理を行って，工事段階ごとに安全性をチェックすることが望ましい．

11.8 排　水　法

地下水位の高い地盤において掘削工事を行うには，あらかじめ排水を行って，

根切り底面以下に地下水位を下げておく必要がある．また掘削に伴う土かぶり圧の減少によって，不透水層以下の被圧水が盤ぶくれ現象（3.3.3項参照）を起こすおそれのある場合には，被圧水を排水してその水位を低下させておかねばならない．さらに，地盤改良工法の一部として，排水法が利用されることもある．このような目的の排水法には，重力排水法と強制排水法があって，それぞれ適用範囲は土の透水係数と関連がある．

11.8.1 重力排水法

水は重力作用によって地盤中を浸透し，低水位の場所に流れ込む．このようにして1～数か所の集水溜に流入してくる水を，ポンプによって外部へ排出する方法を重力排水法という．透水係数 k がおよそ 10^{-3} cm/s より大きな砂質地盤に対して適用される．

a．釜場排水法（shallow sump method）　掘削部分の地表面に適当に集水溝をつくり，それらの集まる位置に集水溜（俗に釜場という）を設けて，水中ポンプまたはヒューガルポンプによって排水する．集水溜は掘削面の低下に伴って掘り下げるよりは，図11.26のように，あらかじめ最終根切り底以下にまで掘り下げておくのがよい．

古くから行われてきた方法であって，工費が安価であり，砂質地盤における浅い掘削工事に適している．しかし水は土留め壁の下を通って外部より流入するので，浸透圧を山留め壁および掘削底の地盤に与え，ボイリングやパイピングなどの現象（3.3.1項参照）を起こすおそれがあるので，あらかじめ検討しておく必要がある．

b．深井戸工法（deep well method）　図11.27に示すように，所定の深さまで機械掘りした深井戸（径約1.0 m）にストレーナーを切ったパイプを挿入し

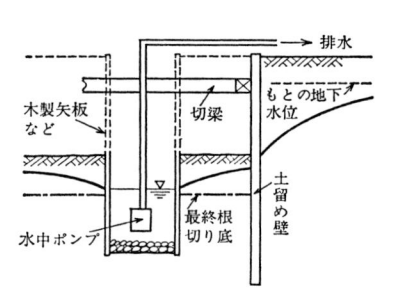

図11.26　釜場排水法　　　　　図11.27　深井戸工法

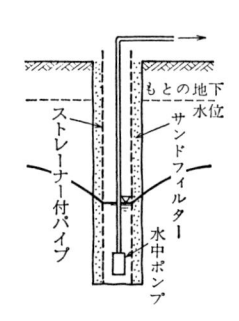

て，パイプと井戸内壁間にサンドフィルターを充てんする．このフィルターを通って流入する水を，水中ポンプ，ヒューガルポンプまたは高揚程ポンプなどによって排水する方法である．サンドフィルターは目詰まりを起こして集水効果を落とさぬよう，また砂粒子が流入して吸い上げられないよう，配合に留意する必要がある．

深い掘削工事や不透水層以下の被圧水の排水などに利用される．計画に当たっては，地盤の構成状態，透水係数，地下水位，掘削工事の規模，必要とする水位低下量などを考慮して，井戸の配置と本数，ポンプの容量などを検討する．3.2.3項に準じた計算式が用いられている．

11.8.2 強制排水法

地下水に真空圧や電気的吸引力などを作用させて強制的に集水し排水する方法を，一括して強制排水法と呼ぶ．重力排水法の適用域以下の小さい透水係数をもつ地盤に対しても有効である．

a. ウェルポイント工法　掘削部分の外周にそってウェルポイント (well point) と称する簡易井戸群を設け，真空ポンプで強制的に集水・排水する工法である．1955（昭和30）年頃にわが国に導入された工法であるが，排水能力が強力であって，砂層はもちろん透水係数のより小さい $k=10^{-4}\sim 10^{-5}$ cm/s の地盤にも適用可能であり，地下削掘工事の可能性・安全性を高める功績があった．

ウェルポイントとは，図 11.28 に一例を示すような構造部分の呼称であって，このウェルポイントが先端に取りつけられたライザーパイプ (riser pipe) (ϕ 31～38 mm) を，1.0～2.0 m 間隔で設置する．

ライザーパイプの管内に圧力水を送って射水しながら，土砂を洗掘し，所定の深さまで沈降させると，ライザーパイプの周囲には直径20～25 cm の孔があき，自然土中の粗粒分が沈積する．その上方の隙間に粗砂を投入することによって，サンドフィルターを形成する．次いでライザーパイプの各頭部を地上に敷設したヘッダーパイプ (header pipe) (ϕ 15～20 cm) につないで，真空排水ポンプに導く（図 11.29 参照）．

吸水源が水平線上に分布していること，金網によって土粒子の流入が制御されることなどによって，地盤のボイリングやパイピング現象が防止され，また矢板の外周に配置することによって矢板にかかる水圧が軽減される効果もあり，釜場排水法に比べて掘削工事の安全性が高い工法である．

b. 電気浸透法　粘性土中より間隙水を強制的に脱水してせん断強度を高

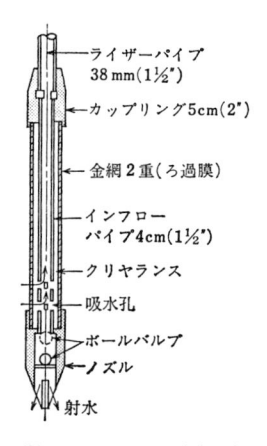

図11.28 ウェルポイントの一例

図11.29 ウェルポイント工法(右にライザーパイプの頭部,左にヘッダーパイプが見える)

めるなど，地盤改良の目的で用いられる強制排水法に，電気浸透法がある．飽和状態にある粘性土中に1対の電極を埋設し，直流電源に接続すると，間隙水は陽に帯電して，陰極に向かって流れる現象がある．この原理を利用してウェルポイントなどを陰極とし，別に陽極棒を土中に設けることによって強制排水する方法である．ただし，この方法は砂質土に対しては有効でない．

演習問題の解答

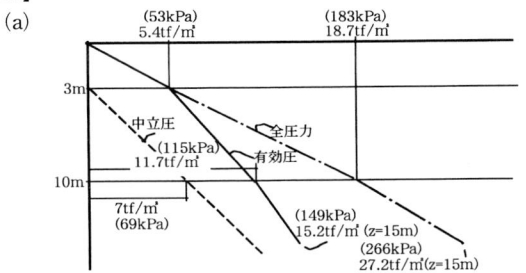

【3.1】
(a)

```
           (53kPa)           (183kPa)
           5.4tf/m²          18.7tf/m²
  ┌─────────────────────────────────────────
3m│
  │    中立圧          全圧力
  │  (115kPa)      有効圧
  │  11.7tf/m²
10m│
  │ 7tf/m²           (149kPa)
  │ (69kPa)          15.2tf/m²(z=15m)
  │                    (266kPa)
  │                    27.2tf/m²(z=15m)
```

(b) $z=15$ m での有効応力が 15.2 tf/m²(149 kPa）なので，15 m 深さの基礎とすると，掘削前の土の土粒子間応力とあまり変わらない．

【9.1】
支持力に関係する地盤の範囲は，底面以下約 $1B$ までとみてよいが，この地盤ではそれ以下において N 値が低下しているので，安全をみて底面以下 $2B$ までの平均値をもって，支持層の代表値とする．

$$\bar{N} = (18+25+23+17)/4 = 20.8$$

ゆえに図 9.8 より $\phi \fallingdotseq 33°$．また $c=0$ とする．式 (9.9) および式 (9.11) より，

$$N_q = 26.1, \quad N_\gamma = 26.2$$

$B=2.7$ m，$L=3$ m であるから，$B/L=0.9$．表 9.1 より

$$\beta = 0.5 - 0.2 \times 0.9 = 0.32$$

また，式 (9.12) より，

$$\eta = (2.7/1.0)^{-1/3} = 0.72$$

式 (9.8) を適用すると，

$$\begin{aligned}R_d &= (\beta\gamma_1 B\eta N_\gamma + \gamma_2 D_f N_q)A \\ &= [0.32 \times (18.4-9.8) \times 2.7 \times 0.72 \times 26.2 + \{16.5 \times 1.2 + (16.5-9.8) \times 0.4 \\ &\quad + (18.4-9.8) \times 0.4\} \times 26.1] \times (2.7 \times 3.0) \\ &= 6620 \text{ (kN)}\end{aligned}$$

【9.2】
支持力に関係する一軸圧縮強度 q_u の平均値として，底面以下 $1B$ の範囲の平均値を採用する．

$\bar{q}_u = (73+81+96)/3 = 83.3$ (kN/m²)，$\therefore c = \bar{q}_u/2 = 41.7$ (kN/m²)
$\phi = 0°$ $\therefore$ 式 (9.9)～(9.11) より，$N_c = 5.1$ ($\phi \to 0$ の極限値 $\pi+2$)，$N_\gamma = 0$，$N_q = 1.0$
$B = 2.5$ (m)，連続フーチングとして $\alpha = 1.0$
$\therefore q_d = \alpha c N_c + \gamma_2 D_f N_q = 1.0 \times 41.7 \times 5.1 + \{16.2 \times 1.2 + (16.2-9.8) \times 0.5$

$+(17.2-9.8)\times 0.3\}\times 1.0=238\,(\mathrm{kN/m^2})$

【9.3】
図 9.14 より極限支持力 $R_d=90\,\mathrm{kN}$. ゆえに,
$$q_t=R_d/A=90/(0.3\times 0.3)=1000\,(\mathrm{kN/m^2})$$
また,表 9.2 より,$\phi=0°$,$N_q=1.0$ とする.
したがって,式 (9.8) に適用すると
$$q_d=q_t+\gamma_2 D_f N_q=1000+18\times 1.5\times 1.0=1030\,(\mathrm{kN/m^2})$$

【9.4】
平板荷重 30 kN のときの荷重度は $q=30/0.3^2=333\,\mathrm{kN/m^2}$,沈下量は $S_e=0.72\,\mathrm{mm}=0.00072\,\mathrm{m}$. 式 (9.26) に適用し,$\nu=0.5$ を採用すると,
$$E=0.88\frac{(1-\nu^2)qB}{S_e}$$
$$=0.88\times(1-0.5^2)\times 333\times 0.3/0.00072=91600\,(\mathrm{kN/m^2})=91.6\,(\mathrm{MN/m^2})$$
(ⅰ) の場合,式 (9.23) の I_s として表 9.3 の 0.88 を採用し,
$$S_e=0.88\frac{1-\nu^2}{E}qB$$
$$=0.88\times(1-0.5^2)\times 250\times 2/91600=0.0036\,(\mathrm{m})=3.6\,(\mathrm{mm})$$
(ⅱ) については,同様に表 9.3 から I_s を求めると,
- 中央点　　$S_e=1.12\times(1-0.5^2)/91600\times 250\times 2=0.0046\,(\mathrm{m})=4.6\,(\mathrm{mm})$
- 隅角点　　$S_e=0.56\times(1-0.5^2)/91600\times 250\times 2=0.0023\,(\mathrm{m})=2.3\,(\mathrm{mm})$

【9.5】
まず建築以前における有効圧 σ_{1z} を求める.
　　$z=2.5\,\mathrm{m}$　　$\sigma_{1z}=17.3\times 2.5=43.3\,(\mathrm{kN/m^2})$
　　$z=7.1\,\mathrm{m}$　　$\sigma_{1z}=43.3+7.5\times(7.1-2.5)=77.8\,(\mathrm{kN/m^2})$
　　$z=11.6\,\mathrm{m}$　　$\sigma_{1z}=77.8+6.2\times(11.6-7.1)=105.7\,(\mathrm{kN/m^2})$
　　$z=15.4\,\mathrm{m}$　　$\sigma_{1z}=105.7+8.0\times(15.4-11.6)=136.1\,(\mathrm{kN/m^2})$
　　$z=20.2\,\mathrm{m}$　　$\sigma_{1z}=136.1+6.5\times(20.2-15.4)=167.3\,(\mathrm{kN/m^2})$

したがって,図 9.20(b) のような有効圧曲線を得る.圧密降伏応力度と比較すると,上部粘土層は正規圧密状態,下部粘土層は過圧密状態にあるとみられる.ゆえに下部粘土層については,有効圧曲線と平行に,破線のように圧密降伏応力度曲線を想定する.
　粘土層はいずれも 5 m 以下の厚さであるので,応力値は各層の中央深さ A および B 点で代表させる.したがって A および B 点の有効圧は,
$$\sigma_{1A}=(77.8+105.7)/2=92\,(\mathrm{kN/m^2})$$
$$\sigma_{1B}=(136.1+167.3)/2=152\,(\mathrm{kN/m^2})$$
したがって,図に示す設計用 $e\sim\log\sigma$ 曲線を得る.
　基礎底面は $\mathrm{GL}-2.0\,\mathrm{m}$ であるから,掘削土量は $w'=17.3\times 2=34.6\,\mathrm{kN/m^2}$. 9.4.3 項によって掘削土の 2/3 が有効圧の減少に有効であるとすると,荷重 w からこの値を減じて $69-34.6\times 2/3=46\,\mathrm{kN/m^2}$ が,地中応力の増加に寄与することとなる.ゆえに式 (6.10) および図 6.8 を用いて,建物建設後の各層の有効圧 σ_{2z} を算出し,式 (9.36)～(9.38) によって,圧密沈下量を求めることができる.ただし深さ z は,基礎底面 ($\mathrm{GL}-2.0\,\mathrm{m}$) から測るものとする.

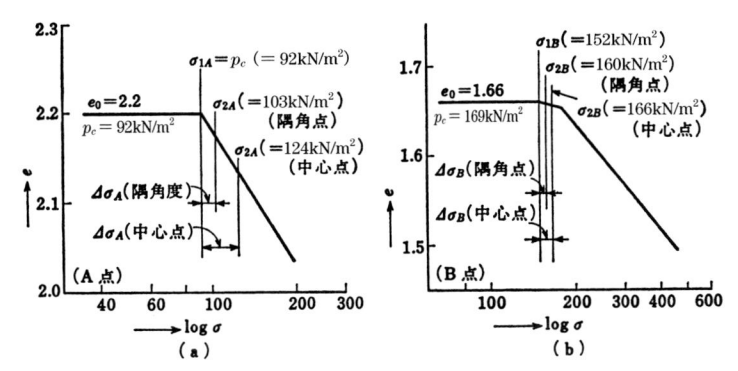

図 A および B 点における地中有効圧と設計用 $e \sim \log \sigma$ 曲線との関係

（ⅰ）底面隅角点について

A 点に関しては，$z=9.35-2.0=7.35 \mathrm{(m)}$, $m=18.0/7.35=2.45$, $n=12.0/7.35=1.63$, 図 6.8 より $f_B(m,n)=0.229$

$$\therefore \Delta\sigma_A = 46 \times 0.229 = 10.5\,(\mathrm{kN/m^2}), \quad \sigma_{2A}=92+10.5=103\,(\mathrm{kN/m^2})$$

次に B 点については，$z=17.8-2.0=15.8\,(\mathrm{m})$, $m=18.0/15.8=1.14$, $n=12.0/15.8=0.76$, $f_B(m,n)=0.162$, $\Delta\sigma_B=46\times 0.162=7.5\,(\mathrm{kN/m^2})$

$$\therefore \sigma_{2B}=152+7.5=160\,(\mathrm{kN/m^2}) < \sigma_{0B}(=169\,\mathrm{kN/m^2})$$

ゆえに上部粘土層には式 (9.37)，下部粘土層には式 (9.38) を適用する．

$$S = \frac{C_c H}{1+e_{0A}} \log_{10}\left(\frac{\sigma_{2A}}{p_{cA}}\right) + \frac{C_r H}{1+e_{0B}} \log_{10}\left(\frac{\sigma_{2B}}{\sigma_{1B}}\right)$$

$$= \frac{0.50 \times 4.5}{1+2.20} \log_{10}\left(\frac{103}{92}\right) + \frac{0.39/10 \times 4.8}{1+1.66} \log_{10}\left(\frac{160}{152}\right) = 0.0345 + 0.0016 = 0.0361\,(\mathrm{m}) = 36.1\,(\mathrm{mm})$$

（ⅱ）底面中心点について

A 点について，$z=7.35\,\mathrm{m}$, $m=9.0/7.35=1.22$, $n=6.0/7.35=0.82$, $f_B(m,n)=0.171$

$$\therefore \Delta\sigma_A = 46 \times 0.171 \times 4 = 31.5\,(\mathrm{kN/m^2}), \quad \sigma_{2A}=92+31.5=124\,(\mathrm{kN/m^2})$$

B 点について，$z=15.8\,\mathrm{m}$, $m=9.0/15.8=0.57$, $n=6/15.8=0.38$, $f_B(m,n)=0.074$, $\Delta\sigma_B=46\times 0.074\times 4=13.6\,(\mathrm{kN/m^2})$

$$\therefore \sigma_{2B}=152+13.6=166\,(\mathrm{kN/m^2}) < \sigma_{0B}(=169\,\mathrm{kN/m^2})$$

したがって，（ⅰ）と同様の式が適用できる．

$$S = \frac{0.50 \times 4.5}{1+2.20} \log_{10}\left(\frac{124}{92}\right) + \frac{0.39/10 \times 4.8}{1+1.66} \log_{10}\left(\frac{166}{152}\right) = 0.0911 + 0.0027 = 0.0938\,(\mathrm{m}) = 93.8\,(\mathrm{mm})$$

【10.1】

準備計算(1)；周面摩擦力度 f および先端抵抗力 R_p がともに弾性域にある場合（図 10.28(a) 参照）：

この状態の杭周面摩擦力度 f は $f = k \cdot S$ であるので，式 (10.6) の一般解は次式となる．

$$S = C_1 e^{\beta Z} + C_2 e^{-\beta Z} \qquad (1)$$

ここに，$\beta = (k\psi/AE)^{1/2}\,(\mathrm{m^{-1}})$
AE：杭体軸剛性 (MN)
$C_1,\ C_2$：未定積分定数 (m)

上式に杭頭および杭先端の境界条件として，式 (2) および式 (3) を与えて未定積分定数 C_1 と C_2 を決定し，式 (4) の杭頭荷重 P_0～杭頭沈下量 S_0 関係が得られる．

$$\text{杭　頭}: P_0 = -AE \frac{dS}{dZ}\bigg|_{Z=0} \tag{2}$$

$$\text{杭先端}: R_p = -AE \frac{dS}{dZ}\bigg|_{Z=L} = k_p S_p \tag{3}$$

$$S_0 = \frac{k_p \sinh(\beta L) + AE\beta \cosh(\beta L)}{k_p \cosh(\beta L) + AE\beta \sinh(\beta L)} \times \frac{P_0}{AE\beta} \tag{4}$$

準備計算(2)；杭周面摩擦力度 f が弾塑性状態で杭先端抵抗力 R_p が弾性域にある場合（図 10.28(b) 参照）：

塑性域における杭周面摩擦力度 f は f_u と等しいので，式 (10.6) の一般解は次式で与えられる．

$$S = \alpha Z^2 + D_1 Z + D_2 \tag{5}$$

ここに，$\alpha = \phi \cdot f_u / 2AE$
　　　　D_1, D_2：未定積分定数

式 (1) と式 (5) における 4 個の未定積分定数は，式 (2) および式 (3) の境界条件のほかに弾塑性境界位置 $(Z=Z_m)$ における物理量（沈下量と軸力）が連続する条件から決定でき，次式の杭頭荷重 P_0～杭頭沈下量 S_0 関係が求められる．

$$S_0 = \frac{k_p \sinh\{\beta(L-Z_m)\} + AE\beta \cosh\{\beta(L-Z_m)\}}{k_p \cosh\{\beta(L-Z_m)\} + AE\beta \sinh\{\beta(L-Z_m)\}} \times \frac{P_0 - \phi f_u Z_m}{AE\beta} + \frac{(P_0 - \phi f_u Z_m/2) Z_m}{AE} \tag{6}$$

ただし，荷重 P_0 に応じた塑性深さ Z_m は，式 (5) において $Z=Z_m$ で沈下量 S が S_u と一致することから，次式を満足しなければならない．

$$\frac{k_p \sinh\{\beta(L-Z_m)\} + AE\beta \cosh\{\beta(L-Z_m)\}}{k_p \cosh\{\beta(L-Z_m)\} + AE\beta \sinh\{\beta(L-Z_m)\}} \times \left(\frac{P_0}{AE\beta} - 2\frac{\alpha}{\beta} Z_m\right) - S_u = 0 \tag{7}$$

準備計算(3)；杭の根入れ全長において杭周面摩擦力度 f が塑性状態で杭先端抵抗力 R_p が弾性域にある場合（図 10.28(c) 参照）：

式 (5) の未定積分定数は，式 (2) および式 (3) の境界条件で決定でき，杭頭荷重 P_0～杭頭沈下量 S_0 関係および杭頭荷重 P_0～杭先端沈下量 S_p 関係は，それぞれ下式で与えられる．

$$S_0 = \frac{P_0 - \phi L f_u}{k_p} + \frac{(P_0 - \phi L f_u/2) L}{AE} \tag{8}$$

$$S_p = \frac{P_0 - \phi L f_u}{k_p} \tag{9}$$

準備計算(4)；杭が極限支持力状態に至った場合：

式 (5) に対して，式 (2) の杭頭境界条件および杭先端 $(Z=L)$ で $S_p = S_{pu}$ の条件を与えれば，次式の杭頭荷重 P_0～杭頭沈下量 S_0 関係が求められる．

$$S_0 = S_{pu} + \frac{L(P_0 - \phi L f_u/2)}{AE} \tag{10}$$

計算に用いる諸定数：

○杭関係：杭径 $d=0.5$ m，肉厚 $t=0.012$ m，杭周長 $\psi = \pi \times 0.5 = 1.57$ m，根入れ長さ $L=30.0$ m，杭実断面積 $A\{=\pi \times (0.250^2 - 0.238^2)\} = 0.018$ m^2，杭閉断面積 $A_p\{=\pi \times 0.25^2\} = 0.196$ m^2，弾性係数 $E=210000.0$ MN/m^2，杭体軸剛性 $AE\{=210000.0 \times 0.018\} = 3780.0$ MN

○地盤関係：杭周面摩擦力度の初期ばね係数 $k\{=f_u/S_u\} = 10.0$ Mn/m^3（図 10.30 左参照），杭先端抵抗力の初期ばね係数 $k_p\{=R_{pu}/S_{pu}\} = 600.0$ MN/m（図 10.30 右参照）

○計算に必要な定数
$$\beta = \sqrt{k \cdot \phi / AE_p} = \sqrt{10.0 \times 1.57/3780.0} = 0.064 \, \text{m}^{-1}$$
$$\alpha = \phi \cdot f_u / 2AE_p = 1.57 \times 0.01 / 2 \times 3780.0 = 2.08 \times 10^{-6} \, \text{m}^{-1}$$
$$\beta \cdot L = 0.064 \times 30.0 = 1.92 \, [\therefore \sinh(\beta L) = 3.34, \, \cosh(\beta L) = 3.48]$$

状態(1): $S_0 = S_u = 0.01$ m であるので,杭頭荷重 P_0 は,式 (4) から,
$$P_0 = AE\beta S_u \frac{k_p \cosh(\beta L) + AE\beta \sinh(\beta L)}{k_p \sinh(\beta L) + AE\beta \cosh(\beta L)}$$
$$= 3780.0 \times 0.064 \times 0.01 \times \frac{600.0 \times 3.48 + 378.0 \times 0.064 \times 3.34}{600.0 \times 3.34 + 378.0 \times 0.064 \times 3.48}$$
$$= 2.51 \, (\text{MN})$$

状態(2): 式 (7) において $Z_m = L$ であるので,杭頭荷重 P_0 は下式で計算できる.
$$P_0 = \phi f_u L + k_p S_u$$
$$= 1.57 \times 0.1 \times 30.0 + 600.0 \times 0.01 = 10.71 \, (\text{MN})$$

また杭頭沈下量 S_0 は,式 (6) で $Z_m = L$ として求められる.
$$S_0 = \frac{P_0 - \phi L f_u}{k_p} + \frac{(P_0 - \phi L f_u/2)L}{AE}$$
$$= (10.71 - 1.57 \times 30.0 \times 0.1)/600.0 + (10.71 - 1.57 \times 30.0 \times 0.1/2) \times 30.0/3780.0$$
$$= 0.076 \, (\text{m})$$

状態(3): 杭先端抵抗力 R_p が極限値 R_{pu} に達したときは,式 (9) の S_p が S_{pu} になったときに一致する.したがって,杭頭荷重 P_0 は次式で求められる.
$$P_0 = \phi f_u L + k_p S_{pu}$$
$$= 1.57 \times 0.1 \times 30.0 + 600.0 \times 0.05$$
$$= 34.71 \, (\text{MN})$$

一方,杭頭沈下量 S_0 は,式 (8) から次式のように求められる.
$$S_0 = \frac{P_0 - \phi L f_u}{k_p} + \frac{(P_0 - \phi L f_u/2)L}{AE}$$
$$= (34.71 - 1.57 \times 30.0 \times 0.1)/600.0 + (34.71 - 1.57 \times 30.0 \times 0.1/2) \times 30.0/3780.0$$
$$= 0.307 \, (\text{m})$$

以上の計算から,各状態における杭頭荷重 P_0 と杭頭沈下量 S_0 関係は以下のようになる.

状態	杭頭荷重 P_0 (MN)	杭頭沈下量 S_0 (m)
1)	2.51	0.010
2)	10.71	0.076
3)	34.71	0.307

【10.2】

式 (10.45) において,$x_0 = 0$ とした杭頭の各物理量と積分定数 $a_0 \sim a_3$ との関係は,式 (1) のように表すことができる.ここに,$[\;\;]^{-1}$ は逆マトリックスを表す.

$$\begin{Bmatrix} a_0 \\ a_1 \\ a_2 \\ a_3 \end{Bmatrix} = \begin{bmatrix} 1 & 0 & 0 & 0 \\ 0 & -1 & 0 & 0 \\ 0 & 0 & -2\,\text{EI} & 0 \\ 0 & 0 & 0 & -6\,\text{EI} \end{bmatrix}^{-1} \begin{Bmatrix} y_0 \\ \theta_0 \\ M_0 \\ Q_0 \end{Bmatrix} \quad (1)$$

他方,式 (10.45) において $x_0 = h$ (h:杭頭突出長さ)を与えると,地表面位置での物理量と積分定数との関係が得られ,この式に式 (1) を代入した式 (2) のマトリックス演算を実行すれば,地

表面における物理量は杭頭での物理量によって表され，式 (10.48) におけるマトリックス $[C_0]$ は式 (3) となる．

$$\begin{Bmatrix} y_1 \\ \theta_1 \\ M_1 \\ Q_1 \end{Bmatrix} = \begin{bmatrix} 1 & h & h^2 & h^3 \\ 0 & -1 & -2h & -3h^2 \\ 0 & 0 & -2EI & -6EIh \\ 0 & 0 & 0 & -6EI \end{bmatrix} \begin{bmatrix} 1 & 0 & 0 & 0 \\ 0 & -1 & 0 & 0 \\ 0 & 0 & -1/2EI & 0 \\ 0 & 0 & 0 & -1/6EI \end{bmatrix} \begin{Bmatrix} y_0 \\ \theta_0 \\ M_0 \\ Q_0 \end{Bmatrix} \quad (2)$$

$$[C_0] = \begin{bmatrix} 1 & -h & -h^2/2EI & -6h^3/EI \\ 0 & 1 & h/EI & h^2/2EI \\ 0 & 0 & 1 & h \\ 0 & 0 & 0 & 1 \end{bmatrix} \quad (3)$$

次いで，図 10.69 の第 1 層における式 (10.37) の一般解は式 (10.49) のように表されるので，上述のマトリックス $[C_0]$ と同様の誘導手順により，式 (10.50) 中のマトリックス $[C_1]$ は，$\sinh(x) = (e^x - e^{-x})/2$ および $\cosh(x) = (e^x + e^{-x})/2$ の関係を用いて，式 (4) のように求められる．

$$[C_1] = \begin{bmatrix} \cosh(\beta_1 x_1)\cos(\beta_1 x_1) & -\{\sinh(\beta_1 x_1)\cos(\beta_1 x_1) + \cosh(\beta_1 x_1)\sin(\beta_1 x_1)\}/(2\beta_1) \\ -\beta_1\{\sinh(\beta_1 x_1)\cos(\beta_1 x_1) - \cosh(\beta_1 x_1)\sin(\beta_1 x_1)\} & \cosh(\beta_1 x_1)\cos(\beta_1 x_1) \\ -2EI\beta_1^2\sinh(\beta_1 x_1)\sin(\beta_1 x_1) & -EI\beta_1\{\cosh(\beta_1 x_1)\sinh(\beta_1 x_1) - \sinh(\beta_1 x_1)\cos(\beta_1 x_1)\} \\ -2EI\beta_1^3\{\sinh(\beta_1 x_1)\cos(\beta_1 x_1) + \cosh(\beta_1 x_1)\sin(\beta_1 x_1)\} & -2EI\beta_1^2\sinh(\beta_1 x_1)\sin(\beta_1 x_1) \\[4pt] -\sinh(\beta_1 x_1)\sin(\beta_1 x_1)/(2EI\beta_1^2) & \{\sinh(\beta_1 x_1)\cos(\beta_1 x_1) - \cosh(\beta_1 x_1)\sin(\beta_1 x_1)\}/(4EI\beta_1^3) \\ \{\sinh(\beta_1 x_1)\cos(\beta_1 x_1) + \cosh(\beta_1 x_1)\sin(\beta_1 x_1)\}/(2EI\beta_1) & \sinh(\beta_1 x_1)\sin(\beta_1 x_1)/(2EI\beta_1^2) \\ \cosh(\beta_1 x_1)\cos(\beta_1 x_1) & \{\sinh(\beta_1 x_1)\cos(\beta_1 x_1) + \cosh(\beta_1 x_1)\sin(\beta_1 x_1)\}/(2\beta_1) \\ \beta_1\{\sinh(\beta_1 x_1)\cos(\beta_1 x_1) - \cosh(\beta_1 x_1)\sin(\beta_1 x_1)\} & \cosh(\beta_1 x_1)\cos(\beta_1 x_1) \end{bmatrix}$$

$$(4)$$

付録　地盤工学の略史

　地盤工学の発展過程は，便宜的に以下の4期に分けて考えることができよう．
地盤工学以前の段階
　有史以前からおよそルネサンス（Renaissance, 15世紀頃）までの期間と考える．この間，人間の社会生活の場をつくるために，土木工事や建築工事が営々として行われてきた．現在これらの遺跡が数多く残されており，当時の技術レベルをうかがうことができる．例えば，以下のような遺跡がある．
　ヨルダン西部にあるエリコ（Jericho）の町では，約7000年以前の石積みの擁壁が発見された．擁壁に関しては，最古の事例とみられている．エジプトにあるギゼー（Gizeh）のピラミッドは，4700年以前の遺跡であるが，底辺が230×230 m，高さが148 mの規模をもち，現存する世界最大の石造建造物といわれている．当時の土木技術の規模の大きさと測量技術の高さは，驚嘆に値するものであった．またローマ時代（B.C. 2 C～A.D. 400年）には，宮殿・神殿・競技場・住宅・道路・水道その他の市民生活にもつながった工事が数多く行われており，現在でもローマ市内やポンペイなどにそれらの遺跡をみることができる．
　その後，技術的にはあまり進歩のない時代が続くが，ルネサンスに至ってLeonardo da Vinci（1452～1519年）が現われた．彼は画家であり神学者であったばかりでなく技術者でもあって，フィレンツェから海までの70 km間に閘門のある運河をつくったほか，掘削機械や杭打ち機械なども発明している．
　以上述べてきた段階では，基礎工事のみならず建設工事の全範囲にわたって，裏付けとなる理論などがあったわけではない．いわば当時の技術者の鋭敏な直覚と工事の試行錯誤的な経験に基づいた所産であったと考えられる．鋭い直覚は理論に先行するものであって，厳しい経験によって鍛えられるものである．現在でも，地盤工学の分野は他の工学に比べて理論化が立ち遅れており，直覚と経験によって判断しなければならないものが多いことを，心に留めておく必要がある．
地盤工学の第1期
　その後，およそ17～18世紀の頃から，それまでに積み重ねられてきた経験の理論化が始まったとみてよい．特に擁壁に関しては，フランスおよびイギリスにおいて理論化が盛んに押し進められた．
　Coulombの土圧論が発表されたのが1773年である．彼は擁壁背面の地盤にくさび形の土塊のすべりが生ずるものとし，この土塊に関する釣り合い条件から擁壁に生ずる土圧を求めた．また1856年には，Rankineが半無限の土中における塑性釣り合いの応力条件を考えて，土圧論を導いた．CoulombおよびRankineの土圧論発表以後，彼らの後継者達がそれぞれ輩出して，土圧論の展開を試みた．
　土圧問題以外にも，この時期には注目すべき理論がいくつか発表されている．Coulombが土の

せん断強さに関する Coulomb の式を発表したのが，1776 年である．せん断強さは粘着力と摩擦力とからなるとした破壊の規準を表す式で，現在においても通用している基本的な考え方である．1856 年には，Darcy の法則の発見，ならびに Stokes の法則の発見があった．それぞれ土粒子間の自由水の流れの特性および液体中の土粒子の沈降速度を知る上での重要な発見であった．また 1885 年には，Boussinesq が半無限弾性体の表面に加わった力による弾性体内の応力伝播の式を導いた．この式は，地盤内の応力を算定するための手段として役立っている．

以上に述べた段階は，弾性理論や応用力学の一部として地盤工学にも利用できるような理論化が進められた時代ということができよう．地盤を弾性体あるいは粒体などと仮定した理論であって，土自体の特性にはまだほとんど考慮が払われていなかったことがわかる．

地盤工学の第 2 期

20 世紀に入った頃から，やっと土性を対象とした研究が現われ始めた．特に土と水との関係に重点がおかれて，以下のような研究成果が発表された．

1911 年，スウェーデンの Atterberg がアッターベルグ限界を発表した．粘土の特性を，含水量によって流体～塑性体～固体として取り扱うべきことを指摘したものであって，土性を考える上での基本的な指標を示した意義は大きい．次いで 1916 年には，同じスウェーデンの Petterson と Hultin の 2 人が，法面の安定に関する円弧すべり面の考えを初めて導入した．この円弧すべり面の計算法は，現在でも通用している法面安定問題の基本的な考え方である．

Terzaghi は，1925 年圧密理論を完成した．過剰間隙水圧の考えを導入して初めて粘土の変形機構を解明した画期的な発見であって，地盤や建物の沈下問題の解決の糸口を与えたものである．Casagrande は，1932 年アッターベルグ限界の測定法を確立したが，この方法は現在も利用されている．また彼は塑性図を発表し，粘性土を分類する方法を提案した．さらに 1933 年には，Procter が最適含水比の考えを入れて土の締固め法を提唱したが，土堰堤・道路・飛行場の滑走路などの土質安定工法の一分野を開拓したものであった．

以上のように，この時期には土性に関する基本的な研究成果が相次ぎ，現在の地盤工学における各分野の輪郭がほぼでき上がった時代ということができよう．このような機運に乗じて地盤工学の研究を一層推進するため，土質力学・基礎工学に関する国際委員会が発足し，1936 年第 1 回の国際会議（Congress on Soil Mechanics and Foundation Engineering）がアメリカのハーバード大学で開催されるに至った．これを契機に国際学会（International Society for Soil Mechanics and Foundation Engineering）が発足した（1997 年に "Foundation" を "Geotechnical" に改めた）．

地盤工学の発展期

第 1 回の国際会議開催以後現在に至るまでを，地盤工学の発展期と区分しておく．その後間もなく勃発した第 2 次世界大戦（1939～1945 年）の間，ヨーロッパおよびアメリカでは，軍事研究としての刺激を受けて基礎工法や土木機械類の技術開発がめざましく進み，またボーリング調査法や原位置試験法などの分野でも新しく開発されたものが多かった．しかしこの間，日本は技術的に鎖国状態にあり，海外の技術開発に大きく水をあけられる結果を招いた．専門誌としては，「基礎研究」（1937～1943 年）が刊行されていたにすぎない．

終戦後，わが国に進駐してきたアメリカ軍の工兵部隊を通じて，地盤工学関係の新技術が導入され始めた．戦時中の海外における研究や開発の成果が，一挙に流入し始めたわけである．このような事情に即応するため，1949 年に日本土質力学基礎工学委員会が設立され，国際組織の一環

として仲間入りするに至った．この委員会の発展として，1954年に土質工学会が設立(1995年地盤工学会と改称)された．

土質力学基礎工学国際会議は，第1回の開催以後戦時中は途切れていたが，1949年にオランダのロッテルダムにおいて第2回が開催された．以後，4年目ごとに中断することなく各地で開催されており，またそれらの間では地域会議も開催されるようになって，現在に至っている．

国内では，1953年に「土と基礎」が創刊され，土質工学会，改称後の地盤工学会の機関紙として情報・啓蒙誌の役割を果たしている．さらに同学会では，1960年にわが国の土質基礎工学関係の事情を紹介する英文誌 "*Soils and Foundations*" (S&F) を創刊し，現在では，海外からの投稿も多くなり，イギリスの土木学会 (ICE) で発刊されている "*Géotechnique*"，アメリカ土木学会 (ASCE) の "*journal of Geotechnical Engineering*" 等と並ぶ国際誌とされている．1972年に上記 S&F の Domestic Edition として和文論文が掲載されるようになり，国内では同誌を地盤工学会論文報告集と呼んでいる．戦後のわが国における地盤工学の発展は，本書の巻頭にある初版以降の「まえがき」にその一端が述べられており，さらに文献[1],[2]が参考となる．

参 考 文 献

■1章
1) 長 尚：国際単位系（SI）について，基礎知識としての構造信頼性設計，山海堂，pp. 223～234（付録3），1993

■2章
1) 地盤工学会：土質試験の方法と解説 第1回改訂版（第4編第2章 地盤材料の工学的分類），pp. 213～237，2000.3
2) 大崎順彦：Geotechnical Properties of Kanto-Loam and its Anisotropy, 建築研究所報告，pp. 1～14，1957.3
3) 村山朔郎・赤井浩一・植下 協：大阪洪積粘土の工学的特性，土と基礎，6(4), pp. 39～47, 1958.8

■3章
1) Florin, V. A. and Ivanov, P. L. : Liquefaction of Saturated Sandy Soils, Proc. 5 th Int. Conf. SMFE, 1, pp. 107～111, 1961
2) 日本建築学会：新潟地震災害調査報告書，1964
3) 建設省建築研究所：新潟地震による建築物の被害，建築研究所報告，No. 42, 1965
4) 日本建築学会：阪神淡路大震災調査報告 建築編4建築基礎構造，丸善，1998.3
5) 吉見吉昭：砂地盤の液状化，技報堂，1980
6) 河野伊一郎：浸透と地下水，土質工学ハンドブック（第3章），土質工学会，pp. 65～105, 1982.11
7) 地盤工学会：土質試験の方法と解説 第1回改訂版（第6編第2章 土の透水試験），pp. 334～347, 2000.3
8) 地盤工学会：地盤調査法（第7編 地下水調査），pp. 269～338, 1995.9
9) 赤井浩一：土質力学（改訂版），朝倉書店，pp. 27～56, 1980
10) 高橋賢之助：地下水処理のための調査法，基礎工，7(8), pp. 34～41, 1979.8

■4章
1) Terzaghi, K. : *Erdbaumechanik*, F. Deuticke, pp. 140～152, 1925
2) 吉国 洋：土の圧縮と圧密，土質工学ハンドブック（第5章），土質工学会，pp. 147～185, 1982.11
3) 大崎順彦：建築基礎構造，技報堂，pp. 249～259, 1991
4) 三笠正人：軟弱粘土の圧密―新圧密理論とその応用―，鹿島出版会，1963
5) 石井靖丸・倉田 進・藤下利男：沖積粘土の工学的性質に関する研究，土木学会論文集，No. 30, pp. 1～92, 1955.12
6) Terzaghi, K. and Peck, R. B. : *Soil Mechanics in Engineering Practice*, Wiley, pp. 173～

183, 1967
7) 地盤工学会：土質試験の方法と解説 第1回改訂版(6.3 土の段階的載荷による圧密試験, 6.4 土の定ひずみ速度による圧密試験), pp. 348〜414, 2000.3

■5章
1) 地盤工学会：土質試験の方法と解説 第1回改訂版(第6編 土の力学的性質の試験(II)), pp. 425〜563, 2000.3
2) Jáky, J.: Pressure in Silos, Proc. 2 nd Int. Conf. SMFE, 1, pp. 103〜107, 1948
3) Rowe, P. W. and Peaker, K.: Passive Earth Pressure Measurements, *Geotechnique*, **15**, pp. 57〜78, 1965
4) Terzaghi, K. and Peck, R. B.: *Soil Mechanics in Engineering Practice*, Wiley, pp. 184〜217, 1967
5) Tschebotarioff, G. P.: *Soil Mechanics, Foundations and Earth Structures*, McGraw-Hill, pp. 235〜310, 1951

■6章
1) 大崎順彦：建築基礎構造, 技報堂, pp. 133〜169, 1991
2) 木村 孟：応力伝播, 土質力学, 技報堂, pp. 221〜330, 1969.8
3) 関口秀雄・西田義親：弾性的地盤内の応力, 土質工学ハンドブック(第4章), 土質工学会, pp. 107〜145, 1982.11
4) Fröhlich, O. K.: *Druckverteilung im Baugrunde*, Springer, 1934
5) Newmark, N. M.: *Influence Charts for the Computation of Stresses in Elastic Foundations*, Bulletin Series 338, Engineering Experiment Station, Univ. Illinois, 1942
6) Kögler, F. and Scheidig, A.: Druckverteilung im Baugrunde, *Bautechnik*, **5**, pp. 418〜424, 1927: **6**, pp. 268〜274, pp. 828〜832, 1928; **7**, pp. 205〜209, 1929
7) Faber, O.: Pressure Distribution under Bases and Stability of Foundations, *Journal of the institution of Structural Engineers*, **11**, pp. 116〜125, 1933

■7章
1) 日本建築学会：建築基礎設計のための地盤調査計画指針, 丸善, 1995.12
2) 日本建築学会：小規模建築物基礎設計の手引き, 丸善, 1988.1
3) 文献1), pp. 222〜225
4) 日本建築学会：建築基礎構造設計規準・同解説, pp. 49〜50, 1960.11
5) 日本建築学会：建築基礎構造設計規準・同解説, pp. 48〜53, 1974.11
6) 地盤工学会：地盤調査法, pp. 283〜289, 1982.12
7) 室町忠彦・小林精二：q_c/N 値の粒度による変化の実測例について, サウンディングシンポジウム発表論文集, pp. 151〜154, 1980
8) 文献6), pp. 236〜239
9) 稲田倍穂：スエーデン式サウンディング試験結果の使用について, 土の基礎, **8**(1), pp. 13〜18, 1960
10) 文献6), pp. 249〜258
11) 地盤工学会：土質試験の方法と解説 第1回改訂版(第4編第2章), pp. 213〜237, 2000.3
12) 土の判別分類法委員会：わが国における統一土質分類の試案, 土と基礎, **17**(1), pp. 33〜

参 考 文 献

13) 土の判別分類法委員会：わが国における粒度組成三角座標の提案，土と基礎，**17**(9)，pp. 47～48，1969.9

■ 8 章
1) 尾坂芳夫：コンクリート構造の限界状態設計方法の省察，土木学会論文集，378，V-6，pp. 1～13，1987.2
2) 神田　順編：限界状態設計法のすすめ，建築技術，1993
3) 高橋利恵，石田　寛：信頼性の概念と確率分布，建築雑誌，**114**(1438)，pp. 56～59，1999.5
4) 日本建築学会：建築基礎構造設計指針，丸善，pp. 13～18，2001.10
5) 文献 4)，pp. 61～72
6) 時松孝次・吉見吉昭：細粒分含有率と N 値を用いた液状化判定法と液状化対策，建築技術，No. 420，pp. 109～114，1986.8
7) Hough, B. K.: *Basic Soils Engineering*, Ronald Press, p. 109, 1957
8) 日本材料学会：地盤改良工法便覧，日刊工業新聞社，1991.7
9) 日本建築センター：建築物のための改良地盤の設計および品質管理指針，1997.7
10) 特集：最近の地盤改良工法，基礎工，**27** (3)，1999.3
11) 地盤工学会：地盤工学ハンドブック（第 8 章 地盤改良），pp. 1197～1262，1999.3

■ 9 章
1) Terzaghi, K.: *Theoretical Soil Mechanics*, Wiley, pp. 118～143, 1943
2) Tschebotarioff, G. P.: *Soil Mechanics, Foundations and Earth Structures*, McGraw-Hill, pp. 221～226, 1951
3) 日本建築学会：建築基礎構造設計指針，丸善，pp. 105～122, 2001.10
4) Dunham, J. W.: Pile Foundation for Buidings, Proc. ASCE, 80, 1954.1
5) Peck, R. B., Hanson, W. E. and Thornburn, T. H.: *Foundation Engineering*, John Wiley, p. 222, 1953
6) 北沢五郎・竹山謙三郎・鈴木好一・大河原春雄・大崎順彦：東京地盤図，技報堂，1959.5
7) Yamaguchi, H.: Practical Formula of Bearing Value for Two Layered Ground, Proc. 2 nd Asian Regional Conf. SMFE, 1, pp. 176～180, 1963
8) 地盤工学会：地盤調査法，pp. 345～353, 1995.9
9) 文献 3)，pp. 142～150
10) 文献 1)，pp. 423～427
11) 文献 3)，pp. 124～127
12) 伊藤淳志・山肩邦男：剛な基盤上の弾性地盤における Steinbrenner の近似解の適用性に関する検討，日本建築学会構造系論文集，No. 439，pp. 57～64, 1997.3
13) Bazaraa, R. S. S.: Use of the Standard Penetration Test for Estimating Settlements of Shallow Foundations on Sand, Ph. D, Thesis, Univ. Illinois, p. 165, 1967
14) Terzaghi, K. and Peck, R. B.: *Soil Mechanics in Engineering Practice*, Wiley, p. 489, 1967
15) 大崎順彦：建築基礎構造，技報堂，pp. 358～365, 1991.1
16) 山肩邦男：建築基礎工学，朝倉書店，pp. 275～284, 1990.4
17) 松尾雅夫・山肩邦男：地盤の変形を考慮した鉛直荷重時立体架構の実用解法，日本建築学

会構造系論文集, No. 455, pp. 83～92, 1994.1
18) 松尾雅夫・山肩邦男：地盤の変形を考慮したべた基礎建物の鉛直荷重時実用解法, 日本建築学会構造系論文集, No. 462, pp. 111～120, 1994.8
19) Skempton, A. W., Peck, R. B. and MacDonald, D. H. : Settlement Analysis of Six Structures in Chicago and London, Proc. Inst. Civil Engineers, 4, Part 1, pp. 525～544 1955.7
20) Ohsaki, Y. : Settlement and Crack Observation of Structures in Hiroshima, 建築研究報告, No. 21, 1957
21) 葛西重男・山野　直・松浦　誠・森脇哲男：広島デルタにおける建物の沈下について, 広島大学工学部研究報告, **19**, pp. 41～71, 1961.3
22) 日本建築学会：建築基礎構造設計指針, 丸善, pp. 156～163, 1988.1
23) 文献3), pp. 150～154
24) 山肩邦男：構造物の不同沈下とその対策, 土質工学会関西支部「基礎のための土質工学」37年度講習会テキスト, pp. 9-1～9-20, 1963.3
25) 山肩邦男：軟弱地盤の圧密沈下と対策, 建築雑誌, pp. 679～682, 1973.6
26) 文献3), p. 21
27) 文献22), pp. 182～196
28) 日本建築学会：鉄筋コンクリート構造計算規準・同解説, 丸善, pp. 242～257, 1999.11

■10章

1) 藪内貞男：摩擦杭（節付き）, 基礎工, **11**(6), pp. 36～44, 1983.6
2) 鋼管杭協会特別技術委員会施工分科会：鋼管杭の打撃応力と適正ハンマ, 鋼管杭協会報告, No. 3, pp. 1～77, 1982
3) 無音無振動基礎工法研究会：無音無振動基礎工法, 鹿島出版会, pp. 21～31, 1969.4
4) 鋼管杭協会：鋼管杭の騒音振動低減工法, 山海堂, 1979.4
5) コンクリートポール・パイル協会：コンクリートパイル低公害工法, 1984.3
6) 鋼管杭協会：鋼管杭の公害対策工法, 山海堂, 1986.2
7) 山肩邦男・町田重美：日本建築センター基礎評定物件における最近の傾向と話題, 基礎工, **17**(5), pp. 1～16, 1989.5
8) 山肩邦男：わが国における拡底場所打ちコンクリート杭工法の現状と問題点, 基礎工, **13**(4), pp. 2～10, 1985.4
9) 特集：日本建築センター評定および建設大臣認定全基礎工法②, 基礎工, **17**(6), 1989.6
10) 文献3), pp. 32～117
11) 京牟礼和夫：場所打ち杭の施工管理, 1974.7
12) 北中克己：指標 場所打ちぐい工法, 建築技術, 1989.11
13) 遠藤正明：ピヤ基礎の支持力, 竹内技術研究所所報, No. 66, 1963.9
14) 林　一隆・吉川正昭・国重敏明：BENOKU 3000 による大口径杭の原位置試験, 奥村組技術年報, No. 1, pp. 83～96, 1975.4
15) 日本建築学会：建築基礎構造設計指針, 丸善, pp. 163～169, 1988.1
16) 日本建築学会：建築基礎構造設計指針, 丸善, pp. 69～70, 2001.10
17) 日本建築センター：ビルディングレター '01.7, pp. 1～7
18) 日本建築学会：プレストレストコンクリート設計施工規準・同解説, 丸善, pp. 229～240, 1987.1

19) 文献16), p. 199
20) Vesić, A. S.: *Design of Pile Foundations*, Transportation Research Board, 1977
21) Seed, H. B. and Reese, L. C.: The Action of Soft Clay along Friction Piles, ASCE, 81, 1955
22) 山肩邦男：支持杭の沈下に関する理論的考察, 日本建築学会論文報告集, No. 68, pp. 89～97, 1961.6
23) 土質工学会：杭基礎の設計法とその解説, pp. 251～289, 1985.12
24) Terzaghi, K.: *Theoretical Soil Mechanics*, John Wiley, pp. 134～136, 1943
25) Berezantzev, V. G., Krisoforov, V. S. and Golubkov, V. N.: Load Bearing Capacity and Deformation of Piled Foundations, Proc. 5 th JCSMFE, 2, pp. 11～15, 1961
26) Meyerhof, G. G.: The Ultimate Bearing Capacity of Foundations, *Geotechnique*, **2**, pp. 301～332, 1951
27) BCP Committee: Field Tests on Piles in Sand, Soils and Foundations, **11**(2), pp. 29～49, 1971.6
28) 高野昭信・岸田英明：砂地盤中のNon-displacement Pile先端部地盤の破壊機構, 日本建築学会論文報告集, No. 285, pp. 51～62, 1979.11
29) Van der Veen: The Bearing Capacity of a Pile Predeterminad by a Cone Penetration Test, Proc. 4 th ICSMFE, 2, pp. 72～75, 1957
30) Meyerhof, G. G.: Some Recent Research on the Bearing Capacity of Foundations, *Canadian Geotech. Journal*, **1**, 1963.9
31) 文献16), pp. 205～213
32) 文献16), pp. 213～219
33) 文献15), pp. 279～283
34) 地盤工学会：地盤工学会基準 杭の鉛直載荷試験方法・同解説 (第1回改訂版), 2002.5
35) 横尾義貫・原田 守・山肩邦男・佐藤 寛：各種基礎クイの比較実験, 土と基礎, **9**(5), pp. 20～40, 1961.10
36) 山肩邦男：PCぐいの諸性状(1), (2)—大阪森の宮におけるPCぐいの総合的実験から—, 建築技術, No. 200, pp. 51～67, 1968.5；No. 201, pp. 69～82, 1968.5
37) コンクリートポール・パイル協会：PCパイルハンドブック, pp. 213～226, 1970.9
38) 文献34), pp. 43～46
39) 文献15), pp. 216～242
40) 村山・柴田：粘土中の摩擦グイの支持力とその新測定法, 土木学会論文集, 59号, 1958.11
41) 山肩邦男：支持杭の載荷試験における降伏荷重の力学的意義に関する考察 (第1報・第2報), 日本建築学会論文報告集, No. 79, pp. 24～28, 1962.11；No. 80, pp. 19～23, 1962.12
42) Yamagata, K.: *The Yield-Bearing-Capacity of Bearing Piles*, ICSMFE, pp. 325～342, 1963.9
43) 岸田英明・高野昭信：砂地盤中の埋込み杭先端部の接地圧分布 (その2), 日本建築学会論文報告集, No. 261, pp. 25～28, 1977.11
44) Skempton, A. W.: The Bearing Capacity of Clays, Proc. Building Research Congress, London, 1, pp. 180～189, 1951
45) 山肩邦男・伊藤淳志・田中 健・倉本良之：埋込み杭の極限荷重および先端荷重～先端沈下量特性に関する統計的研究, 日本建築学会構造系論文報告集, No. 436, pp. 81～89, 1992
46) 山肩邦男・伊藤淳志・山田 毅・田中 健：場所打ちコンクリート杭の極限先端荷重およ

び先端荷重～先端沈下量特性に関する統計的研究,日本建築学会構造系論文報告集,No. 423, pp. 137～146, 1991

47) 特集:日本建築センター評定および建設大臣認定全基礎工法①,基礎工, **17** (5), 1989.5
48) Semple, R. M. et al.: *Shaft capacity of driven pipe piles in clay, Symposium on analysis and design of pile foundation*, ASCE, San Francisco, 1984
49) Chellis, R. D.: *Pile Foundations*, McGraw-Hill, pp. 559～567, 1961
50) 山肩邦男:杭打試験における総打撃回数曲線に関する考察,日本建築学会大会学術講演要旨集, p. 176, 1962.9
51) Yamagata, K., Fukuya, T. and Omote, S.: Penetrability of Open Ended Steel Pipe Piles on Land, Proc. Int. Symposium on Penetrability and Drivability of Piles, San Francisco, 1. pp. 123～126, 1985
52) 吉成元伸:くいの支持力およびその施工合理化―くい打ちにおける打撃エネルギーの決め方に関する研究,昭和45年度建築研究所年報, pp. 377～388
53) Whitaker, T.: *The Design of Piled Foundations*, Pergamon Press. pp. 106～109, 1976
54) Whitaker, T.: Experiments with Model Piles in Groups, *Geotechnique*, **7**, pp. 147～167, 1957
55) Terzaghi, K. and Peck, R. B.: *Soil Mechanics in Engineering Practice*, John Wiley, pp. 537～539, 1943
56) 山肩邦男:軟弱粘性土地盤における建築基礎構造の問題点と対策,建築技術, **428**, pp. 1～20, 1987.4
57) 山肩邦男:埋立て軟弱地盤と建築基礎構造―杭に頼らない基礎工法―,建築と社会, **791**, pp. 62～66, 1988.2
58) 遠藤正明:ネガティブフリクション(鋼グイ―鋼グイ研究委員会報告―),土質工学会, pp. 257～315, 1969.9
59) 井上嘉信:ネガティブフリクションによる建物の不同沈下と設計・施工上の注意,コンクリートパイル, **9**, 1973.12
60) Ahu, J.: Le frottement negatif, *Annales de L'institut technique du batimenrtet des travaux publics*, **145**, pp. 35～40, 1960
61) Habib, P.: Le frottement negatif, *Annales de L'institut technique du batimentet des travaux pubics*, **145**, pp. 41～46, 1960
62) 鉄道技術研究所:杭のNegative Frictionについて,中間報告, **7**(52), 1956
63) 横尾義貫・山肩邦男・長岡弘明:単ぐいに作用するNegative Skin Frictionの理論解,日本建築学会論文報告集, No. 133, pp. 31～37, 1967
64) 日本建築学会:建築基礎構造設計規準・同解説,丸善, pp. 300～329, 1974.11
65) 西田義638:鋼管杭協会報告第1号―杭基礎の水平支持力,鋼管杭協会, pp. 17～22, 1975
66) 横山幸満:鋼杭の設計と施工,山海堂, pp. 111～188, 1963.3
67) 地盤工学会:地盤工学ハンドブック, pp. 811～817, 1999.3
68) Broms, B. B.: Design of Laterally Loaded Piles, Proc. ASCE, 91-SM 3, pp. 79～99, 1965
69) 文献16), pp. 267～284
70) 冨永晃司:杭頭固定杭が極限状態に至るまでの水平挙動に関する実用的計算法,構造工学論文集, Vol. 47 B, pp. 401～408, 2001
71) 成岡昌夫・遠田良喜:コンピュータによる構造工学講座I-2-B,伝達マトリックス法,培風

参　考　文　献

館，1970.10
72) 日本建築学会：建築耐震設計における保有耐力と変形性能，pp. 161～165，1990
73) 土質工学会：杭の水平載荷試験方法・同解説，1983.10
74) 土質工学会：土質工学会基準案「杭の引抜き試験方法」について，土と基礎，**36**(10), pp. 125～128，1988.10

▌11章

1) 日本建築学会：建築基礎構造設計規準・同解説，丸善，pp. 349～373，2001
2) 山口柏樹：土質力学（全改訂），技報堂，pp. 387～389，1984
3) 日本建築学会：山留め設計施工指針，丸善，2002
4) 鋼管杭協会：鋼管杭の騒音振動低減工法，山海堂，pp. 67～70，pp. 125～128，1979.4
5) 日本材料学会：ソイルミキシングウォール（SMW）設計施工指針，1988
6) 特集：噴射・撹拌・混合処理工法，基礎工，**17**(8), 1989.8
7) 無音無振動基礎工法研究会：無音無振動基礎工法，鹿島出版会，pp. 26～28，1969.4
8) 山肩邦男：わが国における地中連続壁工法の展望，コンストラクション，**12**(3), pp. 15～22，1974.8
9) 特集：最近の地下連続壁工法の動向，基礎工，**5**(12), 1977.12
10) 日本建設機械化協会：地下連続壁工法設計施工ハンドブック，技報堂，1975.9
11) 特集：地下連続壁の本体利用，基礎工，**15**(11), 1987.11
12) Terzaghi, K. and Peck, R. B.: *Soil Mechanics in Engineering Practicc,* Wiley, pp. 260～266, 1967
13) Tschebotarioff, G. P.: *Soil Mechanics, Foundations and Earth Structures,* McGraw-Hill, pp. 276～288, 1951
14) 山肩邦男・八尾真太郎：掘削にともなう鋼管矢板壁の土圧変動（その1），（その2），土と基礎，**15**(5), pp. 29～38，1967.5；**15**(6), pp. 7～16，1967.6
15) 山肩邦男・吉田洋次・秋野矩之：掘削工事における切バリ土留め機構の理論的考察，土と基礎，**17**(9), pp. 33～45，1969.9
16) 文献 13), pp. 394～413
17) 文献 3), pp. 77～83
18) 文献 12), pp. 260～266

▌付録

1) 地盤工学会：創立 50 周年記念誌 地盤工学会のあゆみ―21 世紀に向けて―，地盤工学会，1999.3
2) 松尾春雄：土質工学の生い立ちと将来，土と基礎，**7**(36), pp. 20～24，1959.12
3) 最上武雄・渡辺　隆：平易なる土質力学，土質工学会，pp. 1～9，1957.9
4) 最上武雄：土質力学，岩波書店，pp. 5～9，1951.12
5) 河上房義：新編土質力学，森北出版，pp. 1～4，1971
6) Tschebotarioff, G. P.: *Soil Mechanics, Foundations and Earth Structures,* McGraw-Hill, pp. 1～8, 1951
7) Kerisel, J.: *Down to Earth, Foundation Past and Present : The Invisible Art of the Builder,* AA. Balkema, 1991

索　引

●ア 行

浅い基礎　85
アースドリル工法　132
アーチ作用　193
圧縮係数　28
圧縮指数　29
アッターベルグ限界　13
圧密　30
圧密係数　32
圧密降伏応力度　30, 113
圧密試験　35
圧密先行応力度　113
圧密沈下量　112
圧密度　33
圧密排水せん断試験　42
圧密非排水せん断試験　41
圧密未了　114
圧力勾配　18
安定液　134
安定数　197

異種基礎　85
1次圧密　34
一軸圧縮試験　43
一軸圧縮強さ　43
一様沈下　115

ウェルポイント　200
ウェルポイント工法　203
浮基礎　119
打込み杭　124, 155
　　──の施工法と特性　127
埋込み杭　124, 155
　　──の施工法と特性　128
裏込め土　188
運積土　1

影響円　61
鋭敏な粘土　47
鋭敏比　47
液状化　90
液状化現象　24
液性限界　13
SI 単位　3
SC 杭　126, 137
ST 杭　126
N 値　75
L 形擁壁　184
円弧状のすべり線　193
円弧すべり　186
遠心力高強度プレストレストコンクリート杭　126
遠心力プレストレストコンクリート杭　125
鉛直支持力　99

応力球根　63
押え荷重　65
親杭横矢板　190
オランダ式二重管コーン貫入試験　76
オールケーシング工法　131, 135

●カ 行

過圧密　114
過圧密比　114
外殻鋼管付コンクリート杭　126
開端杭　125
回転破壊形　101
回転埋設工法　129
拡底場所打ち杭工法　133
Casagrande の方法　37
荷重～沈下量曲線　139

荷重度～沈下量曲線　99
過剰間隙水圧　24
過剰水圧　18
下部構造　84
釜場排水法　202
間隙水圧　17
間隙比　10
間隙率　10
完新世　70
完新統　70
含水比　10
乾燥単位体積重量　10
乾燥密度　10
間氷期　70

木杭　125
既製杭　125, 127
既製杭柱列壁　190
既製コンクリート杭　125, 137, 146
基礎　84
基礎荷重面　108
基礎構造　84
基礎スラブ　84, 124
逆打ち工法　201
逆 T 形擁壁　184
旧建設大臣告示式　157
吸着水　11
強制排水法　203
極限支持力　88
局部せん断破壊　99
許容応力度
　　杭材料の──　137
　　構造材料の──　88
許容応力度設計法　86
切梁　189

杭　124

索　　引　　　　　　　　　　　　　　　　　223

――の鉛直荷重～沈下性状　139
――の鉛直載荷試験　147
――の鉛直支持力計算式　152
――の鉛直支持力の機構　139
――の鉛直支持力の判定　151
――の基準水平地盤反力係数　136, 173
――基準水平地盤反力係数の定め方　178
――の極限先端支持力　143
――の極限摩擦抵抗　145
――の許容鉛直支持力の決定法　146
――の最小中心間隔　139
――の種類　124
――の水平載荷試験　179
――の水平地盤反力　171
――の水平地盤反力係数　172
――の水平抵抗　170
――の水平抵抗の計算式　174
――の静力学的支持力計算式　154
――の引抜き試験　181
――の引抜き抵抗力　181
杭打ち式　156
杭基礎　85, 135
クイックサンド　23
組立て単位　3
Coulomb 式　38
Coulomb 土圧　53
群杭　158
　　――の鉛直支持力　158
　　――の貫入破壊　160
　　――の沈下量　163
　　――の引抜き抵抗力　182
　　――のブロック破壊　160
群杭基礎　160
群杭効率　160

経時沈下量　109

傾斜沈下　115
形状係数　103
計測管理　201
Kögler　63
限界間隙比　46
限界最大沈下量　117
限界状態設計法　86
限界相対沈下量　117
限界沈下量　116
現場揚水試験　21

鋼管杭　126
　　――の腐食しろ　137
鋼管矢板　190
鋼杭　126, 146
更新世　70
更新統　70
洪積層　70
構造材料の許容応力度　88
剛なフーチング　65
降伏荷重の判定　151
鋼矢板　190
固結工法　96
固定ピストン式シンウォールサンプラー　72
コンシステンシー　13
コンシステンシー限界　13
コンシステンシー指数　15

● サ 行

再圧縮指数　113
最終沈下量　112
細粒分　5
サウンディング　74
砂分　6
三角座標　7
三軸圧縮試験　44
サンプリング　67, 70

時間係数　33
支持杭　124
支持力係数　101, 103
事前調査　66
湿潤土　9
地盤
　　――の安定問題　41

――の極限支持力度　99
――の弾性係数　110
地盤改良　93
地盤係数　111
地盤調査　66
地盤沈下　92
地盤反力　64
支保工　189
締固め杭　124
締固め工法　95
斜杭　125
終局限界状態　86
自由水　11, 17
集中荷重　58
重力井戸　20
重力排水法　202
重力擁壁　184
主応力　39
主働状態　49
受働状態　49
主働土圧　49
受働土圧　49
主働土圧係数　50
受働土圧係数　51
使用限界状態　86
上載荷重　65
上部構造　84
自立群杭　160
シルト分　6
進行性破壊　101
深礎工法　130

水中単位体積重量　10
水平抵抗杭　125
水平力　123
スウェーデン式サウンディング　77
砂のボイリング　22
砂分　6
素掘りの限界深さ　188
スライム　134

正規圧密　114
静止土圧　49
静止土圧係数　54
接地圧　64

索引

接地圧係数　121
接地圧分布　120
全圧力　17
全応力　17
線荷重　59
先行荷重　29
せん断破壊　40
全般せん断破壊　99
ソイルセメント柱列壁　190
相対沈下　115
相対密度　12
側圧　189
即時沈下量　109
塑性限界　13
塑性指数　15
塑性図　16
粗粒分　5
損傷限界状態　86

●タ　行

対称型破壊形　99
体積圧縮係数　28
ダイレイタンシー　46
脱水工法　95
Darcy の法則　19
たわみ性の荷重体　64
単位　3
単位体積重量　9

置換工法　96
地業　84
地中連続壁　191
Chang の方法　176
沖積層　70
中立圧　17
調査間隔　68
調査深さ　68
長方形分割法　60
直接基礎　85, 97
直接せん断試験　42
沈下影響圏　69
沈下係数　109
沈降分析　6

土

――の圧縮性　27
――のせん断強さ　38
――の組成　8

定水位透水試験　20
定積土　1
鉄筋コンクリート杭　125
デニソン式サンプラー　73
Terzaghi　30
電気浸透法　203

土圧　38
等応力線　62
透水圧　18
透水係数　19
動水勾配　18
透水試験　20
独立フーチング基礎　85, 120
土質柱状図　80
土粒子　5

●ナ　行

内部摩擦角　38
長い杭　171
中掘り工法　129
流れ値　41

新潟地震　24
2 次圧密　35
二重管式サンプラー　73

布基礎　85

根入れ深さ幅比　85
根切り工事　188
練り返した試料　43
粘着力　38
粘土の強度増加率　48
粘土分　6

法面掘削　189

●ハ　行

排水法　201
排土杭　153
ハイドロリック型ロータリーボ

――リング　71
パイピング　23
Hiley の式　156
pile cap　124
パイルド・ラフト基礎　85, 136
場所打ち杭　124, 155
場所打ちコンクリート杭　124, 137
　　――工法の特性　133
　　――の施工法　130
　拡底――　133
腹起し　192
ハンドフィード型ロータリーボ
　　――リング　71
盤ぶくれ現象　26

被圧状態　21
被圧水　21
非圧密非排水せん断試験　41
PHC 杭　126, 137
PC 杭　125, 137
引き抜き抵抗杭　124
比重　9
非排土杭　153
ヒービング　26
ヒービング現象　200
氷河時代　70
兵庫県南部地震　25
標準貫入試験　74

深い基礎　85
深井戸工法　202
複合フーチング基礎　85
節杭　126
Boussinesq の解　57
フーチング基礎　85
物理試験　72
不同沈下　115
不同沈下対策　118
負の摩擦力
　　――における中立点　165
　　――に対する検討法　166
　　――の発生機構　164
不飽和土　9
ふるい分析　6
プレボーリング工法　128

プレローディング　41
ブロックサンプリング　74
Bromsの方法　174

平均圧密度　33
閉端杭　125
平板載荷試験　105
併用基礎　85
べた基礎　85, 123
変形係数　44
変水位透水試験　20
ベントナイト泥水　191

ポアソン比　110
飽和土　9
飽和度　10
掘抜き井戸　20
ボーリング　67, 70
ボーリング孔内水平載荷試験　78
本調査　66

● マ 行

摩擦杭　124
摩擦群杭　136
摩擦係数　38, 123
摩擦抵抗　38

みかけの側圧分布　195
短い杭　170
乱さない試料　43
密な砂　46

Mohrの応力円　39

● ヤ 行

山留め壁　189

有効圧　17
有効応力　17
　——に基づく強度定数　48
ゆるい砂　46

擁壁　184
予備調査　66

● ラ 行

Rankine土圧　52

リバースサーキュレーション工法　132
粒径加積曲線　6
流速　19
粒度分析　6
流量　18
両面排水　31
臨界水頭勾配　22

$\sqrt{t}$法　36

礫分　6
連続フーチング基礎　85, 122

著者略歴

山肩　邦男（やまがた・くにお）
1926 年　大阪府に生まれる
1951 年　京都大学工学部建築学科卒業
1960 年　京都工芸繊維大学工芸学部
　　　　助教授
1971 年　関西大学工学部教授
1997 年　関西大学名誉教授
　　　　工学博士
1999 年　逝去

永井興史郎（ながい・こうしろう）
1942 年　東京市に生まれる
1966 年　京都工芸繊維大学工芸学部
　　　　建築工芸学科卒業
現　在　摂南大学工学部建築学科教授
　　　　工学博士

冨永　晃司（とみなが・こうじ）
1944 年　大連市に生まれる
1970 年　京都工芸繊維大学大学院
　　　　工芸学研究科修了
現　在　広島大学大学院国際協力
　　　　研究科開発科学専攻教授
　　　　工学博士

伊藤　淳志（いとう・あつし）
1953 年　広島県に生まれる
1979 年　関西大学大学院建築学専攻修了
現　在　関西大学工学部建築学科
　　　　准教授
　　　　博士（工学）

新版 建築基礎工学　　　　　　　　定価はカバーに表示

2003 年 1 月 25 日　初版第 1 刷
2018 年 4 月 25 日　　　第 9 刷

　　　　　　　著　者　山　肩　邦　男
　　　　　　　　　　　永　井　興　史　郎
　　　　　　　　　　　冨　永　晃　司
　　　　　　　　　　　伊　藤　淳　志
　　　　　　　発行者　朝　倉　誠　造
　　　　　　　発行所　株式会社　朝　倉　書　店
　　　　　　　　　　　東京都新宿区新小川町 6-29
　　　　　　　　　　　郵便番号　１６２-８７０７
　　　　　　　　　　　電話０３（３２６０）０１４１
　　　　　　　　　　　FAX０３（３２６０）０１８０
　　　　　　　　　　　http://www.asakura.co.jp

〈検印省略〉

　　© 2003〈無断複写・転載を禁ず〉　　　　中央印刷・渡辺製本

　　ISBN 978-4-254-26626-9　C 3052　　　　Printed in Japan

JCOPY　＜(社)出版者著作権管理機構　委託出版物＞

本書の無断複写は著作権法上での例外を除き禁じられています．複写される場合は，そのつど事前に，(社)出版者著作権管理機構（電話 03-3513-6969，FAX 03-3513-6979, e-mail: info@jcopy.or.jp）の許諾を得てください．